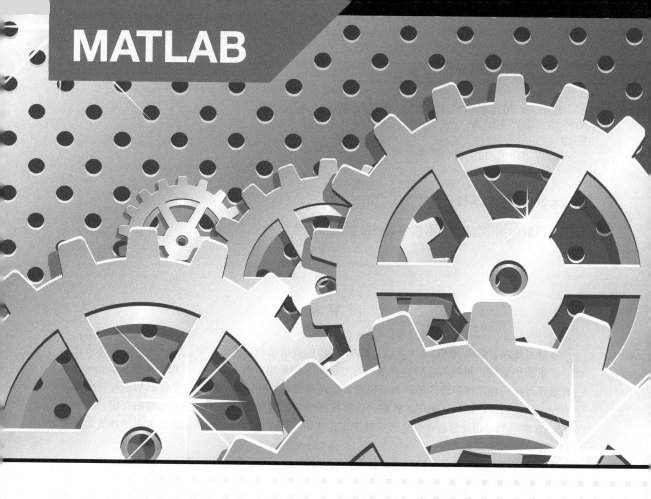

MATLAB

MATLAB 2016
基础实例教程

附教学视频

U0213070

◎程良 阳平华 李兴玉 编著

人民邮电出版社
北京

图书在版编目（CIP）数据

MATLAB 2016基础实例教程：附教学视频／程良，
阳平华，李兴玉编著. -- 北京：人民邮电出版社，
2019.1
ISBN 978-7-115-48261-7

Ⅰ．①M… Ⅱ．①程… ②阳… ③李… Ⅲ．①
Matlab软件－高等学校－教材 Ⅳ．①TP317

中国版本图书馆CIP数据核字(2018)第085366号

内 容 提 要

本书主要内容包括 MATLAB 入门、MATLAB 的数据结构、数值运算、矩阵运算、程序设计基础、二维图形绘制、矩阵的应用、多项式与方程组、图形用户界面设计、三维动画演示、Simulink 仿真设计及应用程序接口设计等。为了让读者全面掌握该软件，本书覆盖数学计算与工程分析等各个方面，涉及机械、电气、通信、控制、计算机等领域，既有 MATLAB 基本函数的介绍，也有用 MATLAB 编写的专门计算程序。全书实例丰富且典型，通过近 400 个实例指导读者有的放矢地学习 MATLAB。

本书既可作为初学者的入门用书，也可作为工程技术人员、硕士生、博士生的工具用书。

◆ 编　著　程　良　阳平华　李兴玉
　　责任编辑　李　召
　　责任印制　彭志环

◆ 人民邮电出版社出版发行　　北京市丰台区成寿寺路 11 号
　　邮编　100164　　电子邮件　315@ptpress.com.cn
　　网址　http://www.ptpress.com.cn
　　北京天宇星印刷厂印刷

◆ 开本：787×1092　1/16
　　印张：20.75　　　　　　2019 年 1 月第 1 版
　　字数：505 千字　　　　2024 年 7 月北京第 7 次印刷

定价：59.80 元

读者服务热线：(010)81055256　印装质量热线：(010)81055316
反盗版热线：(010)81055315

MATLAB 是美国 MathWorks 公司出品的一款优秀的数学计算软件，其强大的数值计算能力和数据可视化能力令人震撼。经过多年的发展，MATLAB 已经发展到了 2016a 版本，功能日趋完善。MATLAB 逐步发展成为多种学科必不可少的计算工具，成为自动控制、应用数学、信息与计算科学等专业大学生与研究生必须会使用的软件之一。

本书是编者对 MATLAB 多年使用经验和感想的总结，是根据高校教学改革的经验，结合软件技术发展趋势，最终编撰而成的。

为了帮助零基础读者快速掌握 MATLAB 的使用方法，本书突出了以下 3 点。

1. 内容全面，讲解细致

为了让零基础的读者能够学会该软件，本书对基础概念的讲解很全面，既介绍了 MATLAB 环境的基本组成，又介绍了数据类型、运算符、数值运算、符号运算、M 文件、MATLAB 程序设计、MATLAB 函数句柄等。另外，本书结合了编者多年的开发经验及教学心得，适当地给出了总结和提示，以帮助读者牢固地掌握所学知识。

2. 精选实例，步步为营

本书尽量避免空洞的描述，结合电子设计实例来讲解知识点。其中，有与知识点相关的课堂练习，有包含几个相关知识点应用的操作实例，有将几个知识点或全章知识点联系起来的综合实例，有帮助读者练习提高的课后习题，还有完整实用的设计实例、课程设计。例如，4.3.3 小节的操作实例是对 4.3.1～4.3.2 小节的知识点的应用练习；4.3.4 小节的课堂练习是对 4.3.2 小节的知识点的练习；4.5 节的综合实例是对第 4 章所有知识点的应用；4.6 节的课后习题用于第 4 章知识点的巩固练习；第 13～16 章的设计实例是全书所有知识的综合应用；最后一章的课程设计则用于读者检验和巩固所学的知识。

3. 赠送教学视频等配套资料

本书提供教学视配、实例源文件、教学 PPT、考试模拟试卷等配套资料，并赠送工程案例的源文件。读者可登录人邮教育社区（www.ryjiaoyu.com）下载。

本书由昆明理工大学城市学院的程良老师、华南理工大学广州学院的阳平华教授和山东省青州市的李兴玉老师编著，其中，李兴玉执笔编写了第 1～3 章，程良执笔编写了第 4～

11 章，阳平华执笔编写了第 12～17 章。闫聪聪、刘昌丽、康士廷、杨雪静、李兵、宫鹏涵、孙立明等参与了部分章节的内容整理，石家庄三维书屋文化传播有限公司的胡仁喜博士对全书进行了审校，在此对他们的付出表示感谢。读者在学习过程中，若发现错误，请登录网站 www.sjzswsw.com 或联系邮箱 win760520@126.com 及时反馈，编者将不胜感激。欢迎读者加入三维书屋 EDA 图书学习交流群（QQ：477013282）进行交流探讨。

编　者

2018 年 10 月

第1章　MATLAB 入门 ……………… 1
1.1　MATLAB 中的科学计算概述 …… 1
1.1.1　MATLAB 的发展历程 ……… 1
1.1.2　MATLAB 的应用 …………… 2
1.1.3　MATLAB 的特点 …………… 3
1.1.4　MATLAB 系统 ……………… 3
1.2　MATLAB 2016 的用户界面 …… 4
1.2.1　标题栏 ………………………… 4
1.2.2　功能区 ………………………… 5
1.2.3　工具栏 ………………………… 5
1.2.4　命令窗口 …………………… 6
1.2.5　历史窗口 …………………… 8
1.2.6　当前目录窗口 ……………… 9
1.2.7　课堂练习——环境设置 …… 10
1.3　MATLAB 命令的组成 ………… 10
1.3.1　基本符号 …………………… 11
1.3.2　功能符号 …………………… 12
1.3.3　常用指令 …………………… 14
1.4　课后习题 ……………………… 15
第2章　MATLAB 的数据结构 …… 16
2.1　数据类型 ……………………… 16
2.1.1　数值类型 …………………… 16
2.1.2　操作实例 …………………… 18
2.1.3　逻辑类型 …………………… 19
2.1.4　课堂练习——数值的逻辑运算
　　　练习 ………………………… 20
2.1.5　结构类型 …………………… 20

2.1.6　定义类型 …………………… 21
2.1.7　操作实例 …………………… 22
2.2　数据定义 ……………………… 23
2.2.1　字符串定义 ………………… 23
2.2.2　操作实例 …………………… 25
2.2.3　向量定义 …………………… 26
2.2.4　课堂练习——求解区间数值 28
2.2.5　矩阵定义 …………………… 28
2.2.6　操作实例 …………………… 29
2.2.7　课堂练习——创建成绩单 … 30
2.2.8　符号变量定义 ……………… 30
2.2.9　课堂练习——定义变量 x … 31
2.3　综合实例——符号矩阵的创建 31
2.4　课后习题 ……………………… 34
第3章　数值运算 ………………… 35
3.1　运算符 ………………………… 35
3.1.1　算术运算符 ………………… 35
3.1.2　关系运算符 ………………… 36
3.1.3　逻辑运算符 ………………… 37
3.1.4　操作实例 …………………… 38
3.2　数值数学运算 ………………… 38
3.2.1　复数运算 …………………… 38
3.2.2　课堂练习——复数求模运算 40
3.2.3　三角函数运算 ……………… 41
3.2.4　课堂练习——求解正弦值 … 41
3.3　符号运算 ……………………… 41
3.3.1　符号表达式的基本运算 …… 41

3.3.2 课堂练习——符号表达式的基
本代数运算 ·········· 42
3.4 向量数学运算 ················· 42
3.4.1 向量的四则运算 ··········· 42
3.4.2 向量的点乘运算 ··········· 43
3.4.3 向量的点积运算 ··········· 44
3.4.4 操作实例 ················· 44
3.4.5 向量的叉积运算 ··········· 45
3.4.6 课堂练习——计算向量的
混合积 ················· 45
3.5 矩阵数学运算 ················· 46
3.5.1 矩阵的加法运算 ··········· 46
3.5.2 矩阵的减法运算 ··········· 47
3.5.3 矩阵的乘法运算 ··········· 47
3.5.4 矩阵的除法运算 ··········· 49
3.5.5 操作实例 ················· 49
3.5.6 课堂练习——矩阵四则运算 ··· 50
3.5.7 幂函数 ················· 51
3.5.8 课堂练习——求解幂运算 ··· 52
3.6 元素运算 ····················· 52
3.6.1 向量元素 ················· 52
3.6.2 矩阵元素 ················· 53
3.6.3 课堂练习——创建新矩阵 ··· 53
3.7 综合实例——材料力矩数据分析 ·· 54
3.8 课后习题 ····················· 57
第 4 章 矩阵运算 ················· 59
4.1 矩阵的分类 ··················· 59
4.1.1 基本矩阵 ················· 59
4.1.2 随机矩阵 ················· 61
4.1.3 操作实例 ················· 61
4.1.4 稀疏矩阵 ················· 62
4.1.5 伴随矩阵 ················· 63
4.1.6 课堂练习——变换基本矩阵 ·· 64
4.1.7 魔方矩阵 ················· 64
4.1.8 操作实例 ················· 64
4.1.9 托普利兹矩阵 ············· 65
4.1.10 希尔伯特矩阵 ··········· 66
4.1.11 课堂练习——"病态"矩阵
问题 ················· 66

4.1.12 操作实例 ··············· 67
4.2 矩阵运算 ····················· 68
4.2.1 矩阵的逆 ················· 68
4.2.2 操作实例 ················· 69
4.2.3 矩阵的转置 ··············· 71
4.2.4 操作实例 ················· 71
4.2.5 课堂练习——矩阵更新问题 ··· 73
4.2.6 若尔当标准形 ············· 74
4.2.7 操作实例 ················· 75
4.3 矩阵变换 ····················· 76
4.3.1 方向变换 ················· 77
4.3.2 阶梯矩阵 ················· 78
4.3.3 操作实例 ················· 79
4.3.4 课堂练习——矩阵的阶梯
变换 ················· 79
4.3.5 三角变换 ················· 79
4.4 矩阵分解 ····················· 81
4.4.1 奇异值分解 ··············· 81
4.4.2 楚列斯基分解 ············· 82
4.4.3 三角分解 ················· 83
4.4.4 操作实例 ················· 85
4.4.5 LDM^T 与 LDL^T 分解 ······· 86
4.4.6 QR 分解 ················· 89
4.4.7 操作实例 ················· 91
4.5 综合实例——部门工资统计表的
分析 ······················· 93
4.6 课后习题 ····················· 98
第 5 章 程序设计基础 ··········· 100
5.1 M 文件 ····················· 100
5.1.1 命令文件 ················ 100
5.1.2 课堂练习——创建电机
数据 ················ 102
5.1.3 函数文件 ················ 103
5.1.4 操作实例 ················ 105
5.1.5 课堂练习——求解函数表
达式 ················ 108
5.2 MATLAB 程序设计 ········· 108
5.2.1 程序结构 ················ 108
5.2.2 操作实例 ················ 111

5.2.3 程序的注解 ·············114
5.2.4 操作实例 ·············115
5.2.5 程序的信息诊断 ·············116
5.2.6 操作实例 ·············121
5.2.7 程序调试 ·············123
5.2.8 操作实例 ·············125
5.3 函数句柄 ·············127
5.3.1 函数句柄的创建与显示 ·············127
5.3.2 函数句柄的调用与操作 ·············127
5.3.3 课堂练习——计算差函数 ·············127
5.4 综合实例——投票结果的概率计算 ·············128
5.5 课后习题 ·············129

第6章 二维图形绘制 ·············131
6.1 二维曲线的绘制 ·············131
6.1.1 绘制二维图形 ·············131
6.1.2 课堂练习——绘制函数图形 ·············133
6.1.3 多图形显示 ·············133
6.1.4 操作实例 ·············135
6.1.5 课堂练习——绘制参数曲线的图像 ·············137
6.1.6 函数图形的绘制 ·············137
6.1.7 操作实例 ·············139
6.1.8 设置曲线样式 ·············141
6.2 图形注释 ·············142
6.2.1 注释图形标题及轴名称 ·············142
6.2.2 图形标注 ·············142
6.2.3 图例标注 ·············144
6.2.4 操作实例 ·············145
6.3 综合实例——比较函数曲线 ·············147
6.4 课后习题 ·············150

第7章 矩阵的应用 ·············151
7.1 特征值与特征向量 ·············151
7.1.1 特征值定义 ·············151
7.1.2 矩阵特征值 ·············152
7.1.3 操作实例 ·············152
7.2 矩阵对角化 ·············153
7.2.1 单位矩阵 ·············154
7.2.2 对角化矩阵 ·············154

7.2.3 课堂练习——判断矩阵是否可以对角化 ·············155
7.2.4 对角化转换 ·············155
7.2.5 操作实例 ·············156
7.3 符号与数值 ·············158
7.3.1 符号与数值间的转换 ·············158
7.3.2 操作实例 ·············158
7.3.3 符号与数值间的精度设置 ·············159
7.3.4 符号矩阵 ·············160
7.3.5 操作实例 ·············161
7.3.6 课堂练习——符号方阵的运算 ·············162
7.4 多元函数分析 ·············162
7.4.1 雅可比矩阵 ·············162
7.4.2 操作实例 ·············163
7.5 综合实例——希尔伯特矩阵 ·············163
7.6 课后习题 ·············173

第8章 多项式与方程组 ·············175
8.1 多项式的运算 ·············175
8.1.1 多项式的创建 ·············175
8.1.2 数值多项式四则运算 ·············176
8.1.3 操作实例 ·············176
8.1.4 多项式导数运算 ·············177
8.1.5 课堂练习——创建导数多项式 ·············177
8.2 函数运算 ·············178
8.2.1 函数的求值运算 ·············178
8.2.2 课堂练习——求函数的定点值 ·············178
8.3 方程的运算 ·············178
8.3.1 方程式的解 ·············178
8.3.2 操作实例 ·············179
8.3.3 线性方程有解 ·············179
8.4 线性方程组求解 ·············180
8.4.1 线性方程组定义 ·············180
8.4.2 利用矩阵的基本运算 ·············181
8.4.3 课堂练习——求方程组的解 ·············182
8.4.4 利用矩阵分解法求解 ·············183
8.4.5 操作实例 ·············186

8.4.6 非负最小二乘解 ·············· 187
8.4.7 操作实例 ······················ 187
8.5 综合实例——求解电路中的
电流 ····································· 189
8.6 课后习题 ····························· 190

第9章 图形用户界面设计 ············ 192
9.1 用户界面概述 ······················ 192
9.1.1 用户界面对象 ··············· 192
9.1.2 图形用户界面 ··············· 194
9.2 图形用户界面设计 ··············· 195
9.2.1 GUI 概述 ······················ 195
9.2.2 GUI 设计向导 ··············· 196
9.2.3 GUI 设计工具 ··············· 197
9.2.4 GUI 控件 ······················ 200
9.2.5 课堂练习——设计响应曲线
界面 ····························· 201
9.3 控件设计 ···························· 202
9.3.1 创建控件 ····················· 202
9.3.2 控件属性 ····················· 203
9.3.3 菜单设计 ····················· 206
9.3.4 操作实例 ····················· 208
9.4 控件编程 ···························· 210
9.4.1 回调函数 ····················· 210
9.4.2 操作实例 ····················· 211
9.5 综合实例——频谱图的绘制 ··· 213
9.6 课后习题 ···························· 218

第10章 三维动画演示 ················ 219
10.1 三维绘图 ·························· 219
10.1.1 三维曲线绘图命令 ······ 219
10.1.2 操作实例 ··················· 220
10.1.3 课堂练习——圆锥螺旋线的
绘制 ··························· 222
10.2 三维图形修饰处理 ············ 222
10.2.1 视角处理 ··················· 222
10.2.2 操作实例 ··················· 223
10.3 特殊图形 ·························· 224
10.3.1 向量图形 ··················· 225
10.3.2 操作实例 ··················· 226
10.4 图像处理及动画演示 ········· 227

10.4.1 图像的读写 ··············· 227
10.4.2 课堂练习——图片的读取与
保存 ··························· 228
10.4.3 图像的显示及信息查询 ····· 228
10.4.4 操作实例 ··················· 230
10.4.5 课堂练习——办公中心图像
的处理 ······················· 231
10.4.6 动画演示 ··················· 232
10.4.7 操作实例 ··················· 232
10.5 综合实例——椭球体积分计算
图形 ······························· 233
10.6 课后习题 ·························· 236

第11章 Simulink 仿真设计 ········· 237
11.1 Simulink 简介 ·················· 237
11.2 Simulink 编辑环境 ··········· 238
11.2.1 Simulink 的启动与退出 ···· 238
11.2.2 Simulink 的工作环境 ····· 239
11.3 Simulink 模块库 ·············· 242
11.3.1 Commonly Used Blocks 库 ··· 243
11.3.2 Continuous 库 ·············· 244
11.3.3 Discontinuities 库 ········· 245
11.3.4 Discrete 库 ················· 246
11.3.5 Logic and Bit Operations 库 ··· 247
11.3.6 Math Operations 库 ······· 248
11.3.7 Ports & Subsystems 库 ···· 249
11.3.8 Sinks 库 ····················· 251
11.3.9 Sources 库 ·················· 251
11.3.10 User—Defined Functions 库 ··· 253
11.4 Simulink 的工作原理 ········ 254
11.5 模块的创建 ····················· 254
11.5.1 创建模块文件 ············· 255
11.5.2 课堂练习——仿真文件的
创建与保存 ················· 257
11.5.3 模块的基本操作 ········· 257
11.5.4 模块参数设置 ············· 258
11.5.5 模块的连接 ··············· 260
11.5.6 课堂练习——阶跃信号对
正弦波的影响 ·············· 262
11.5.7 子系统及其封装 ········· 262

11.5.8 操作实例 ……………… 266
11.6 仿真分析 ……………………… 269
　11.6.1 仿真参数设置 …………… 269
　11.6.2 仿真的运行和分析 ……… 271
　11.6.3 仿真错误诊断 …………… 272
　11.6.4 课堂练习——分析信号的
　　　　 选择输出 ……………… 273
11.7 综合实例——强迫扭转振动仿真
　　　分析 …………………………… 273
11.8 课后习题 ……………………… 276
第 12 章　应用程序接口设计 ……… 278
12.1 应用程序接口介绍 …………… 278
12.2 MATLAB 与 .NET 联合编程 …… 278
12.3 MATLAB 与 Excel 联合编程 …… 279
　12.3.1 Excel Link 安装与运行 …… 279
　12.3.2 Excel Link 函数 ………… 282
12.4 综合实例——在 Excel 中绘制
　　　数据插补曲线 ………………… 282
第 13 章　矩阵的运算设计实例 …… 286
13.1 矩阵介绍 ……………………… 286
13.2 杨辉三角形 …………………… 287
13.3 帕斯卡矩阵 …………………… 287
　13.3.1 创建帕斯卡矩阵 ………… 287
　13.3.2 帕斯卡矩阵的属性 ……… 288
　13.3.3 抽取帕斯卡矩阵对角线
　　　　 元素 …………………… 289
　13.3.4 矩阵的应用 ……………… 290
13.4 符号矩阵 ……………………… 291
　13.4.1 生成符号矩阵 …………… 291
　13.4.2 符号矩阵的基本运算 …… 291
　13.4.3 符号矩阵的应用 ………… 292
第 14 章　控制系统的时域分析设计
　　　　 实例 ……………………… 294

14.1 控制系统的分析 ……………… 294
　14.1.1 控制系统的仿真分析 …… 294
　14.1.2 闭环传递函数 …………… 295
14.2 闭环传递函数的响应分析 …… 296
　14.2.1 阶跃响应曲线 …………… 296
　14.2.2 冲激响应曲线 …………… 296
　14.2.3 斜坡响应 ………………… 297
14.3 控制系统的稳定性分析 ……… 298
　14.3.1 状态空间实现 …………… 298
　14.3.2 稳定性 …………………… 299
第 15 章　测定线膨胀系数设计实例 …… 300
15.1 线膨胀系数 …………………… 300
15.2 线膨胀量的测定 ……………… 301
　15.2.1 创建数据矩阵 …………… 301
　15.2.2 比较不同温度下膨胀量的
　　　　 图形 …………………… 302
　15.2.3 比较膨胀量平均值 ……… 306
　15.2.4 线膨胀差值 cz 的范围 …… 307
15.3 线膨胀系数计算 ……………… 309
　15.3.1 线膨胀系数表达式 ……… 309
　15.3.2 分析线膨胀系数 ………… 310
第 16 章　数字低通信号频谱分析设计
　　　　 实例 ……………………… 311
16.1 数字低通信号频谱输出 ……… 311
16.2 数字低通信号分析 …………… 315
　16.2.1 绘制功率谱 ……………… 315
　16.2.2 数字信号谱分析 ………… 317
第 17 章　课程设计 ………………… 320
设计 1——海森伯格矩阵的三角化 …… 320
设计 2——时域和频域的余弦波比较 …… 321
设计 3——部分最小二乘回归分析 …… 321
设计 4——生成三维心形图动画 …… 322

第 1 章　MATLAB 入门

内容指南

MATLAB 是一种功能非常强大的科学计算软件。在正式使用 MATLAB 之前，应该对它有一个整体的认识。本章主要介绍了 MATLAB 的发展历程、MATLAB 的应用及其使用方法。同时对 MATLAB 的用户界面进行简单介绍，让读者对 MATLAB 有基本的了解，为后面介绍具体的功能打下基础。

知识重点

- 📖 MATLAB 概述
- 📖 MATLAB 2016 的安装
- 📖 MATLAB 2016 的用户界面

1.1　MATLAB 中的科学计算概述

MATLAB（Matrix Laboratory，矩阵实验室）是以线性代数软件包 LINPACK 和特征值计算软件包 EISPACK 中的子程序为基础发展起来的一种开放式程序设计语言，是一种高性能的工程计算语言，其基本的数据单位是没有维数限制的矩阵。

MATLAB 的指令表达式与数学、工程中常用的形式十分相似，故用 MATLAB 来计算问题要比用仅支持标量的非交互式的编程语言（如 C、FORTRAN 等语言）简捷得多，尤其是解决包含了矩阵和向量的工程技术问题。在大学中，MATLAB 是很多数学类、工程和科学类的初等和高等课程的标准指导工具。在工业上，MATLAB 是产品研究、开发和分析经常选择的工具。

1.1.1　MATLAB 的发展历程

20 世纪 70 年代中期，Cleve Moler 博士及其同事在美国国家科学基金的资助下开发了调用 EISPACK 和 LINPACK 的 FORTRAN 子程序库。EISPACK 是求解特征值的 FOTRAN 程序库，LINPACK 是求解线性方程的程序库。在当时，这两个程序库代表矩阵运算的最高水平。

20 世纪 70 年代后期，时任美国新墨西哥大学计算机科学系主任的 Cleve Moler 教授在给学生讲授线性代数课程时，想教给学生使用 EISPACK 和 LINPACK 程序库，但他发现学生用

FORTRAN 编写接口程序很费时间，出于减轻学生编程负担的目的，为学生设计了一组调用 LINPACK 和 EISPACK 库程序的"通俗易用"的接口，此即用 FORTRAN 编写的萌芽状态的 MATLAB。在此后的数年里，MATLAB 在多所大学里作为教学辅助软件使用，并作为面向大众的免费软件广为流传。

1983 年，Cleve Moler 教授、工程师 John Little 和 Steve Bangert 一起用 C 语言开发了第二代专业版 MATLAB，使 MATLAB 语言同时具备了数值计算和数据图示化的功能。

1984 年，Cleve Moler 和 John Little 成立了 MathWorks 公司，正式把 MATLAB 推向市场，并继续进行 MATLAB 的研究和开发。从这时起，MATLAB 的内核采用 C 语言编写。

1993 年，MathWorks 公司推出 MATLAB 4.0 版本，从此告别 DOS 版。4.x 版在继承和发展其原有的数值计算和图形可视能力的同时，出现了几个重要变化：推出了交互式操作的动态系统建模、仿真、分析集成环境——Simulink；开发了与外部直接进行数据交换的组件，打通了 MATLAB 进行实时数据分析、处理和硬件开发的道路；推出了符号计算工具包；构造了 Notebook。

1997 年，MATLAB 5.0 版问世，紧接着是 5.1、5.2，以及 1999 年春的 5.3 版。2003 年，MATLAB 7.0 问世。现在，最新的 MATLAB 版本已经是 MATLAB 7.14（即 MATLAB R2012a）。与以往的版本相比，现在的 MATLAB 拥有更丰富的数据类型和结构、更友善的面向对象的开发环境、更快速精良的图形可视化界面、更广博的数学和数据分析资源、更多的应用开发工具。

2006 年，MATLAB 分别在 3 月和 9 月进行两次产品发布，3 月发布的版本被称为"a"，9 月发布的版本被称为"b"，即 R2006a 和 R2006b。之后，MATLAB 分别在每年的 3 月和 9 月进行两次产品发布，每次发布都涵盖产品家族中的所有模块，包含已有产品的新特性和 bug 修订，以及新产品的发布。

2016 年 3 月，MathWorks 正式发布了 R2016a 版 MATLAB（以下简称 MATLAB 2016）和 Simulink 产品系列的 Release 2016（R2016）版本。

1.1.2　MATLAB 的应用

MATLAB 将高性能的数值计算、可视化和编程集成在一个易用的开放式环境中，在此环境下，用户可以按照符合其思维习惯的方式和熟悉的数学表达形式来书写程序，并且可以非常容易地对其功能进行扩充。除具备卓越的数值计算能力之外，MATLAB 还具有专业水平的符号计算和文字处理能力；集成了 2D 和 3D 图形功能，可完成可视化建模仿真和实时控制等功能。其典型的应用主要包括如下 8 个方面：

- 数值分析和计算；
- 算法开发；
- 数据采集；
- 系统建模、仿真和原型化；
- 数据分析、探索和可视化；
- 工程和科学绘图；
- 数字图像处理；
- 应用软件开发，包括图形用户界面的建立。

1.1.3　MATLAB 的特点

　　MATLAB 的一个重要特色是它具有一系列称为工具箱（Toolbox）的特殊应用子程序。工具箱是 MATLAB 函数的子程序库，每一个工具箱都是为某一类学科和应用而定制的，可以分为功能性工具箱和学科性工具箱。功能性工具箱主要用来扩充 MATLAB 的符号计算、可视化建模仿真、文字处理以及与硬件实时交互的功能，用于多种学科；而学科性工具箱则是专业性比较强的工具箱，例如控制工具箱、信号处理工具箱、通信工具箱等都属于此类。简言之，工具箱是 MATLAB 函数（M 文件）的全面综合，这些文件把 MATLAB 的环境扩展到解决特殊类型问题上，如信号处理、控制系统、神经网络、模糊逻辑、小波分析、系统仿真等。

　　除内部函数以外，所有 MATLAB 核心文件和各种工具箱文件都是可读可修改的源文件，用户可通过对源程序进行修改或加入自己编写的程序来构造新的专用工具箱。

　　MATLAB Compiler 是一种编译工具，它能够将 MATLAB 编写的函数文件生成函数库或可执行文件 COM 组件等，以提供给其他高级语言如 C++、C#等进行调用，由此扩展 MATLAB 的应用范围，将 MATLAB 的开发效率与其他高级语言的运行效率结合起来，取长补短，丰富程序开发的手段。

　　Simulink 是基于 MATLAB 的可视化设计环境，可以用来对各种系统进行建模、分析和仿真。它的建模范围面向任何能够使用数学来描述的系统，如航空动力学系统、航天控制制导系统、通信系统等。Simulink 提供了利用鼠标拖放的方法建立系统框图模型的图形界面，还提供了丰富的功能模块，利用它几乎可以不书写代码就能完成整个动态系统的建模工作。

　　此外，MATLAB 还有基于有限状态机理论的 Stateflow 交互设计工具以及自动化的代码设计生成工具 Real-Time Workshop 和 Stateflow Coder。

1.1.4　MATLAB 系统

　　MATLAB 系统主要包括以下 5 个部分。

　　（1）桌面工具和开发环境：MATLAB 由一系列工具组成，这些工具大部分是图形用户界面，方便用户使用 MATLAB 的函数和文件，包括 MATLAB 桌面和命令窗口、编辑器和调试器、代码分析器和用于浏览帮助、工作空间、文件的浏览器。

　　（2）数学函数库：MATLAB 数学函数库包括了大量的计算算法，从初等函数（如加法、正弦、余弦等）到复杂的高等函数（如矩阵求逆、矩阵特征值、贝塞尔函数和快速傅里叶变换等）。

　　（3）语言：MATLAB 语言是一种高级的基于矩阵/数组的语言，具有程序流控制、函数、数据结构、输入/输出和面向对象编程等特色。用户可以在命令窗口中将输入语句与执行命令同步，以迅速创立快速抛弃型程序；也可以先编写一个较大的复杂的 M 文件后再一起运行，以创立完整的大型应用程序。

　　（4）图形处理：MATLAB 具有方便的数据可视化功能，以将向量和矩阵用图形表现出来，并且可以对图形进行标注和打印。它的高层次作图包括二维和三维的可视化、图像处理、动画和表达式作图。低层次作图包括完全定制图形的外观，以及建立基于用户的 MATLAB 应用程序的完整的图形用户界面。

（5）外部接口：外部接口是一个使 MATLAB 语言能与 C、FORTRAN 等其他高级编程语言进行交互的函数库，它包括从 MATLAB 中调用程序（动态链接）、调用 MATLAB 为计算引擎和读写 mat 文件的设备。

1.2　MATLAB 2016 的用户界面

本节通过介绍 MATLAB 2016 的工作环境界面，使读者初步认识 MATLAB 2016 的主要窗口，并掌握其操作方法。

第一次使用 MATLAB 2016，将进入其默认设置的工作界面，如图 1-1 所示。

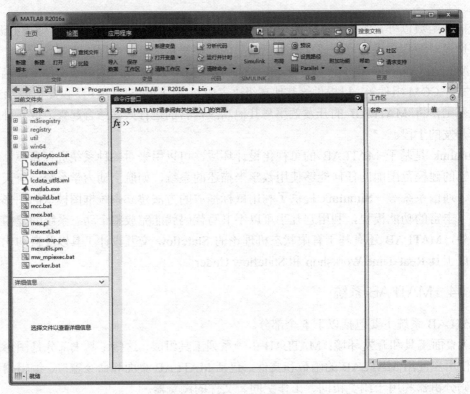

图 1-1　MATLAB 工作平台

MATLAB 2016 的工作界面形式简洁，主要由标题栏、功能区、工具栏、当前工作目录窗口（Current Folder）、命令窗口（Command Window）、工作空间管理窗口（Workspace）和历史命令窗口（Command History）等组成。

1.2.1　标题栏

MATLAB 最新版本为 2016 版，在图 1-1 所示的用户界面左上角显示标题栏，如图 1-2 所示。

图 1-2　标题栏

在用户界面右上角显示三个图标，其中，单击█按钮，将最小化显示工作界面；单击回按钮，最大化显示工作界面；单击█████按钮，关闭工作界面。

在命令窗口中输入"exit"或"quit"命令，或使用快捷键 Alt+F4，同样可以关闭 MATLAB。

1.2.2　功能区

MATLAB 2016 有别于传统的菜单栏形式，以功能区的形式显示应用命令。将所有的功能命令分类别放置在三个选项卡中，下面分别介绍这 3 个选项卡。

1. "主页"选项卡

单击标题栏下方的"主页"选项卡，显示基本的"新建脚本""新建变量"等命令，如图 1-3 所示。

图 1-3　"主页"选项卡

2. "绘图"选项卡

单击标题栏下方的"绘图"选项卡，显示关于图形绘制的编辑命令，如图 1-4 所示。

图 1-4　"绘图"选项卡

3. "应用程序"选项卡

单击标题栏下方的"应用程序"选项卡，显示多种应用程序命令，如图 1-5 所示。

图 1-5　"应用程序"选项卡

1.2.3　工具栏

功能区下方是工具栏，工具栏以图标方式汇集了常用的操作命令。下面简要介绍工具栏中部分常用按钮的功能。

- █：新建或打开一个 M 文件。

- 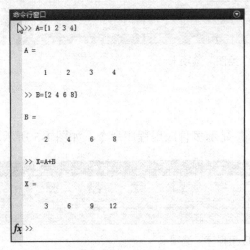：剪切、复制或粘贴已选中的对象。
- ：撤销或恢复上一次操作。
- ：打开 Simulink 主窗口。
- ：打开用户界面设计窗口。
- 分析代码：打开代码分析器主窗口。
- ：打开 MATLAB 帮助系统。
- ▶ D: ▶ Program Files ▶ MATLAB ▶ R2016a ▶ bin ▶：当前路径设置栏。

1.2.4　命令窗口

MATLAB 的使用方法和界面有多种形式，但命令窗口指令操作是最基本的，也是入门时首先要掌握的。

1. 基本界面

MATLAB 命令窗的基本表现形态和操作方式如图 1-6 所示，在该窗口中可以进行各种计算操作，也可以使用命令打开各种 MATLAB 工具，还可以查看各种命令的帮助说明等。

2. 基本操作

在命令窗口的右上角，用户可以单击相应的按钮进行最大化、还原或关闭窗口。单击右上角的 ⊙ 按钮，出现一个下拉菜单，如图 1-7 所示。在该下拉菜单中，单击"➜" 按钮，可将命令窗口最小化到主窗口左侧，以页签形式存在，当鼠标指针移到上面时，显示窗口内容。此时单击 ⊙ 下拉菜单中的 ⊞ 按钮，即可恢复显示。

图 1-6　命令窗口

图 1-7　下拉列表

选择"页面设置"命令，弹出如图 1-8 所示的"页面设置：命令行窗口"对话框，该对话框中包括三个选项卡，分别对打印前命令窗口中的文字布局、标题、字体进行设置。

（1）"布局"选项卡，如图 1-8 所示，用于对文本的打印对象及打印颜色进行设置。

（2）"标题"选项卡，如图 1-9 所示，用于对打印的页码及布局单双行进行设置。

图 1-8 "页面设置：命令行窗口"对话框

图 1-9 "标题"选项卡

（3）"字体"选项卡：如图 1-10 所示，可选择使用当前命令行中的字体，也可以进行自定义设置，在下拉列表中选择字体名称及字体大小。

3. 快捷操作

选中该窗口中的命令，单击鼠标右键即可弹出如图 1-11 所示的快捷菜单，选择其中的命令，即可进行对应操作。

下面介绍几种常用命令。

（1）执行所选命令：对选中的命令进行操作。

（2）打开所选内容：执行该命令，找到所选内容所在的文件，并在命令窗口显示该文件中的内容。

（3）关于所选内容的帮助：执行该命令，弹出关于所选内容的相关帮助窗口，如图 1-12 所示。

图 1-10 "字体"选项卡

图 1-11 快捷菜单

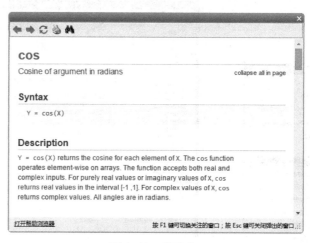

图 1-12 帮助窗口

（4）函数浏览器：执行该命令，弹出如图 1-13 所示的函数窗口，在该窗口中可以选择编程所需的函数，并对该函数进行安装与介绍。

（5）剪切：剪切选中的文本。

（6）复制：复制选中的文本。

（7）粘贴：粘贴选中的文本。

（8）全选：将该文件中显示在命令窗口的文本全部选中。

（9）查找：执行该命令后，弹出"查找"对话框，如图 1-14 所示。在"查找内容"文本框中输入要查找的文本关键词，即可在庞大的命令程序历史记录中迅速定位所需对象的位置。

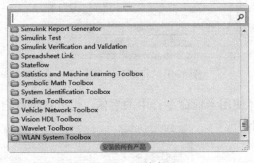

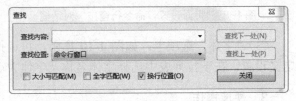

图 1-13　函数窗口　　　　　　　　　　　　图 1-14　"查找"对话框

（10）清空命令行：删除命令窗口中显示的所有命令程序。

1.2.5　历史窗口

历史窗口主要用于记录所有执行过的命令，如图 1-15 所示。在默认条件下，它会保存自安装以来所有运行过的命令的历史记录，并记录运行时间，以方便查询。

选择"命令历史记录"→"停靠"命令，在显示界面上固定显示命令历史窗口，如图 1-16 所示。

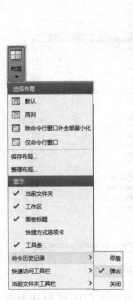

图 1-15　"命令历史　　　　　　　　图 1-16　停靠命令历史记录
　　　　记录"命令

在历史窗口中双击某一命令，命令窗口中将执行该命令。

1.2.6 当前目录窗口

当前目录窗口显示如图 1-17 所示，可显示或改变当前目录，查看当前目录下的文件，单击 🔎 按钮可以在当前目录或子目录下搜索文件。

单击 ⚙ 按钮，在弹出的下拉菜单中可以执行常用的操作。例如，在当前目录下新建文件或文件夹（还可以指定新建文件的类型）、生成文件分析报告、查找文件、显示/隐藏文件信息、将当前目录按某种指定方式排序和分组等。如图 1-18 所示是对当前目录中的代码进行分析，提出一些程序优化建议并生成报告。

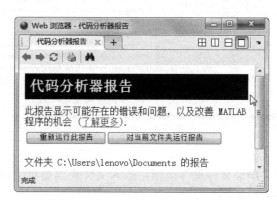

图 1-17 当前目录窗口   图 1-18 M 文件分析报告

在 MATLAB 中包括搜索路径的设置命令，下面分别进行介绍。

（1）在命令窗口中输入"path"，单击 Enter 键，在命令行窗口中显示如图 1-19 所示的目录。

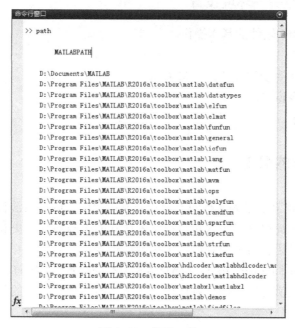

图 1-19 设置目录

（2）在命令行窗口中输入"pathtool"，弹出 "设置路径"对话框，如图 1-20 所示。

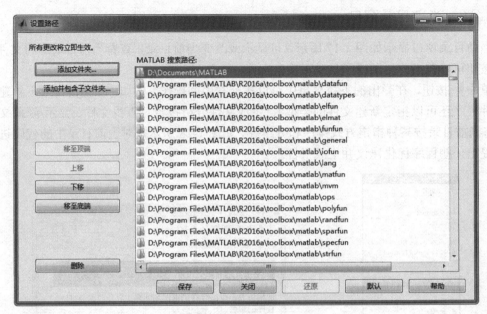

图 1-20 "设置路径"对话框

单击"添加文件夹"按钮，进入文件夹浏览对话框，把某一目录下的文件包含进搜索范围而忽略子目录。

单击"添加并包含子文件夹"按钮，进入文件夹浏览对话框，将子目录也包含进来。建议选择后者以避免一些可能的错误。

1.2.7 课堂练习——环境设置

演示 MATLAB 2016 软件的基本操作。

操作提示。

（1）利用不同方法演示软件的打开与关闭。

（2）调出历史命令窗口。

（3）切换文件目录。

环境设置

1.3 MATLAB 命令的组成

MATLAB 语言是建立于最为流行的 C++语言基础上的，因此语法特征与 C++语言极为相似，而且更加简单，更加符合科技人员对数学表达式的书写格式，更利于非计算机专业的科技人员使用，而且这种语言可移植性好、可拓展性极强。

在图 1-21 中显示不同的命令格式，MATLAB 中不同的数字、字符、符号代表不同的含义，组成丰富的表达式，能满足用户的各种应用。本节将按照命令不同的生成方法简要介绍各种符号的功能。

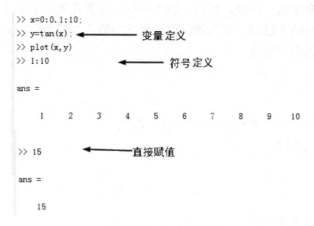

图 1-21　命令表达式

1.3.1　基本符号

指令行起始位置的"＞＞"是"指令输入提示符"，它是自动生成的，如图 1-22 所示。简洁起见，本书中的全部指令采用 MATLAB 的 M-book 写成，而在 M-book 中运行的指令前是没有提示符的，因此本书后面的输入指令前将不再带有提示符"＞＞"。

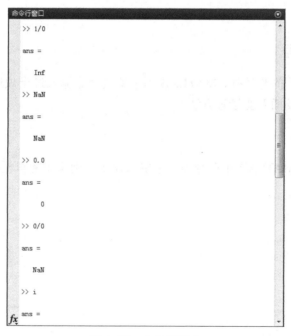

图 1-22　命令行窗口

"＞＞"为运算提示符，表示 MATLAB 处于准备就绪状态。如在提示符后输入一条命令或一段程序后按 Enter 键，MATLAB 将给出相应的结果，并将结果保存在工作空间管理窗口中，然后再次显示一个运算提示符，为下一段程序的输入做准备。

在 MATLAB 命令窗口中输入汉字时，会出现一个输入窗口，在中文状态下输入的括号和标点等不被认为是命令的一部分，所以，输入命令一定要在英文状态下进行。

下面介绍几种命令输入过程中常见的错误及显示的警告与错误信息。

（1）输入的括号为中文格式。

```
>> sin（）
 sin（）
  ↑
```
错误：输入字符不是 MATLAB 语句或表达式中的有效字符。

（2）函数使用格式错误。

```
>> sin( )
错误使用 sin
输入参数的数目不足。
```

（3）缺少步骤，未定义变量。

```
>> sin(x)
未定义函数或变量 'x'。
```

（4）正确格式。

```
>> x=1
x =
     1
>> sin(x)
ans =
0.8415
```

1.3.2　功能符号

除了命令输入必须的符号外，MATLAB 为了解决命令输入过于烦琐、复杂的问题，采取了使用分号、续行符及插入变量等方法。

1. 分号

一般情况下，在 MATLAB 中命令窗口中输入命令，则系统随机根据指令给出计算结果。命令显示如下。

```
>> A=[1 2;3 4]
A =
     1     2
     3     4
>> B=[5 6;7 8]
B =
     5     6
     7     8
```

若不想让 MATLAB 每次都显示运算结果，只需在运算式最后加上分号（;），命令显示如下。

```
>> A=[1 2;3 4];
>> B=[5 6;7 8];
>> A,B
A =
     1     2
     3     4
```

```
B =
     5      6
     7      8
```

2. 续行号

由于命令太长，或出于某种需要，输入指令行必须多行书写时，需要使用特殊符号续行得 "..." 来处理，如图 1-23 所示。

```
>> y=1-1/2+1/3-1/4+ ...
1/5-1/6+1/7-1/8


y =

   0.6345
```

图 1-23　多行输入

MATLAB 用 3 个或 3 个以上的连续黑点表示"续行"，即表示下一行是上一行的继续。

3. 插入变量

当需要解决的问题比较复杂、直接输入指令比较繁琐的情况下，如果添加分号仍然无法解决，这时我们可以引入变量，赋予变量名称与数值，最后进行计算。

变量定义之后才可以使用，未定义会导致命令出错，同时显示警告信息，警告信息字体为红色。

```
>> x
未定义函数或变量 'x'。
```

存储变量可以不必定义，需要时再进行定义，但是有时候如果变量很多，需要提前声明，同时也可以直接赋予 0 值并且注释，这样方便以后区分，避免混淆。

```
>> a=1
a =
1
>> b=2
b =
2
```

直接输入"x=4*3"，则自动在命令行窗口显示结果。

```
>> x=4*3
x =
    12
```

命令中包含"赋值号"，因此表达式的计算结果被赋给了变量 y。指令执行后，变量 y 被保存在 MATLAB 的工作空间中，以备后用。

若输入"x=4*3;"，则单击 Enter 键后不显示输出结果，可继续输入指令，完成所有指令输出后，显示运算结果，命令显示如下。

```
>> x=4*3;
>>
```

1.3.3 常用指令

在使用 MATLAB 语言编制程序时，掌握常用的操作命令或技巧，可以起到事半功倍的效果，下面详细介绍会经常用到的命令。

1. cd：显示或改变工作目录

```
>> cd
D:\Program Files\MATLAB\R2016a\bin        %显示工作目录
```

2. clc：清除工作窗

在命令行输入"clc"，单击 Enter 键执行该命令，则自动清除命令行中所有程序，如图 1-24 所示。

图 1-24 清除命令

3. clear：清除内存变量

在命令行输入"clear"，单击 Enter 键执行该命令，则自动清除内存中变量的定义，如图 1-24 所示。

给变量 a 赋值 1，然后清除赋值。

```
>> a=1
a =
    1
>> clear a
>> a
未定义函数或变量 'a'。
```

MATLAB 2016 语言的常用命令如表 1-1 所示。

表 1-1   常用的操作命令

命　令	该命令的功能	命　令	该命令的功能
cd	显示或改变工作目录	bold	图形保持命令
clc	清除工作窗	load	加载指定文件的变量
clear	清除内存变量	pack	整理内存碎片
clf	清除图形窗口	path	显示搜索目录
diary	日志文件命令	quit	退出 MATLAB 7.0
dir	显示当前目录下文件	save	保存内存变量指定文件
disp	显示变量或文字内容	type	显示文件内容
echo	工作窗信息显示开关		

M 语言中，还包括一些标点符号被赋予特殊的意义，下面介绍几种常用的键盘按键与标点符号，如表 1-2 和表 1-3 所示。

表 1-2　　　　　　　　　　　　键盘操作技巧表

键盘按键	说　　明	键盘按键	说　　明
↑	重调前一行	Home	移动到行首
↓	重调下一行	End	移动到行尾
←	向前移一个字符	Esc	清除一行
→	向后移一个字符	Del	删除光标后的一个字符
Ctrl+←	左移一个字	Backspace	删除光标前的一个字符
Ctrl+→	右移一个字	Alt+Backspace	删除到行尾

表 1-3　　　　　　　　　　　　标点表

标　点	定　　义	标　点	定　　义
:	冒号：具有多种功能	.	小数点：小数点及域访问符
;	分号：区分行及取消运行显示等	…	续行符号
,	逗号：区分列及函数参数分隔符等	%	百分号：注释标记
( )	圆括号：指定运算过程中的优先顺序	!	叹号：调用操作系统运算
[ ]	方括号：矩阵定义的标志	=	等号：赋值标记
{ }	大括号：用于构成单元数组	'	单引号：字符串标记符

1.4　课后习题

1．MATLAB 的命令窗口的作用是什么？

2．MATLAB 的编辑/调试窗口的作用是什么？

3．MATLAB 的图形窗口的作用是什么？

4．列出几种不同的启动 MATLAB 帮助的方法。

5．什么是工作区？

6．如何进行工作区的编辑操作？

7．如何清空 MATLAB 工作区内的内容？

第 2 章　MATLAB 的数据结构

内容指南

本章简要介绍 MATLAB 的基本组成部分：数值、符号与函数。这三种不同的组成部分可单独运行也可组合运行，在 MATLAB 中根据不同的操作实现数值计算、符号计算和图形处理的目的。

知识重点

- 📖 数据类型
- 📖 数据定义
- 📖 数据转换

2.1　数据类型

数字与字符是数学运算中的基本组成部分。作为可以解决大部分数学问题的计算机软件-MATLAB，使用的语言也是由数字与字符组成，不同的数字与字符组成了数值、符号、函数。

MATLAB 中定义了许多数据类型，根据不同的功能划分有不同的分类。

2.1.1　数值类型

MATLAB 以矩阵为基本运算单元，而构成矩阵的基本单元是数值，数值即数学中常见的数字与字符，是 MATLAB 程序设计运行的基础。在程序设计过程中，用户根据不同的需求，选择对应的函数，进行数据转换。

数值类型包含整型、浮点数和复数 3 种类型。

1. 整数型

整型数据是不包含小数部分的数值型数据，用字母 I 表示。整型数据只用来表示整数，以二进制形式存储。下面介绍整形数据的分类。

- char：字符型数据，属于整形数据的一种，占用一个字节。
- unsigned char：无符号字符型数据，属于整形数据的一种，占用一个字节。
- short：短整形数据，属于整形数据的一种，占用两个字节。

- unsigned short：无符号短整型数据，属于整形数据的一种，占用两个字节。
- int：整形数据，属于整形数据的一种，占用四个字节。
- unsigned int：无符号整型数据，属于整形数据的一种，占用四个字节。
- long：长整型数据，属于整形数据的一种，占用四个字节。
- unsigned long：无符号长整型数据，属于整形数据的一种，占用四个字节。

2. 浮点型

浮点型数据只采用十进制，有两种形式：十进制数形式和指数形式。

（1）十进制数形式

由数字 0～9 和小数点组成。如 0.0、0.25、5.789、0.13、5.0、300.0、−267.8230。

（2）指数形式

由十进制数加阶码标志"e"或"E"以及阶码（只能为整数，可以带符号）组成。

其一般形式为

$$a\,\mathrm{E}\,n$$

其中，a 为十进制数，n 为十进制整数，表示的值为 $a \times 10^n$。

2.1E5 等于 2.1×10 的 5 次方，3.7E−2 等于 3.7×10 的−2 次方，0.5E7 等于 0.5×10 的 7 次方，−2.8E−2 等于−2.8×10 的−2 次方。

下面介绍常见的不合法的实数。

- 345：无小数点。
- E7：阶码标志 E 之前无数字。
- −5：无阶码标志。
- 53−E3：负号位置不对。
- 2.7E：无阶码。

浮点型变量还可分为两类：单精度型和双精度型。

- float：单精度说明符，占 4 个字节（32 位）内存空间，其数值范围为 3.4E−38～3.4E+38，只能提供 7 位有效数字。
- double：双精度说明符，占 8 个字节（64 位）内存空间，其数值范围为 1.7E−308～1.7E+308，可提供 16 位有效数字。

3. 复数类型

把形如 $a+bi$（a，b 均为实数）的数称为复数，其中 a 称为实部，b 称为虚部，i 称为虚数单位。

当虚部等于零时，这个复数可以视为实数；当 z 的虚部不等于零而实部等于零时，常称 z 为纯虚数。

复数中的实数 a 称为复数 z 的实部（real part）记作 Rez=a，实数 b 称为复数 z 的虚部（imaginary part）记作 Imz=b。

当 $a=0$ 且 $b \neq 0$ 时，$z=bi$，将该复数称为纯虚数。

复数的四则运算规定如下。

- 加法法则：$(a+bi)+(c+di)=(a+c)+(b+d)i$。
- 减法法则：$(a+bi)−(c+di)=(a−c)+(b−d)i$。

- 乘法法则：$(a+bi)\cdot(c+di)=(ac-bd)+(bc+ad)i$。
- 除法法则：$(a+bi)/(c+di)=[(ac+bd)/(c^2+d^2)]+[(bc-ad)/(c^2+d^2)]i$。

2.1.2 操作实例

例 1：练习十进制数字的显示。

```
>> 3.00000
ans =
    3
>> 3
ans =
    3
>> .3
ans =
    0.3000
>> .06

ans =
    0.0600
```

例 1

例 2：练习指数数字的显示。

```
>> 3E6
ans =
    3000000
>> 3e6
ans =
    3000000
>> 4e0
ans =
    4
>> 0.5e5
ans =
    50000
```

例 2

例 3：练习复数的显示。

```
>> 1+2i
ans =
   1.0000 + 2.0000i
>> 2-3i
ans =
   2.0000 - 3.0000i
>> 5+6j
ans =
   5.0000 + 6.0000i
>> 2i
ans =
   0.0000 + 2.0000i
>> -3i
ans =
   0.0000 - 3.0000i
```

例 3

2.1.3　逻辑类型

　　MATLAB 中的逻辑类型包括 true 和 false，分别由 1 和 0 表示。MATLAB 语言进行逻辑判断时，所有非零数值均被认为真，而零为假。在逻辑判断结果中，判断为真时输出 1，判断为假时输出 0。

　　函数 logical() 可以将任何非零的数值转换为 true（即 1），数值 0 转换为 false（即 0）。

```
>> logical(5)
ans =
     1
>> logical(0)
ans =
     0
```

　　在算术、关系、逻辑三种运算符中，算术运算符优先级最高，关系运算符次之，而逻辑运算符优先级最低。在逻辑运算符中，"非"的优先级最高，"与"和"或"有相同的优先级。

　　MATLAB 语言的逻辑运算符包括以下几种。

　　（1）—：逻辑与。两个操作数同时为 1 时，结果为 1，否则为 0。

```
>> logical(5)-logical(0)
ans =
     1
```

　　（2）|：逻辑或。两个操作数同时为 0 时，结果为 0，否则为 1。

```
>> logical(5)-logical(0)
ans =
     1
>> logical(0)-logical(0)
ans =
     0
```

　　（3）～：逻辑非。当操作数为 0 时，结果为 1，否则为 0。

　　（4）xor：逻辑异或。两个操作数相同时，结果为 0，否则为 1。输入格式为：C = xor(A,B)。

```
>> xor(0,1)
ans =
     1
```

　　（5）any：有非零元素则为真。输入格式为：B = any(A)；B = any(A,dim)。

```
>> any(15)
ans =
     1
>> any(logical(5),logical(5))
ans =
     1
```

　　（6）all：所有元素均非零则为真。输入格式为：B = all(A)；B = all(A,dim)。

```
>> all(15)
ans =
     1
```

2.1.4 课堂练习——数值的逻辑运算练习

逻辑运算符号的应用。

操作提示。

练习使用逻辑运算符号。

数值的逻辑运算练习

2.1.5 结构类型

按照数据的结构进行分类，MATLAB 中的数据主要包括：数值、字符、向量、矩阵、单元型数据及结构型数据。

1. 数值

这里的数值指单个的由阿拉伯数字及一些特殊字符组成的数值，而不是由一组数值组成的对象。

2. 字符

字符主要由 26 个英文字母及空格等一些特殊符号组成，根据储存格式不同，分为字符常量与字符串常量。

（1）字符常量是用单括号括起来的单个字符。如 'a'，可以用反斜杠后跟 1~3 位八进制数或 1~2 位十六进制数形式的 ASCII 码来表示相应字符，如\101 表示字符 'A'。

（2）字符串常量是用一对双引号引起来的零个或者多个字符序列。如 "Who are you"。字符串储存时，系统会自动在字符串的末尾加一个字符串结束的表示，即转义字符\0。

3. 向量

在数学中，几何向量也称为欧几里得向量，通常简称向量、矢量，指具有大小（magnitude）和方向的量。

4. 矩阵

由 $m×n$ 个数 a_{ij} 排成的 m 行 n 列的数表称为 m 行 n 列的矩阵，简称 $m×n$ 矩阵。记作：

$$A=\begin{pmatrix} a_{11} & a_{12} & \cdots & a_{1n} \\ a_{21} & a_{22} & \cdots & a_{2n} \\ a_{31} & a_{32} & \cdots & a_{3n} \\ & & \vdots & \\ a_{m1} & a_{m2} & \cdots & a_{mn} \end{pmatrix}$$

矩阵中 $m×n$ 个数称为矩阵 A 的元素，简称为元，数 a_{ij} 位于矩阵 A 的第 i 行第 j 列，称为矩阵 A 的 (i,j) 元，以数 a_{ij} 为 (i,j) 元的矩阵可记为 (a_{ij}) 或 (a_{ij}) $m×n$，$m×n$ 矩阵 A 也记作 A_{mn}。

元素是实数的矩阵称为实矩阵，元素是复数的矩阵称为复矩阵。行数与列数都等于 n 的矩阵称为 n 阶矩阵或 n 阶方阵。

（1）单元型数据

单元型变量是以单元为元素的数组，每个元素称为单元，每个单元可以包含其他类型的数组，如实数矩阵、字符串、复数向量。单元型变量通常由"{}"创建，其数据通过数组下标来引用。

（2）结构型数据

结构型变量是根据属性名组织起来的不同数据类型的集合。结构的任何一个属性可以包含不同的数据类型，如字符串、矩阵等。

2.1.6　定义类型

在 MATLAB 中，某量若保持不变，则称之为常量；反之，则称之为变量。以常量作为研究对象的数学称为常量数学或初等数学，它主要包括算术、初等代数、几何等学科。常量数学主要在形式逻辑的范围内活动，它虽然满足了一定生产力发展的需要，但又有一定的局限性。变量的引进以及它成为数学的研究对象，加速了变量数学的主要部分即微积分的产生。下面介绍变量与常量在 MATLAB 中的应用。

1. 常量

MATLAB 语言中有一些经常使用的常量数据，其中一些常量在 MATLAB 中已经定义，比如 pi；而有一些常量却无法直接使用（MATLAB 没有直接定义，或者根本不知道被定义为什么常量名）。当这些没有办法直接调用，却要经常使用的常量被需要时，用户常常又记不清准确值，因此，在 MATLAB 中留有定义，实时可调用会极大地方便使用。

MATLAB 语言本身也具有一些预定义的变量，这些特殊的变量称为常量。

（1）显示圆周率 pi 的值。

```
>> pi
ans =
3.1416
```

这里"ans"是指当前的计算结果，若计算时用户没有对表达式设定变量，系统就自动将当前结果赋给"ans"变量。

（2）eps：浮点运算的相对精度。

```
>> eps
ans =
2.2204e-16
```

eps 是用来判断是否为 0 元素的误差限。一般情况下，它的值大约为 2.2204e-16。

（3）Inf：表示无穷大，在 MATLAB 中允许表示的最大数是 21034，超过该数值时，系统会将数据用无穷大 Inf 表示。

```
>> 1/0
ans =
Inf
```

（4）NaN：不定值，如 0/0、∞/∞、0*∞。

```
>> 0/0
ans =
NaN
```

（5）i(j)：复数中的虚数单位。系统默认为单位虚数，可直接使用。若对该符号定义新值，则系统保留新值。

```
>> i
ans =
     0.0000 + 1.0000i
>> j
ans =
     0.0000 + 1.0000i
```

（6）realmin：最小正浮点数。

```
>> realmin
ans =
     2.2251e-308
```

（7）realmax：最大正浮点数。

```
>> realmax
ans =
     1.7977e+308
```

2．变量

变量是任何程序设计语言的基本元素之一，MATLAB 语言当然也不例外。与常规的程序设计语言不同的是，MATLAB 并不要求事先对所使用的变量进行声明，也不需要指定变量类型，MATLAB 语言会自动依据所赋予变量的值或对变量所进行的操作来识别变量的类型。在赋值过程中，如果赋值变量已存在，则 MATLAB 将使用新值代替旧值，并以新值类型代替旧值类型。在 MATLAB 中变量的命名应遵循如下规则。

- 变量名必须以字母开头，之后可以是任意的字母、数字或下画线。
- 变量名区分字母的大小写。
- 变量名不超过 31 个字符，第 31 个字符以后的字符将被忽略。

与其他的程序设计语言相同，MATLAB 语言也存在变量作用域的问题。在未加特殊说明的情况下，MATLAB 语言将所识别的一切变量视为局部变量，即仅在其使用的 M 文件内有效。

为任意变量定义参数值，程序显示如下。

```
>> a=1
a =
     1
```

若要将变量定义为全局变量，则应当对变量进行说明，即在该变量前加关键字 global。一般来说，全局变量均用大写的英文字符表示。

在定义变量时应避免与常量名相同，以免改变这些常量的值。如果已经改变了某个常量的值，可以通过"clear+常量名"命令恢复该常量的初始设定值。当然，重新启动 MATLAB 也可以恢复这些常量值。

2.1.7 操作实例

例 1：练习直接赋值与变量赋值的不同之处。

```
>> 5
ans =
```

例 1

```
    5        %在工作区显示⊞ ans          5
>> a=5
a =
    5        %在工作区显示⊞ a            5
```

例 2：练习常量的逻辑运算。

```
>> ~pi
ans =
    0
>> any(i)
ans =
    1
>> all(realmin)
ans =
    1
```

例 2

例 3：练习变量的赋值运算。

```
>> i                          %输入特殊符号
ans =
    0.0000 + 1.0000i          %显示特殊符号固定值
>> i=5
i =
    5                         %为该符号重新赋值
>> i
i =
    5                         %显示特殊符号存储值
>> clear i                    %清除该符号存储值
>> i
ans =
    0.0000 + 1.0000i          %显示符号当前存储值
```

例 3

2.2　数据定义

在 MATLAB 中，系统识别数字及一些特殊常量，这些数据可以在程序运行中直接使用，但大多数情况下，使用的数据需要进行定义后才能使用。否则不能数据被识别，系统会显示警告信息，同时程序不能被运行。下面根据不同的类别分别对不同数据进行定义。

2.2.1　字符串定义

字符和字符串运算是各种高级语言必不可少的部分。MATLAB 作为一种高级的数学计算语言，字符串运算功能同样很丰富，特别是增加了自己的符号运算工具箱之后，字符串函数的功能得到进一步增强。这里的字符串不仅仅是简单的字符串运算，而是 MATLAB 符号运算表达式的基本构成单元。

1. 直接赋值定义

在 MATLAB 中，所有的字符串都应用单引号设定后输入或赋值（yesinput 命令除外）。

```
>> a='this is a book'
```

```
a =
    this is a book
```

2. 由函数 char 来生成字符数组

```
>> a=char('b','o','o','k');
>> a'
ans =
    book
```

对字符串进行定义后，可对该字符串进行简单地操作。

（1）计算字符大小

在 MATLAB 中，字符串与字符数组基本上是等价的。用户可以用函数 size 来查看数组的维数。

```
>> size(a)
ans=
    4    1
```

（2）显示字符元素

字符串的每个字符（包括空格）都是字符数组的一个元素。

```
>> a(2)
ans =
o
```

（3）链接串

使用该函数将几个字符串连接成一个字符串。

```
>> x='this';
>> y=' is';
>> z=strcat(x,y)
z =
this is
```

（4）替代串

使用一个字符串替换另一个字符串。

```
>> x='who are you';
>> y='how';
>> z=strrep(x,'who',y)
z =
how are you
```

MATLAB 的其他字符串操作函数见表 2-1。

表 2-1　　　　　　　　　　字符串操作函数表

命令名	说　　明	命令名	说　　明
strvcat	垂直链接串	strtok	寻找串中记号
strcmp	比较串	upper	转换串为大写
strncmp	比较串的前 n 个字符	lower	转换串为小写
findstr	在其他串中找此串	blanks	生成空串
strjust	整理字符数组	deblank	移去串内空格
strmatch	查找可能匹配的字符串		

2.2.2　操作实例

例 1：修改字符大小写。

```
>> x='MATLAB 2016A'
x =
MATLAB 2016A
>> Y=lower(x)
Y =
matlab 2016a
```

例 1

> 注意：Lower 函数的功能是转换串为小写，该函数有两种用法。
>
> （1）将选中的字符转换为小写。`
>
> ```
> >> t = lower('str')
> ```
>
> （2）将整个被复制的变量中的字符串转换为小写。
>
> ```
> B = lower(A)
> ```

例 2：编辑字符位置。

```
>> A='      happybirthday      '
A =
       happybirthday
>> B= strjust(A,'RIGHT')
B =
          happybirthday
>> B=strjust(A,'left')
B =
happybirthday
>> B= strjust(A,'center')
B =
      happybirthday
```

例 2

> 注意：strjust 函数的功能是整理字符数组，该函数包括四种方式。
>
> （1）自动整理字符位置。
>
> ```
> >> T = strjust(S)
> ```
>
> （2）将字符位置调整在右侧。
>
> ```
> >> T = strjust(S, 'right')
> ```
>
> （3）将字符位置调整在左侧。
>
> ```
> >> T = strjust(S, 'left')
> ```
>
> （4）将字符位置调整在中间位置。
>
> ```
> >> T = strjust(S, 'center')
> ```

例 3：为字符串添加空格。

```
>> A=sprintf('happy\tbirthday')
A =
Happy      birthday
>> A=sprintf('happy\tbirthday\tto\tyou')
A =
```

例 3

happy   birthday to you

2.2.3　向量定义

向量是由 n 个数 $a_1, a_2, \cdots, a_n$ 组成的有序数组，记成

$$a = \begin{pmatrix} a_1 \\ a_2 \\ \vdots \\ a_n \end{pmatrix} \text{或} \boldsymbol{a}^\mathrm{T} = \begin{pmatrix} a_1, & a_2, & \cdots & ,a_n \end{pmatrix}$$

叫作 n 维向量，向量 $\boldsymbol{a}$ 的第 i 个分量记为 a_i。

向量的生成有直接输入法、冒号法和利用 MATLAB 函数创建三种方法。

1．直接输入法

生成向量最直接的方法就是在命令窗口中直接输入。格式上的要求如下：
- 向量元素需要用"[ ]"括起来；
- 元素之间用空格、逗号或分号分隔。

（1）行向量

用空格和逗号分隔生成行向量。

① 使用空格间隔。

```
>> x=[1 2 3 4]
x =
     1     2     3     4
```

② 使用逗号间隔。

```
>> x=[1,2,3,4]
x =
     1     2     3     4
```

（2）列向量

用分号分隔形成列向量。

```
>> x=[1;2;3;4]
x =
     1
     2
     3
     4
```

2．冒号法

冒号表达式的基本形式为 x=x0:step:xn，其中 x0、step、xn 分别为给定数值，x0 表示向量的首元素数值，xn 表示向量尾元素数值限，step 表示从第二个元素开始，元素数值大小是与前一个元素数值大小的差值。

xn 为尾元素数值限，而非尾元素值，当 xn-x0 恰为 step 值的整数倍时，xn 才能成为尾元

素值。若 x0<xn，则需 step>0；若 x0>xn 则需 step<0；若 x0=xn，则向量只有一个元素。若 step=1，则可省略此项的输入，直接写成 x=x0:xn。此时可以不用"[ ]"。

```
>> x=0:4:16
x =
      0      4      8     12     16
```

创建一个从 0 开始，增量为 4，到 16 结束的向量 x。

（1）创建无间隔行向量

表达式：

$$a:b$$

表示一行从 1 到 5 的整数。

```
>> 1:5
ans =
     1     2     3     4     5
```

（2）创建带间隔行向量

为了改变递变的间隔，可以指定一个间隔长度，表达式为：

$$a:b:c$$

a 表示初始值，b 表示间隔值，c 表示终止值。

```
>> 1:2:16
ans =
     1     3     5     7     9    11    13    15
```

3. 函数法

（1）线性等分向量

linspace 通过直接定义数据元素个数，而不是数据元素直接的增量来创建向量。此函数的调用格式如下。

```
linspace(first_value, last_value,number)
```

该调用格式表示创建一个从 first_value 开始至 last_value 结束，包含 number 个元素的向量。创建一个从 0 开始，到 10 结束，包含 6 个数据元素的向量 x。

```
>> x=linspace(0,10,6)
x =
      0      2      4      6      8     10
```

（2）对数等分的向量

与 linspace 一样，logspace 也通过直接定义向量元素个数，而不是数据元素之间的增量来创建数组。logspace 的调用格式如下。

```
logspace(first_value, last_value,number)
```

表示创建一个从 10^{first_value} 开始，到 10^{last_value} 结束，包含 number 个数据元素的向量。

```
>> x=logspace(1,5,3)
x =
        10       1000     100000
```

2.2.4 课堂练习——求解区间数值

创建一个从 10 开始，到 211 结束，包含 4 个数据元素的向量 x。

操作提示。

使用线性等分向量 linspace 直接得到结果。

求解区间数值

2.2.5 矩阵定义

MATLAB 以矩阵作为数据操作的基本单位，这使得矩阵运算变得非常简捷、方便、高效。

矩阵是由 $m \times n$ 个数 a_{ij} $(i = 1,2,\cdots,m; j = 1,2,\cdots,n)$ 排成的 m 行 n 列数表，记成

$$A = \begin{pmatrix} a_{11} & a_{12} & \cdots & a_{1n} \\ a_{21} & a_{22} & \cdots & a_{2n} \\ \vdots & \vdots & \vdots & \vdots \\ a_{m1} & a_{m2} & \cdots & a_{mn} \end{pmatrix}$$

也可以记成 a_{ij} 或 $A_{m \times n}$。其中，i 表示行数，j 表示列数。若 $m=n$，则该矩阵为 n 阶矩阵（n 阶方阵）。

> **注意**：由有限个向量所组成的向量组可以构成矩阵，如果 $A = (a_{ij})$ 是 $m \times n$ 矩阵，那么 A 有 m 个 n 维行向量；有 n 个 m 维列向量。
>
> 矩阵的生成方法主要有直接输入法、M 文件生成法和文本文件生成法等。

1. 直输入法

在键盘上直接按行方式输入矩阵是最方便、最常用的创建数值矩阵的方法，尤其适合较小的简单矩阵。在用此方法创建矩阵时，应当注意以下几点。

- 输入矩阵时要以"[ ]"为其标识符号，矩阵的所有元素必须都在括号内。
- 矩阵同行元素之间由空格（个数不限）或逗号分隔，行与行之间用分号或 Enter 键分隔。
- 矩阵大小不需要预先定义。
- 矩阵元素可以是运算表达式。
- 若"[ ]"中无元素，表示空矩阵。
- 如果不想显示中间结果，可以用"；"结束。

（1）创建简单数值矩阵，对比与向量的创建方法有何不同。

```
>> a=[1 2 3;1 1 1;4 5 6]
a=
    1    2    3
    1    1    1
    4    5    6
```

（2）创建一个带有运算表达式的矩阵。

```
>> B=[sin(pi/3),cos(pi/4);log(3),tanh(6)]
B =
```

```
    0.8660    0.7071
    1.0986    1.0000
```

在输入矩阵时，MATLAB 允许方括号里还有方括号，下面创建一个 3 维方阵。

```
>> [[1 2 3];[2 4 6];7 8 9]
ans =
    1    2    3
    2    4    6
    7    8    9
```

2．利用文本创建

MATLAB 中的矩阵还可以由文本文件创建，即在文件夹中建立 txt 文件，在命令窗口中直接调用此文件名即可。

（1）事先在记事本中建立文件。

```
    1    2    1
    1    2    4
    1    3    8
```

（2）以 data.txt 保存，在 MATLAB 命令窗口中输入。

```
>> load data.txt
>> data
data =
    1    2    1
    1    2    4
    1    3    8
```

由此创建矩阵。

```
x=    1 2 1
      1 2 4
      1 3 8
```

2.2.6　操作实例

例 1：创建元素均是 5 的 5×5 矩阵。

```
>> a=[5 5 5 5 5;5 5 5 5 5;5 5 5 5 5;5 5 5 5 5;5 5 5 5 5]
a =
    5    5    5    5    5
    5    5    5    5    5
    5    5    5    5    5
    5    5    5    5    5
    5    5    5    5    5
```

例 1

例 2：创建字符矩阵 A。

其中，$A = \begin{pmatrix} a & a & a \\ & & a \\ a & a & \end{pmatrix}$。

```
>> A=[['a','a','a'];[' ',' ','a'];['a','a',' ']]
A =
```

例 2

```
aaa
  a
aa
```

例 3：创建包含复数的矩阵 **A**。

其中，$A = \begin{pmatrix} 1 & 1+i & 2 \\ 2 & 3+2i & 1 \end{pmatrix}$。

例 3

```
>> A=[[1,1+i,2];[2,3+2i,1]]
A =
   1.0000 + 0.0000i   1.0000 + 1.0000i   2.0000 + 0.0000i
   2.0000 + 0.0000i   3.0000 + 2.0000i   1.0000 + 0.0000i
```

2.2.7　课堂练习——创建成绩单

创建成绩单

将某班期末成绩单保存成文件演示。

操作提示。

（1）创建文本文件"qimo.txt"，如图 2-1 所示，分别输入数学、语文、英语的成绩，并将该文件保存在系统默认目录下。

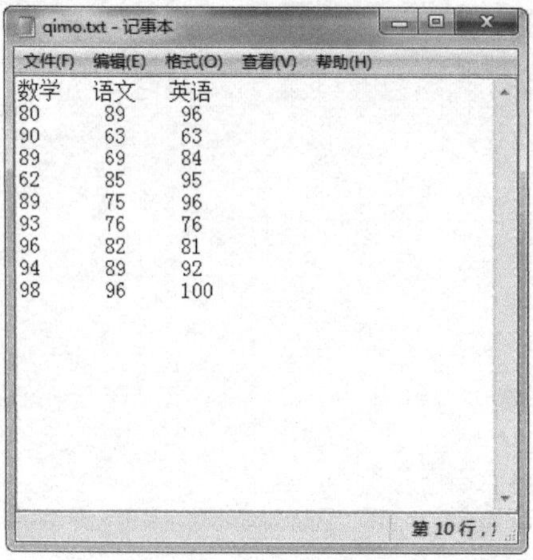

图 2-1　记事本文件

（2）使用函数 qimo 导入到命令窗口中。

2.2.8　符号变量定义

在 MATLAB 符号数学工具箱中，符号表达式是代表数字、函数和变量的 MATLAB 字符串或字符串数组，它不要求变量有预先确定的值。符号表达式包括符号函数和符号方程，其中符号函数没有等号，而符号方程必须带有等号，但是两者的创建方式是相同的，都是用单引号括起来。MATLAB 在内部把符号表达式表示成字符串，以与数字相区别。符号变量定义方法有两种：sym x 或者 syms x，两者有区别也有共同点。

（1）定义对象不同

syms 是定义符号变量，sym 是将字符或者数字转换为字符。

```
>> sym x
```

```
ans =
x
```

在工作区显示将该变量定义给存储变量 ⬛ ans　　　　　　　*1x1 sym*　。

```
>> syms y
```

在工作区显示直接定义该变量 ◉ y　　　　　　*1x1 sym* 。

（2）定义对象个数不同

syms 可以看做 **sym** 的复数形式，前者可定义多个变量，后者只能对一个变量进行赋值。

```
>> sym x1 x2                        %定义两个变量
错误使用 sym/assume (line 514)
输入 应与以下字符串之一相匹配:
'integer', 'rational', 'real', 'positive', 'clear'
'x2' 输入与任何有效字符串均不匹配。
出错 sym (line 190)
             assume(S, n);
>> syms x1 x2                       %定义两个变量
```

（3）定义对象格式不同

syms 可以直接定义符号函数 d(r)，并且可以对函数的形式进行赋值，但是 **sym** 却不可以写为 sym d(t)，只是将 d(t)生成了一个整体的符号。

```
>> sym y(x)                         %定义变量
警告: Support of strings that are not valid variable names or
define a number will be removed in a future release. To create
symbolic expressions, first create symbolic variables and then use
operations on them.
> In sym>convertExpression (line 1536)
In sym>convertChar (line 1441)
In sym>tomupad (line 1198)
In sym (line 177)
ans =
y(x)
>> syms y(x)                        %定义变量
```

2.2.9　课堂练习——定义变量 x

确定变量 x 的值。

操作提示。

（1）对变量 x 赋值。

（2）清除变量的值。

（3）重新对变量进行赋值。

定义变量 x

2.3　综合实例——符号矩阵的创建

输出下面给出的矩阵 **A** 和 **B**，同时将数字矩阵转换成字符矩阵，并统计两个字符矩阵大小，最后经过连接两个矩阵得到新矩阵。

符号矩阵的创建

$$A=\begin{pmatrix} 5 & 8 & 6 & 5 & 1 & 6 & 5 \\ 6 & 3 & 10 & 7 & 5 & 9 & 4 \\ 4 & 9 & 7 & 2 & 4 & 8 & 2 \\ 2 & 6 & 6 & 4 & 4 & 5 & 4 \\ 0 & 3 & 3 & 4 & 3 & 6 & 7 \\ 1 & 6 & 6 & 0 & 2 & 7 & 7 \\ 0 & 2 & 2 & 7 & 1 & 3 & 7 \end{pmatrix} \quad B=\begin{pmatrix} 5 & 9 & 1 & 11 & 1 & 8 & 6 \\ 3 & 4 & 10 & 7 & 15 & 9 & 3 \\ 3 & 6 & 7 & 6 & 4 & 8 & 2 \\ 0 & 8 & -1 & 15 & -6 & 5 & 5 \\ 0 & 3 & 3 & 4 & 3 & 9 & 1 \\ 1 & 6 & 6 & 0 & 7 & 7 & 6 \\ 0 & 2 & 6 & 5 & 1 & 5 & 5 \end{pmatrix}$$

具体操作步骤如下。

（1）创建矩阵 **A** 和 **B**。

```
>>A=[5,8,6,5,1,6,5;6,3,10,7,5,9,4;4,9,7,2,4,8,2;2,6,6,4,4,5,4;0,3,3,4,3,6,7;
1,6,6,0,2,7,2;0,2,2,7,1,3,7]
A =
     5     8     6     5     1     6     5
     6     3    10     7     5     9     4
     4     9     7     2     4     8     2
     2     6     6     4     4     5     4
     0     3     3     4     3     6     7
     1     6     6     0     2     7     2
     0     2     2     7     1     3     7
>>B=[5,9,1,11,1,8,6;3,4,10,7,15,9,3;3,6,7,6,4,8,2;0,8,-1,15,-6,5,5;0,3,3,4,3,
9,1;1,6,6,0,7,7,6;0,2,6,5,1,5,5]
B =
     5     9     1    11     1     8     6
     3     4    10     7    15     9     3
     3     6     7     6     4     8     2
     0     8    -1    15    -6     5     5
     0     3     3     4     3     9     1
     1     6     6     0     7     7     6
     0     2     6     5     1     5     5
```

（2）显示矩阵大小。

```
>> size(A)
ans =
     7     7
>> size(B)
ans =
     7     7
```

（3）将矩阵转化为字符矩阵。

```
>> a=sym(A)
a =
[ 5,  8,  6,  5,  1,  6,  5]
[ 6,  3, 10,  7,  5,  9,  4]
[ 4,  9,  7,  2,  4,  8,  2]
[ 2,  6,  6,  4,  4,  5,  4]
[ 0,  3,  3,  4,  3,  6,  7]
[ 1,  6,  6,  0,  2,  7,  2]
[ 0,  2,  2,  7,  1,  3,  7]
```

```
>> b=sym(B)
b =
[ 5,  9,   1, 11,   1, 8, 6]
[ 3,  4,  10,  7, 15, 9, 3]
[ 3,  6,   7,  6,  4, 8, 2]
[ 0,  8,  -1, 15, -6, 5, 5]
[ 0,  3,   3,  4,  3, 9, 1]
[ 1,  6,   6,  0,  7, 7, 6]
[ 0,  2,   6,  5,  1, 5, 5]
```

（4）显示字符矩阵大小。

```
>> size(a)
ans =
     7     7
>> size(b)
ans =
     7     7
```

（5）连接两个矩阵生成新矩阵。

① 将矩阵转化为字符串。

```
>> x=mat2str(A)
x =
[5 8 6 5 1 6 5;6 3 10 7 5 9 4;4 9 7 2 4 8 2;2 6 6 4 4 5 4;0 3 3 4 3 6 7;1 6 60
2 7 2;0 2 2 7 1 3 7]
>> y=mat2str(B)
y =
[5 9 1 11 1 8 6;3 4 10 7 15 9 3;3 6 7 6 4 8 2;0 8 -1 15 -6 5 5;0 3 3 4 3 9 1;
1 6 6 0 7 7 6;0 2 6 5 1 5 5]
```

② 连接两字符串。

```
>> z=strcat(x,y)
z =
[5 8 6 5 1 6 5;6 3 10 7 5 9 4;4 9 7 2 4 8 2;2 6 6 4 4 5 4;0 3 3 4 3 6 7;1 6 6 0
2 7 2;0 2 2 7 1 3 7][5 9 1 11 1 8 6;3 4 10 7 15 9 3;3 6 7 6 4 8 2;0 8 -1 15 -6 5 5;0
3 3 4 3 9 1;1 6 6 0 7 7 6;0 2 6 5 1 5 5]
```

③ 替代字符串。

```
>> z=strrep(z,')[',';']
z =
[5 8 6 5 1 6 5;6 3 10 7 5 9 4;4 9 7 2 4 8 2;2 6 6 4 4 5 4;0 3 3 4 3 6 7;1 6 6 0
2 7 2;0 2 2 7 1 3 7;5 9 1 11 1 8 6;3 4 10 7 15 9 3;3 6 7 6 4 8 2;0 8 -1 15 -6 5 5;0
3 3 4 3 9 1;1 6 6 0 7 7 6;0 2 6 5 1 5 5]
```

④ 将字符串转换为矩阵。

```
>> Z=str2num(z)
Z =
     5     8     6     5     1     6     5
     6     3    10     7     5     9     4
     4     9     7     2     4     8     2
     2     6     6     4     4     5     4
     0     3     3     4     3     6     7
     1     6     6     0     2     7     2
```

```
0    2    2    7    1    3    7
5    9    1    11   1    8    6
3    4    10   7    15   9    3
3    6    7    6    4    8    2
0    8    -1   15   -6   5    5
0    3    3    4    3    9    1
1    6    6    0    7    7    6
0    2    6    5    1    5    5
```

2.4　课后习题

1．什么是浮点数？浮点数有几种类型？

2．向量与矩阵的定义方法有什么不同？

3．下面的数值是否合法？

−909　　0.002　　e5　　9.456　　1.3e-3　　0.5e33

4．创建字符串，该字符串包括 26 个英文字母。

5．创建元素均为 0 的三行三列矩阵。

6．计算如下表达式的值。

（1）　xor(11,pi)

（2）　3＾2＾3

（3）　3＾(2＾3)

（4）　(3＾2)＾3

（5）　any(−11/5)

7．创建元素均为 λ 的三行三列矩阵。

8．日用商品在三家商店中有不同的价格，其中，毛巾有三种 3.5 元、4 元、5 元；脸盆 10 元、15 元、20 元；单位量的售价（以某种货币单位计）用矩阵表示（行表示商店，列表示商品）。

第 **3** 章 数值运算

内容指南

数学计算是 MATLAB 最基本的应用，数学计算包括基本的四则运算、微分计算、积分计算等。本章介绍四则运算与最基本的数学计算函数。

MATLAB 包括不同的数值类型，不同的数值类型进行相同的数学运算，需要采用不同的方法。数值、向量、矩阵分别进行简单数学运算会显示不同的结果。

知识重点

- 📖 元素运算
- 📖 数值数学运算
- 📖 向量数学运算
- 📖 矩阵数学运算

3.1 运算符

MATLAB 提供了丰富的运算符，能满足用户的各种应用需求。这些运算符包括算术运算符、关系运算符和逻辑运算符三种。本节将简要介绍各种运算符的功能。

3.1.1 算术运算符

MATLAB 语言的算术运算符见表 3-1。

表 3-1   MATLAB 语言的算术运算符

运 算 符	定 义
+	算术加
-	算术减
*	算术乘
.*	点乘
^	算术乘方
.^	点乘方

续表

运　算　符	定　　义
\	算术左除
.\	点左除
/	算术右除
./	点右除

其中，算术运算符加减乘除及乘方与传统意义上的加减乘除及乘方类似，用法基本相同，而点乘、点乘方等运算有特殊的意义。点运算是指元素点对点的运算，即矩阵内元素对元素之间的运算。点运算要求参与运算的变量在结构上必须是相似的。

MATLAB 的除法运算较为特殊。对于简单数值而言，算术左除与算术右除也不同。算术右除与传统的除法相同，即 $a/b=a\div b$；而算术左除则与传统的除法相反，即 $a\backslash b=b\div a$。对矩阵而言，算术右除 A/B 相当于求解线性方程 $X\times A=B$ 的解；算术左除相当于求解线性方程 $A\times X=B$ 的解。点左除与点右除与上面点运算相似，是变量对应于元素进行点除。

在 MATLAB 命令行窗口中输入以下内容。

```
>> (10+4*(6-4))/2^3
```

在上述表达式输入完成后，按[Enter]键，该指令被执行，并显示如下结果。

```
ans =
    2.2500
```

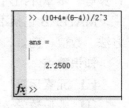

图 3-1　计算进程

在命令行窗口中实际运行的情况，如图 3-1 所示。

3.1.2　关系运算符

关系运算符主要用于对矩阵与数、矩阵与矩阵进行比较，返回表示二者关系的由数 0 和 1 组成的矩阵，0 和 1 分别表示不满足和满足指定关系。

```
>> a=[1:5];
>> a<10                        %指定逻辑关系
ans =
     1     1     1     1     1     %所有对象满足条件
```

MATLAB 语言的关系运算符见表 3-2。

表 3-2　　　　　　　　　　　　　MATLAB 语言的关系运算符

运　算　符	定　　义
==	等于
~=	不等于
>	大于
>=	大于等于
<	小于
<=	小于等于

3.1.3 逻辑运算符

MATLAB 语言进行逻辑判断时，所有非零数值均被认为真，而零为假。在逻辑判断结果中，判断为真时输出 1，判断为假时输出 0。

> **注意**：这里输出的 0,1 与数值 0,1 不同，前者是逻辑类型真假的代号，属于逻辑类型，后者是整型数值。

MATLAB 语言的逻辑运算符见表 3-3。

表 3-3　　　　　　　　　　　　MATLAB 语言的逻辑运算符

运　算　符	定　　　义
—	逻辑与。两个操作数同时为 1 时，结果为 1，否则为 0
|	逻辑或。两个操作数同时为 0 时，结果为 0，否则为 1
～	逻辑非。当操作数为 0 时，结果为 1，否则为 0
xor	逻辑异或。两个操作数相同时，结果为 0，否则为 1

在算术、关系、逻辑三种运算符中，算术运算符优先级最高，关系运算符次之，而逻辑运算符优先级最低。在逻辑运算符中，"非"的优先级最高，"与"和"或"有相同的优先级。

```
>> 1<4+1
ans =
     1
>> 1<(4+1)
ans =
     1
```

算术运算符的等级高于关系运算符，因此上面的两种表示方法是同样的结果。

```
>> (1<4)+1
ans =
     2
```

符号函数 sign 与逻辑符号有相同的作用，函数调用格式如下。

$$y=\text{sign}(x)$$

x 是任何有效的数值类型表达式，若 x>0，则函数返回值 y=1；反之，返回值 y=0。

（1）进行逻辑运算。

```
>> 5|0
ans =
     1
```

（2）逻辑与算术运算。

```
>> 5|0-1
ans =
     1
```

（3）逻辑类型与数值类型的区别。

```
>> sign(5|0)
未定义与 'logical' 类型的输入参数相对应的函数 'sign'。
```

上面的命令中"5|0"输出逻辑类型的值，而 sign (x)中 x 只能是数值类型，类型不匹配，每次出现错误信息，命令无法进行。

3.1.4 操作实例

例1：练习四则运算。

```
>> 5*(6+15)/16
ans =
    6.5625
>> a=5;
>> b=6;
>> c=34;
>> a*b/c
ans =
    0.8824
```

例 1

例2：练习关系符号运算。

```
>> 15>6<=7
ans =
    1
```

例 2

例3：练习逻辑符号运算。

```
>> xor (~0|6-7,8)
ans =
    0
```

例 3

3.2 数值数学运算

简单数学运算除了基本的四则运算外，还包括复数运算、三角函数运算、指数运算等。本节将介绍进行简单数学运算所用到的运算符及函数。

3.2.1 复数运算

MATLAB 提供的复数函数包括以下 9 种。
- abs：复数的模。
- angle：复数的相角。
- complex：用实部和虚部构造一个复数。
- conj：复数的共轭。
- imag：复数的虚部。
- real：复数的实部。
- unwrap：调整矩阵元素的相位。
- isreal：是否为实数矩阵。
- cplxpair：把复数矩阵排列成为复共轭对。

1．复数的四则运算

如果复数 $c_1 = a_1 + b_1 \mathrm{i}$ 和复数 $c_2 = a_2 + b_2 \mathrm{i}$ ，那么它们的加减乘除运算定义如下。

$$c_1 + c_2 = (a_1 + a_2) + (b_1 + b_2)\,\mathrm{i}$$

$$c_1 - c_2 = (a_1 - a_2) + (b_1 - b_2)\,\mathrm{i}$$

$$c_1 \times c_2 = (a_1 a_2 - b_1 b_2) + (a_1 b_2 + b_1 a_2)\,\mathrm{i}$$

$$\frac{c_1}{c_2} = \frac{(a_1 a_2 + b_1 b_2)}{(a_1^2 + b_2^2)} + \frac{(b_1 a_2 - a_1 b_2)}{(a_2^2 + b_2^2)}\mathrm{i}$$

当两个复数进行二元运算，MATLAB 将会用上面的法则进行加法、减法、乘法和除法运算。

```
>> A=1+2i;
>> B=3+5i;
>> C=A+B
C =
   4.0000 + 7.0000i
>> C=A-B
C =
  -2.0000 - 3.0000i
>> C=A*B
C =
  -7.0000 +11.0000i
>> C=A/B
C =
   0.3824 + 0.0294i
```

2．复数的模

复数除基本表达方式外在平面内有另一种表达方式，即极坐标表示

$$c = a + b\mathrm{i} = z\angle\theta$$

其中，z 代表向量的模，θ 代表辐角。直角坐标中的 a、b 和极坐标 z、θ 之间的关系为

$$a = z\cos\theta$$

$$b = z\sin\theta$$

$$z = \sqrt{a^2 + b^2}$$

$$\theta = \tan^{-1}\frac{b}{a}$$

这里，调用 abs 函数可直接得到复数的模。

```
>> A=1+2i;
>> B=angle(A)              %得到复数的幅角 θ
B =
   1.1071
>> C=abs(A)                %得到复数的模
C =
   2.2361
```

3．复数的共轭

如果复数 $c = a+b\mathrm{i}$ ，那么该复数的共轭复数为 $d = a - b\mathrm{i}$ 。

```
>> A=1+2i;
>> B=real(A)                    %得到复数的实数部分
B =
    1
>> C=imag(A)                    %得到复数的虚数部分
C =
    2
>> D=conj(A)                    %得到复数的共轭复数
D =
    1.0000 - 2.0000i
```

4. 构造复数

直接输入 $a+bi$ 形式的数值，得到该复数，同时使用函数 complex(a,b)，同样可得到相同的复数。

```
>> complex(1,3)                 %函数构造复数
ans =
    1.0000 + 3.0000i
>> 1+3i                         %直接输入复数
ans =
    1.0000 + 3.0000i
```

5. 实数矩阵

若单个复数或复数矩阵中的元素中虚数部为 0，即显示为

$$c = a + bi$$

其中，$b = 0$，可以简写为

$$c = a$$

符合这种条件的复数矩阵，为实数矩阵，调用 isreal(X)函数显示结果为 1，反之显示为 0。

```
>> A=1+2i;
>> isreal(A)
ans =
    0
>> M=1
M =
    1
>> isreal(M)
ans =
    1
```

3.2.2 课堂练习——复数求模运算

计算矩阵 $A = \begin{pmatrix} 6 & 3+i & -19 \\ 5 & 1-i & 2+i \\ -40 & 15 & i \end{pmatrix}$，求每个元素的模。

操作提示。

（1）输入参数得到矩阵 A。

（2）利用函数 abs 求模。

复数求模运算

3.2.3 三角函数运算

三角函数是以角度为自变量的函数，一般用于计算三角形中未知长度的边和未知的角度。平面上的三点 *A*、*B*、*C* 的连线 *AB*、*AC*、*BC* 构成一个直角三角形，其中∠*ACB* 为直角。对∠*BAC* 而言，对边 $a = BC$、斜边 $c = AB$、邻边 $b = AC$，则存在以下关系。

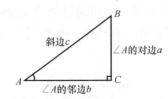

基本函数	缩　　写	表达式	
正弦函数 sine	sin	a/c	∠*A* 的对边比斜边
余弦函数 cosine	cos	b/c	∠*A* 的邻边比斜边
正切函数 tangent	tan	a/b	∠*A* 的对边比邻边
余切函数 cotangent	cot	b/a	∠*A* 的邻边比对边
正割函数 secant	sec	c/b	∠*A* 的斜边比邻边
余割函数 cosecant	csc	c/a	∠*A* 的斜边比对边

3.2.4 课堂练习——求解正弦值

计算矩阵 $A = \begin{pmatrix} 6 & 12 & 19 \\ -9 & -20 & -33 \\ 4 & 9 & 15 \end{pmatrix}$ 每个元素的正弦，其中元素值的单位为弧度。

求解正弦值

操作提示。

（1）输入矩阵 *A*。

（2）使用正弦函数 sin 求解。

3.3 符号运算

在 MATLAB 工具箱中，符号表达式运算主要是通过符号函数进行的。所有的符号函数作用到符号表达式和符号数组，返回的仍是符号表达式或符号数组（即字符串）。

3.3.1 符号表达式的基本运算

1. 符号表达式的判断

可以运用 MATLAB 中的函数 isstr 来判断返回表达式是字符串还是数字，如果是字符串，isstr 返回 1，否则返回 0。

```
>> isstr('5')
ans =
```

```
        1
>> isstr(5)
ans =
        0
```

2. 提取分子、分母

如果符号表达式是有理分数的形式，则可通过函数 numden 来提取符号表达式中的分子和分母。numden 可将符号表达式合并、有理化，并返回所得的分子和分母。numden 的调用格式见表 3-4。

表 3-4   numden 调用格式

调用格式	说　　明
[n,d]=numden(a)	提取符号表达式 a 的分子和分母，并将其存放在 n 和 d 中
n=numden(a)	提取符号表达式 a 的分子和分母，但只把分子存放在 n 中

3. 符号表达式的基本代数运算

符号表达式的加、减、乘、除、幂运算分别用 "+" "−" "*" "/" "^" 来进行运算。

3.3.2　课堂练习——符号表达式的基本代数运算

练习符号表达式的基本运算。

操作提示。

（1）提取符号表达式 a*x^2+b*x/(a−x)的分子和分母示例。

（2）计算符号表达式 x、y、z 的四则运算。

符号表达式的
基本代数运算

3.4　向量数学运算

向量是矢量运算的基础，除了基本的加减乘除四则运算外，还有一些特殊的运算，主要包括向量的点积、叉积和混合积。

3.4.1　向量的四则运算

向量的四则运算与一般数值的四则运算相同，相当于将向量中的元素拆开，分别进行加减四则运算，最后将运算结果重新组合成向量。

（1）首先对向量定义、赋值。

```
>>  a=logspace(0,5,6)
a =
  1 至 5 列
         1          10         100        1000       10000
  6 列
    100000
```

（2）进行向量加法运算。

```
>> a+10
```

```
ans =
  1 至 5 列
         11           20          110         1010        10010
  6 列
    100010
```

（3）进行向量减法运算。

```
>> a-1
ans =
  1 至 5 列
          0            9           99          999         9999
  6 列
     99999
```

（4）进行乘法运算。

```
>> a*5
ans =
  1 至 5 列
          5           50          500         5000        50000
  6 列
     500000
```

（5）进行除法运算。

```
>> a=[2 4 5 3 1];
>> a/2
ans =
    1.0000    2.0000    2.5000    1.5000    0.5000
```

（6）进行简单加减运算。

```
>> a-2+5
ans =
  1 至 5 列
          4           13          103         1003        10003
  6 列
    100003
```

（7）进行复杂加减运算。

```
>> a+5-(a+1)
ans =
     4     4     4     4     4     4
```

3.4.2 向量的点乘运算

这里需要引入的是两个概念，算数乘与点乘，MATLAB 语言的符号显示如表 3-5 所示。

表 3-5 运算符

运 算 符	定　　义
*	算术乘
.*	点乘

对于一般的单一数值来讲，这两个结果是相同的。

```
>> 5*6
ans =
    30
>> 5.*6
ans =
    30
```

对于向量来说，算数乘与点乘的运算结果是不同的。点乘运算指将两向量中相同位置的元素进行相乘运算，将积保存在原位置组成新向量。

对于向量 a、b，有下面的关系。

$$a = [a_1, a_2, \cdots, a_n]$$
$$b = [b_1, b_2, \cdots, b_n]$$

点乘结果定义为：$a.*b = [a_1 b_1, a_2 b_2, \cdots, a_n b_n]$，点乘结果还是向量。

```
>> a=[5 6];
>> b=[4 8];
>> a*b
错误使用  *
内部矩阵维度必须一致。
>> a.*b
ans =
    20    48
```

3.4.3 向量的点积运算

在空间解析几何学中，向量的点积是指两个向量在其中某一个向量方向上的投影的乘积，即

$$a \cdot b = |a||b|\cos\theta$$

其中，a、b 均为向量，θ 是两向量的夹角。计算点积通常可以用来引申定义向量的模。

对于向量 a、b，有下面的关系：

$$a = [a_1, a_2, \cdots, a_n]$$
$$b = [b_1, b_2, \cdots, b_n]$$

点积定义为：$a \cdot b = a_1 b_1 + a_2 b_2 + \cdots\cdots + a_n b_n$，点积结果是数值结果。

（1）在 MATLAB 中，求向量的点积可以利用两种方法。

$$求和命令 sum(a.*b)$$
$$sum(a.*b) = a_1 b_1 + a_2 b_2 + \cdots + a_n b_n$$

点积结果相当于对点乘的向量结果求和。

（2）点积命令 dot 的调用格式如下。

- dot(a,b)：返回向量 a 和 b 的点积。需要说明的是，a 和 b 必须同维。另外，当 a、b 都是列向量时，dot(a,b)等同于 a.*b。
- dot(a,b,dim)：返回向量 a 和 b 在 dim 维的点积。

3.4.4 操作实例

例 1：向量赋值。

例1

```
>> a=[2 4 5 3 1]
a =
      2     4     5     3     1
>> b=[3  8  10 12 13]
b =
      3     8    10    12    13
```

例 2：点积 1

```
>> a.*b
ans =
      6    32    50    36    13
>> sum(a.*b)
ans =
    137
```

例 2

例 3：点积 2

```
>> c=dot(a,b)
c =
        137
```

例 3

3.4.5　向量的叉积运算

在空间解析几何学中，两个向量叉积的结果是一个过两相交向量交点且垂直于两向量所在平面的向量。

$$c = |a||b|\sin\theta$$

其中，a、b 均为向量，θ 是两向量的夹角。

在数学中，对于向量 a、b，有下面的关系。

$$a = [a_1, a_2, a_3]$$
$$b = [b_1, b_2, b_3]$$

叉积定义为：cross(a, b) = $(b_1c_2-b_2c_1, c_1a_2-a_1c_2, a_1b_2-a_2b_1)$，其中，$k$ 为单一的数值。

在 MATLAB 中，向量的叉积运算可由函数 cross 来实现。cross 函数调用格式如下。

- cross(a,b)：返回向量 a 和 b 的叉积。需要说明的是，a 和 b 必须是 3 维的向量。
- cross(a,b,dim)：返回向量 a 和 b 在 dim 维的叉积。需要说明的是，a 和 b 必须有相同的维数，size(a,dim) 和 size(b,dim) 的结果必须为 3。

```
>> a=[2 3 4]
>> b=[3 4 6];
>> c=cross(a,b)
c =
      2     0    -1
```

3.4.6　课堂练习——计算向量的混合积

求解向量 a、b 的混合积。

操作提示。

（1）进行向量 b 与 c 的叉积运算。

（2）把叉积的结果与向量 a 进行点积运算。

计算向量的混合积

> **注意：** 在 MATLAB 中，向量的混合积运算可由以上两个函数（dot、cross）共同来实现。函数的顺序不可颠倒，否则将出错。

3.5 矩阵数学运算

本小节主要介绍矩阵的一些基本运算，如矩阵的四则运算、空矩阵，下面将分别介绍这些运算。

矩阵的基本运算包括加、减、乘、数乘、点乘、乘方、左除、右除、求逆等。其中加、减、乘与大家所学的线性代数中的定义是一样的，相应的运算符为"+""−""*"。

> **注意：** 矩阵的除法运算是 MATLAB 所特有的，分为左除和右除，相应运算符为"\"和"/"。一般情况下，方程 $AX=B$ 的解是 $X=A\backslash B$，而方程 $XA=B$ 的解是 $X=B/A$。

对于上述的四则运算，需要注意的是：矩阵的加、减、乘运算的维数要求与线性代数中的要求一致。

3.5.1 矩阵的加法运算

设 $A=(a_{ij})$, $B=(b_{ij})$ 都是 $m \times n$ 矩阵，矩阵 A 与 B 的和记成 $A+B$，规定为

$$A + B = \begin{pmatrix} a_{11}+b_{11} & a_{12}+b_{12} & \cdots & a_{1n}+b_{1n} \\ a_{21}+b_{21} & a_{22}+b_{22} & \cdots & a_{2n}+b_{2n} \\ \cdots & \cdots & \cdots & \cdots \\ a_{m1}+b_{m1} & a_{m2}+b_{m2} & \cdots & a_{mn}+b_{mn} \end{pmatrix}.$$

（1）交换律 $A+B=B+A$。

（2）结合律 $(A+B)+C=A+(B+C)$。

```
>> A=[5,6,9,8;5,3,6,7;]
A =
     5     6     9     8
     5     3     6     7
>> B=[3,6,7,9;5,8,9,6;]
B =
     3     6     7     9
     5     8     9     6
>> C=[9,3,5,6;8,5,2,1]
C =
     9     3     5     6
     8     5     2     1
>> A+B
ans =
     8    12    16    17
    10    11    15    13
>> B+A
ans =
     8    12    16    17
```

```
         10      11      15      13
>> (A+B)+C
ans =
         17      15      21      23
         18      16      17      14
>> A+(B+C)
ans =
         17      15      21      23
         18      16      17      14
>> D=[1,5,6;2,5,6]
D =
          1       5       6
          2       5       6
>> A+D
错误使用  +
矩阵维度必须一致。                          %只有相同维度的矩形才能进行计算
```

3.5.2 矩阵的减法运算

计算减法运算 $A-B=A+(-B)$。

```
>> -B
ans =
         -3      -6      -7      -9
         -5      -8      -9      -6
>> A-B
ans =
          2       0       2      -1
          0      -5      -3       1
```

3.5.3 矩阵的乘法运算

（1）数乘运算

数 λ 与矩阵 $A=(a_{ii})_{m\times n}$ 的乘积记成 λA 或 $A\lambda$，规定为

$$\lambda A = \begin{pmatrix} \lambda a_{11} & \lambda a_{12} & \cdots & \lambda a_{1n} \\ \lambda a_{21} & \lambda a_{22} & \cdots & \lambda a_{2n} \\ \vdots & \vdots & \vdots & \vdots \\ \lambda a_{m1} & \lambda a_{m2} & \cdots & \lambda a_{mn} \end{pmatrix}$$

同时，矩阵还满足下面的规律。

$$\lambda(\mu A)=(\lambda\mu)A$$
$$(\lambda+\mu)A=\lambda A+\mu A$$
$$\lambda(A+B)=\lambda A+\lambda B$$

其中，λ、μ 为数，A、B 为矩阵。

```
>> A=[1 2 3;0 3 3;7 9 5];
>> A*5
ans =
```

```
     5      10     15
     0      15     15
    35      45     25
```

（2）乘运算

若三个矩阵有相乘关系，设 $A=(a_{ij})$ 是一个 $m×s$ 矩阵，$B=(b_{ij})$ 是一个 $s×n$ 矩阵，规定 A 与 B 的积为一个 $m×n$ 矩阵 $C=(c_{ij})$，其中

$$c_{ij} = a_{i1}b_{1j} + a_{i2}b_{2j} + \cdots + a_{is}b_{sj} \quad i=1,2,\cdots,m \ ; \quad j=1,2,\cdots,n$$

即 $C=A×B$，需要满足以下 3 种条件。

- 矩阵 A 的行数与矩阵 B 的列数相同。
- 矩阵 C 的行数等于矩阵 A 的行数，矩阵 C 的列数等于矩阵 B 的列数。
- 矩阵 C 的第 m 行 n 列元素值等于矩阵 A 的 m 行元素与矩阵 B 的 n 列元素对应值积的和。

$$i\text{行} \rightarrow \begin{pmatrix} a_{i1} & a_{i2} & \cdots & a_{is} \end{pmatrix} \begin{pmatrix} b_{1j} \\ b_{2j} \\ \vdots \\ b_{sj} \end{pmatrix} = \begin{pmatrix} c_{ij} \end{pmatrix}$$

$$j\text{列}$$

```
>> A=[1 2 3;0 3 3;7 9 5];
>> B=[8 3 9;2 8 1;3 9 1];
>> A*B
ans =
21     46     14
15     51      6
89    138     77
```

> **注意：** $AB \neq BA$，即矩阵的乘法不满足交换律。

$$\begin{pmatrix} a_1 \\ a_2 \\ a_3 \end{pmatrix} \begin{pmatrix} b_1 & b_2 & b_3 \end{pmatrix} = \begin{pmatrix} a_1b_1 & a_1b_2 & a_1b_3 \\ a_2b_1 & a_2b_2 & a_2b_3 \\ a_3b_1 & a_3b_2 & a_3b_3 \end{pmatrix} \quad \Leftrightarrow A_{3×1}B_{1×3} = C_{3×3}$$

$$\begin{pmatrix} b_1 & b_2 & b_3 \end{pmatrix} \begin{pmatrix} a_1 \\ a_2 \\ a_3 \end{pmatrix} = b_1a_1 + b_2a_2 + b_3a_3 \quad \Leftrightarrow A_{1×3}B_{3×1} = C_{1×1}$$

若矩阵 A、B 满足 $AB=0$，未必有 $A=0$ 或 $B=0$ 的结论。

（3）点乘运算

点乘运算指将两矩阵中相同位置的元素进行相乘运算，将积保存在原位置组成新矩阵。

```
>>  A.*B
```

```
ans =
     8      6     27
     0     24      3
    21     81      5
```

3.5.4 矩阵的除法运算

计算左除 $A\backslash B$ 时，A 的行数要与 B 的行数一致，计算右除 A/B 时，A 的列数要与 B 的列数一致。

（1）左除运算

由于矩阵的特殊性，AB 通常不等于 BA，除法也一样。因此除法要区分左右。

线性方程组 $DX=B$，如果 D 非奇异，即它的逆矩阵 inv(D) 存在。其解用 MATLAB 表为

$$X=inv(D)*B=D\backslash B$$

符号 '\' 称为左除，即分母放在左边。

左除的条件：B 的行数等于 D 的阶数（D 的行数和列数相同，简称阶数）。

```
>> A.\B
ans =
    8.0000    1.5000    3.0000
       Inf    2.6667    0.3333
    0.4286    1.0000    0.2000
```

（2）右除运算

若方程组表示为 $XD_1=B_1$，D_1 非奇异，即它的逆阵 inv(D_1) 存在。其解为

$$X=B_1*inv(D_1)=B_1/D_1$$

符号 '/' 称为右除。

右除的条件：B_1 的列数等于 D 的阶数（D 的行数和列数相同，简称阶数）。

```
>> A./B
ans =
0.1250    0.6667    0.3333
     0    0.3750    3.0000
2.3333    1.0000    5.0000
```

3.5.5 操作实例

例 1：求解矩阵之和 $\begin{pmatrix} 1 & 2 & 3 \\ -1 & 5 & 6 \end{pmatrix} + \begin{pmatrix} 0 & 1 & -3 \\ 2 & 1 & -1 \end{pmatrix}$。

```
>> [1 2 3;-1 5 6]+[0 1 -3;2 1 -1]
ans =
     1      3      0
     1      6      5
```

例1

例 2：求解矩阵左除与右除。

```
>> A=[1 2 3;5 8 6];
>> B=[8 6 9;4 3 7];
>> A.\B
ans =
     0      0      0
```

例2

```
     -3.0000    -2.2500    -2.7500
      4.6667     3.5000     4.8333
>> A·/B
ans =
      0.1250     0.3333     0.3333
      1.2500     2.6667     0.8571
```

例3：求解矩阵乘法运算。

例3

```
>> A=[0 0;1 1]
A =
      0     0
      1     1
>> B=[1 0;2 0]
B =
      1     0
      2     0
>> 6*A - 5*B
ans =
     -5     0
     -4     6
>> A*B-A
ans =
      0     0
      2    -1
>> B*A-A
ans =
      0     0
     -1    -1
>> A.*B-A
ans =
      0     0
      1    -1
>> A*B./A-A
ans =
    NaN    NaN
      2     -1
```

3.5.6 课堂练习——矩阵四则运算

若 $A = \begin{pmatrix} 1 & 3 \\ 5 & 2 \\ -1 & 0 \end{pmatrix}$，$B = \begin{pmatrix} 1 & 1 \\ 3 & 0 \\ 0 & -1 \end{pmatrix}$，求 $-B$，$A-B$，$3\times A$，$A\times 3$。

矩阵四则运算

操作提示。

（1）输入矩阵。

（2）使用算数符号计算矩阵。

3.5.7　幂函数

A 是一个 n 阶矩阵，k 是一个正整数，规定

$$A^k = \underbrace{AA \cdots A}_{k \text{个}}$$

称为矩阵的幂。其中，k 为正整数.

对角矩阵的幂运算是将矩阵中的每个元素进行乘方运算，即

$$\begin{pmatrix} \lambda_1 & 0 & \cdots & 0 \\ 0 & \lambda_2 & \cdots & 0 \\ \vdots & \vdots & \ddots & \vdots \\ 0 & 0 & \cdots & \lambda_n \end{pmatrix}^k = \begin{pmatrix} \lambda_1^k & 0 & \cdots & 0 \\ 0 & \lambda_2^k & \cdots & 0 \\ \vdots & \vdots & \ddots & \vdots \\ 0 & 0 & \cdots & \lambda_n^k \end{pmatrix}$$

在 MATLAB 中，幂运算就是在乘方符号 ".^" 后面输入幂的次数。

对于单个 n 阶矩阵 A，

$$A^k A^l = A^{k+l}, \quad (A^k)^l = A^{kl}。$$

```
>> A=[1 2 3;0 3 3;7 9 5];
>> A.^2
ans =
     1     4     9
     0     9     9
    49    81    25
```

对于两个 n 阶矩阵 A 与 B，

$$(AB)^k \neq A^k B^k。$$

```
>> A=[1 2 3;0 3 3;7 9 5];
>> B=[5,6,8;6,0,5;4,5,6];
>> (A*B)^5
ans =
   1.0e+11 *
   0.3047    0.1891    0.3649
   0.2785    0.1728    0.3335
   1.0999    0.6825    1.3173
>> A^5*B^5
ans =
   1.0e+10 *
   2.5561    2.1096    3.3613
   2.5561    2.1095    3.3613
   6.8284    5.6354    8.9793
```

> **知识拓展**
>
> exmp: 矩阵的指数运算。
>
> ```
> >> A=[2 5 6;4 3 8;7 6 5]
> A =
>      2     5     6
>      4     3     8
>      7     6     5
> ```

logm: 矩阵的对数运算。

```
>> logm(A)
ans =
    2.0689    1.0758   -0.4254
   -4.4445    2.5181    3.5937
    3.9247   -0.6204    0.2959
```

sqrtm: 矩阵的开方运算函数，进行开方运算的矩阵必须为方阵。

```
>> sqrtm(A)
ans =
    1.5090    1.3496    0.6800
   -1.8243    1.9070    3.1843
    3.2133    0.5732    0.9949
```

3.5.8 课堂练习——求解幂运算

已知 $A = \begin{pmatrix} 1 & 0 & 1 \\ 0 & 2 & 0 \\ 1 & 0 & 1 \end{pmatrix}$，求 $A^2 - 2A$，$\sqrt{A}$，$\sqrt{A} + A^3$。

求解幂运算

操作提示。

（1）输入矩阵 A。

（2）使用幂运算，直接计算 $A^2 - 2A$。

（3）分解幂运算，计算 $A^2 - 2A = (A - 2E)A$。

3.6 元素运算

元素是向量与矩阵的基本组成部分，对元素的不同形式的组合构成了一个个不同的向量与矩阵。

3.6.1 向量元素

向量可以形象化地表示为带箭头的线段。箭头所指代表向量的方向；线段长度代表向量的大小。除了创建不同的向量，还可精确选择向量中的元素，向量元素引用的方式如下。

- x(n)：表示向量中的第 n 个元素。
- x(n1:n2)：表示向量中的第 n1 至 n2 个元素。

创建 x 向量。

```
>> x=[1 2 3 4 5];
```

选择第二个元素。

```
>> x(2)
ans =
    2
```

选择从第一到第三的元素。

```
>>  x(1:3)
```

```
ans =
     1     2     3
```

3.6.2 矩阵元素

矩阵中的元素与向量中的元素一样，可以进行抽取引用、编辑修改等操作。

1. 引用矩阵元素

矩阵元素按照放置的位置可进行按行引用、按列引用、按对角线引用，下面分别进行介绍。

矩形按行、列的引用均使用 "：" 符号来实现，调用方法包括以下 3 种。

- x(m,:)：表示矩阵中第 m 行的元素。
- x(:,n)：表示矩阵中第 n 列的元素。
- x(m,n1:n2)：表示矩阵中第 m 行中第 n1 至 n2 个元素。

```
>> x=[1 2 3;4 5 6;7 8 9];
>> x(:,2)
ans =
     2
     5
     8
```

2. 修改矩阵元素

矩阵建立起来之后，还需要对其元素进行修改，常用的矩阵元素修改命令如下。

- D=[A;B C]：A 为原矩阵，B、C 中包含要扩充的元素，D 为扩充后的矩阵。
- A(m,:)=[]：删除矩阵 A 的第 m 行。
- A(:,n)=[]：删除矩阵 A 的第 n 列。
- A(m,n)=a; A(m,:)=[a b…]; A(:,n)=[a b…]：对矩阵 A 的第 m 行第 n 列的元素赋值；对矩阵 A 的第 m 行赋值；对矩阵 A 的第 n 列赋值。

```
>> A=[1 2 3;4 5 6;7 8 9];
>> B=A(2,:)
B =
     4     5     6
```

3.6.3 课堂练习——创建新矩阵

创建新矩阵

通过修改矩阵元素，将一个旧矩阵 $A = \begin{pmatrix} 3 & 1 & 1 & 1 \\ 1 & 3 & 1 & 1 \\ 1 & 1 & 3 & 1 \\ 1 & 1 & 1 & 3 \end{pmatrix}$ 变成一个新矩阵 $D = \begin{pmatrix} 3 & -5 & 2 \\ 1 & 1 & 0 \\ -1 & 3 & 1 \\ 2 & -4 & -1 \end{pmatrix}$。

操作提示。

（1）创建旧矩阵 A。

（2）删除矩阵多余的列元素。

（3）对矩阵元素进行重新赋值。

3.7 综合实例——材料力矩数据分析

材料力矩数据分析

与材料力矩的大小有关的确定因素包括温度、大小和材质。通过分析表 3-6 中显示的某种材料的（时间、大小、磁力矩）数据，得到时间与力矩大小是否有关系。

表 3-6　　　　　　　　　材料的数据（50Hz,0.5mm,D）

B(T)	0	0.01	0.02	0.03	0.04	0.05	0.06	0.07	0.08	0.09	B(T)
0.4	1.39	1.40	1.42	1.44	1.46	1.48	1.50	1.52	1.54	1.56	0.4
0.5	1.58	1.60	1.61	1.64	1.66	1.69	1.71	1.74	1.76	1.78	0.5
0.6	1.81	1.84	1.86	1.89	1.91	1.94	1.97	2.00	2.03	2.06	0.6
0.7	2.10	2.13	2.16	2.20	2.24	2.28	2.32	2.36	2.40	2.45	0.7
0.8	2.50	2.55	2.60	2.65	2.70	2.76	2.81	2.87	2.93	2.99	0.8
0.9	3.06	3.13	3.19	3.26	3.33	3.41	3.49	3.57	3.65	3.74	0.9
1.0	3.83	3.92	4.01	4.11	4.22	4.33	4.44	4.56	4.67	4.80	1.0
1.1	4.93	5.07	5.21	5.36	5.52	5.68	5.84	6.00	6.16	6.33	1.1
1.2	6.52	6.72	6.94	7.16	7.38	7.62	7.86	8.10	8.36	8.62	1.2
1.3	8.90	9.20	9.50	9.80	10.1	10.5	10.9	11.3	11.7	12.1	1.3
B(T)	0	0.01	0.02	0.03	0.04	0.05	0.06	0.07	0.08	0.09	B(T)
1.4	12.6	13.1	13.6	14.2	14.8	15.5	16.3	17.1	18.1	19.1	1.4
1.5	20.1	21.2	22.4	23.7	25.0	26.7	28.5	30.4	32.6	35.1	1.5
1.6	37.8	40.7	43.7	46.8	50.0	53.4	56.8	60.4	64.0	67.8	1.6
1.7	72.0	76.4	80.8	85.4	90.2	95.0	100	105	110	116	1.7
1.8	122	128	134	140	146	152	158	165	172	180	1.8

具体操作步骤如下。

（1）将表格中数据转化为矩阵，其中行项根据材料大小输入，列项根据频率进行排列。

```
>> Bdata=[1.39 1.40 1.12 1.44 1.46 1.18 1.50 1.52 1.54 1.56;...
1.58 1.60 1.62 1.64 1.66 1.69 1.71 1.74 1.76 1.78;...
1.81 1.84 1.86 1.89 1.91 1.94 1.97 2.00 2.03 2.06;...
2.10 2.13 2.16 2.20 2.24 2.28 2.32 2.36 2.40 2.45;...
2.50 2.55 2.60 2.65 2.70 2.76 2.81 2.87 2.93 2.99;...
3.06 3.13 3.19 3.26 3.33 3.41 3.49 3.57 3.65 3.74;...
3.83 3.92 4.01 4.11 4.22 4.33 4.44 4.56 4.67 4.80;...
4.93 5.07 5.21 5.36 5.52 5.58 5.84 6.00 6.16 6.33;...
6.52 6.72 6.94 7.16 7.38 7.62 7.86 9.10 8.36 8.62;...
8.90 9.20 9.50 9.80 10.1 10.5 10.9 11.3 11.7 12.1;...
12.6 13.1 13.6 14.2 14.8 15.5 16.3 17.1 18.1 19.1;...
20.1 21.2 22.4 23.7 25.0 26.7 28.5 30.4 32.6 35.1;...
37.8 40.7 43.7 46.8 50.0 53.4 56.8 60.4 64.0 67.8;...
72.0 76.4 80.8 85.4 90.2 95.0 100 105 110 116;...
123 128 134 140 146 152 158 165 172 180]
```

（2）确定数据数量。

```
>> size(Bdata)
```

```
ans =
    15    10
```

（3）确定数据最大值、最小值与中值。

```
>> max(Bdata)
ans =
   123   128   134   140   146   152   158   165   172   180
>> min(Bdata)
ans =
  1 至 6 列
   1.3900    1.4000    1.1200    1.4400    1.4600    1.1800
  7 至 10 列
   1.5000    1.5200    1.5400    1.5600
>> median(Bdata)
ans =
  1 至 6 列
   4.9300    5.0700    5.2100    5.3600    5.5200    5.5800
  7 至 10 列
   5.8400    6.0000    6.1600    6.3300
```

（4）求最大值与最小值的差值。

```
>> max(Bdata)-min(Bdata)
ans =
  1 至 6 列
  121.6100  126.6000  132.8800  138.5600  144.5400  150.8200
  7 至 10 列
  156.5000  163.4800  170.4600  178.4400
```

（5）抽取第一行与第一列数据。

```
>> Bdata(1,:)
ans =
  1 至 6 列
   1.3900    1.4000    1.1200    1.4400    1.4600    1.1800
  7 至 10 列
   1.5000    1.5200    1.5400    1.5600
>> Bdata(:,1)
ans =
    1.3900
    1.5800
    1.8100
    2.1000
    2.5000
    3.0600
    3.8300
    4.9300
    6.5200
    8.9000
   12.6000
   20.1000
   37.8000
   72.0000
  123.0000
```

（6）对抽取向量求中值。对比中值大小，验证时间、尺寸对磁力矩的影响。

```
>> median(Bdata(1,:))
ans =
    1.4500
>> median(Bdata(:,1))
ans =
    4.9300
```

（7）输入时间矩阵 Frequency 与材料大小 Materal。

```
>> Frequency=[0.4 0.5 0.6 0.7 0.8 0.9 1.0 1.1 1.2 1.3 1.4 1.5 1.6 1.7 1.8]
Frequency =
  1 至 6 列
    0.4000      0.5000      0.6000      0.7000      0.8000      0.9000
  7 至 12 列
    1.0000      1.1000      1.2000      1.3000      1.4000      1.5000
  13 至 15 列
    1.6000      1.7000      1.8000
>> Materal=[0;0.01;0.02;0.03;0.04;0.05;0.06;0.07;0.08;0.09]
Materal =
         0
    0.0100
    0.0200
    0.0300
    0.0400
    0.0500
    0.0600
    0.0700
    0.0800
    0.0900
```

（8）计算力矩与时间及材料大小的积。

```
>> Bdata(:,2)*Frequency
ans =
  1 至 6 列
     0.5600      0.7000      0.8400      0.9800      1.1200      1.2600
     0.6400      0.8000      0.9600      1.1200      1.2800      1.4400
     0.7360      0.9200      1.1040      1.2880      1.4720      1.6560
     0.8520      1.0650      1.2780      1.4910      1.7040      1.9170
     1.0200      1.2750      1.5300      1.7850      2.0400      2.2950
     1.2520      1.5650      1.8780      2.1910      2.5040      2.8170
     1.5680      1.9600      2.3520      2.7440      3.1360      3.5280
     2.0280      2.5350      3.0420      3.5490      4.0560      4.5630
     2.6880      3.3600      4.0320      4.7040      5.3760      6.0480
     3.6800      4.6000      5.5200      6.4400      7.3600      8.2800
     5.2400      6.5500      7.8600      9.1700     10.4800     11.7900
     8.4800     10.6000     12.7200     14.8400     16.9600     19.0800
    16.2800     20.3500     24.4200     28.4900     32.5600     36.6300
    30.5600     38.2000     45.8400     53.4800     61.1200     68.7600
    51.2000     64.0000     76.8000     89.6000    102.4000    115.2000
  7 至 12 列
     1.4000      1.5400      1.6800      1.8200      1.9600      2.1000
```

1.6000	1.7600	1.9200	2.0800	2.2400	2.4000
1.8400	2.0240	2.2080	2.3920	2.5760	2.7600
2.1300	2.3430	2.5560	2.7690	2.9820	3.1950
2.5500	2.8050	3.0600	3.3150	3.5700	3.8250
3.1300	3.4430	3.7560	4.0690	4.3820	4.6950
3.9200	4.3120	4.7040	5.0960	5.4880	5.8800
5.0700	5.5770	6.0840	6.5910	7.0980	7.6050
6.7200	7.3920	8.0640	8.7360	9.4080	10.0800
9.2000	10.1200	11.0400	11.9600	12.8800	13.8000
13.1000	14.4100	15.7200	17.0300	18.3400	19.6500
21.2000	23.3200	25.4400	27.5600	29.6800	31.8000
40.7000	44.7700	48.8400	52.9100	56.9800	61.0500
76.4000	84.0400	91.6800	99.3200	106.9600	114.6000
128.0000	140.8000	153.6000	166.4000	179.2000	192.0000

```
13 至 15 列
    2.2400      2.3800      2.5200
    2.5600      2.7200      2.8800
    2.9440      3.1280      3.3120
    3.4080      3.6210      3.8340
    4.0800      4.3350      4.5900
    5.0080      5.3210      5.6340
    6.2720      6.6640      7.0560
    8.1120      8.6190      9.1260
   10.7520     11.4240     12.0960
   14.7200     15.6400     16.5600
   20.9600     22.2700     23.5800
   33.9200     36.0400     38.1600
   65.1200     69.1900     73.2600
  122.2400    129.8800    137.5200
  204.8000    217.6000    230.4000
>> Bdata(2,:)*Materal
ans =
    0.7739
```

3.8 课后习题

1. 设 $A = \begin{pmatrix} 1 & 2 & 1 & 0 \\ 6 & 2 & 4 & 1 \\ 0 & 2 & 1 & 0 \\ 3 & 1 & 4 & 1 \end{pmatrix}$ 求 $10A$、$-A$。

2. 将题 1 中的矩阵转换成行向量和列向量。

3. 将第 1 题的矩阵按下列要求取块。

（1）抽取 A 的第 2 行。

（2）抽取 A 的第 3 行。

（3）抽取 A 的第 2 行到第 4 行元素所称的矩阵。

（4）抽取 A 的第 1, 3 行, 2, 4 列元素组成新矩阵。

4．求题 1 中矩阵元素最大值与最小值之差。

5．在 MATLAB 中，nanmedian 函数的功能是什么，具体的调用方法是什么？

6．计算如下表达式的值。

（1）$3e5^6$

（2）$\sin(15)*\cos(2.5)$

（3）$\log(5)*\log(6)$

（4）3.2^5

7．求矩阵 $\boldsymbol{B} = \begin{pmatrix} 3 & 1 & 4 & 2 \\ 1 & 14 & -3 & 3 \\ 4 & -3 & 19 & 1 \\ 2 & 3 & 1 & 2 \end{pmatrix}$ 中的正弦、余弦值。

8．将上题中矩阵 $\boldsymbol{B}$ 元素分别从小到大排列。

9．求矩阵 $\boldsymbol{B}$ 中第二行与第三行组成的新矩阵 $\boldsymbol{C}$，第一列与第四列组成的新矩阵 $\boldsymbol{D}$。

10．求矩阵 $\boldsymbol{C}$、矩阵 $\boldsymbol{D}$ 的正弦值、余弦值。

第 **4** 章 矩阵运算

内容指南

矩阵是高等代数学中的常见工具，也常见于统计分析等应用数学学科中。而矩阵的运算也是数值分析领域的重要问题。矩阵实验室（Matrix Laboratory，MATLAB），在处理矩阵问题上有很大的优势。本章主要介绍如何用 MATLAB 来进行"矩阵实验"，即如何对已知矩阵进行各种变换。

知识重点

📖 矩阵分类

📖 矩阵运算

📖 矩阵变换

📖 矩阵分解

4.1 矩阵的分类

矩阵名称的定义经过了多种变化。1922 年，程廷熙在一篇介绍文章中将矩阵译为"纵横阵"。1925 年，科学名词审查会算学名词审查组在《科学》第十卷第四期刊登的审定名词表中，矩阵被翻译为"矩阵式"，方块矩阵翻译为"方阵式"，而各类矩阵如"正交矩阵"、"伴随矩阵"中的"矩阵"则被翻译为"方阵"。1993 年，中国自然科学名词审定委员会公布的《数学名词》中，"矩阵"被定为正式译名，并沿用至今。

4.1.1 基本矩阵

元素是实数的矩阵称为实矩阵，元素是复数的矩阵称为复矩阵。而行数与列数都等于 n 的矩阵称为 n 阶矩阵或 n 阶方阵。

在工程计算以及理论分析中，我们经常会遇到一些特殊的矩阵，比如全 0 矩阵、单位矩阵等。对于这些矩阵，MATLAB 都有相应的命令可以直接生成。下面介绍一些常用的基本矩阵函数。

1. 零矩阵

零矩阵是指元素全是 0 的矩阵，零矩阵的生成函数 zeros 有以下 3 种调用方法。

（1）zeros(m)：生成 m 阶全 0 矩阵。

```
>> zeros(4)
ans =
     0     0     0     0
     0     0     0     0
     0     0     0     0
     0     0     0     0
```

（2）zeros(m,n)：生成 m 行 n 列全 0 矩阵。

```
>> zeros(4,3)
ans =
     0     0     0
     0     0     0
     0     0     0
     0     0     0
```

（3）zeros(size(A))：创建与矩阵 A 维数相同的全 0 矩阵。

```
>> A=[1 2 3;0 3 3;7 9 5];
>> zeros(size(A))
ans =
     0     0     0
     0     0     0
     0     0     0
```

2. 全 "1" 矩阵

全 "1" 矩阵是指元素全是 1 的矩阵，该矩阵的生成函数 ones 有以下 3 种调用方法。

（1）ones(m)：生成 m 阶全 1 矩阵。

```
>> ones(5)
ans =
     1     1     1     1     1
     1     1     1     1     1
     1     1     1     1     1
     1     1     1     1     1
     1     1     1     1     1
```

（2）ones(m,n)：生成 m 行 n 列全 1 矩阵。

```
>> ones(2,3)
ans =
     1     1     1
     1     1     1
```

（3）ones(size(A))：创建与矩阵 A 维数相同的全 1 矩阵。

```
>> A=[1 2 3;0 3 3;7 9 5];
>> ones(size(A))
ans =
     1     1     1
     1     1     1
     1     1     1
```

4.1.2 随机矩阵

如果一个矩阵中的元素至少有一个是随机的，那么该矩阵称之为随机矩阵。在 MATLAB 中，一般来说，随机矩阵中所有元素均为随机生成的。

按照随机矩阵的分布规则将其分为两种：均匀分布的随机数矩阵和正态分布的随机数矩阵。下面介绍这生成两种不同随机矩阵的函数。

1. Rand：均匀分布的随机数矩阵

（1）rand(m)：在[0,1]区间内生成 m 阶均匀分布的随机矩阵。

（2）rand(m,n)：生成 m 行 n 列均匀分布的随机矩阵。

（3）rand(size(A))：在[0,1]区间内创建一个与 A 维数相同的均匀分布的随机矩阵。

2. Randn：正态分布的随机数矩阵

（1）randn(m)：在[0,1]区间内生成 m 阶正态分布的随机矩阵。

（2）randn (m,n)：生成 m 行 n 列正态分布的随机矩阵。

（3）randn (size(A))：在[0,1]区间内创建一个与 A 维数相同的正态分布的随机矩阵。

4.1.3 操作实例

例 1：练习任意值的基本矩阵运算。

```
>>  6*ones(5)
ans =
    6     6     6     6     6
    6     6     6     6     6
    6     6     6     6     6
    6     6     6     6     6
    6     6     6     6     6
>> rand(5,5)*ones(5)
ans =
  4.8675   4.8675   4.8675   4.8675   4.8675
  4.6124   4.6124   4.6124   4.6124   4.6124
  3.3959   3.3959   3.3959   3.3959   3.3959
  4.0825   4.0825   4.0825   4.0825   4.0825
  4.0358   4.0358   4.0358   4.0358   4.0358
```

例 1

例 2：练习均匀分布的随机数矩阵运算。

```
>>  rand(2)
ans =
  0.9649   0.9706
  0.1576   0.9572
>> rand(3,2)
ans =
    0.9649    0.9572
    0.1576    0.4854
    0.9706    0.8003
>> A=[1 2 3;0 3 3;7 9 5];
```

例 2

```
>> rand(size(A))
ans =
    0.8147    0.9134    0.2785
    0.9058    0.6324    0.5469
    0.1270    0.0975    0.9575
```

例 3：练习正态分布的随机数矩阵运算。

例 3

```
>> randn(2)
ans =
   -0.0631   -0.2050
    0.7147   -0.1241
>> randn(3,2)
ans =
    4.4897    0.6715
    4.4090   -4.2075
    4.4172    0.7172
>> A=[1 2 3;0 3 3;7 9 5];
>> randn (size(A))
ans =
    4.6302    0.7269   -0.7873
    0.4889   -0.3034    0.8884
    4.0347    0.2939   -4.1471
```

4.1.4　稀疏矩阵

如果矩阵中只含有少量的非零元素，则这样的矩阵称为稀疏矩阵。在实际问题中，经常会碰到大型稀疏矩阵。对于一个用矩阵描述的联立线性方程组来说，含有 N 个未知数的问题会设计成一个 $N \times N$ 的矩阵，那么解这个方程组就需要 N 的平方个字节的内存空间和正比于 N 的立方的计算时间。但在大多数情况下矩阵往往是稀疏的，为了节省存储空间和计算时间，MATLAB 考虑到矩阵的稀疏性，在对它进行运算时有特殊的命令。

稀疏矩阵的创建由函数 sparse 来实现，具体的调用格式有如下 5 种。

（1）sparse(A)：将矩阵 A 转化为稀疏矩阵形式，即由 A 的非零元素和下标构成稀疏矩阵 S。若 A 本身为稀疏矩阵，则返回 A 本身。

```
>> A=[1 2 3;0 3 3;7 9 5]
A =
    1    2    3
    0    3    3
    7    9    5
>> sparse(A)
ans =
   (1,1)        1
   (3,1)        7
   (1,2)        2
   (2,2)        3
   (3,2)        9
   (1,3)        3
   (2,3)        3
   (3,3)        5
```

（2）sparse(m,n)：生成一个 m×n 的所有元素都是 0 的稀疏矩阵。

```
>> sparse(4,2)
ans =
    全零稀疏矩阵: 4×2
```

（3）sparse(i,j,s)：生成一个由长度相同的向量 i、j 和 s 定义的稀疏矩阵 S。其中 i、j 是整数向量，定义稀疏矩阵的元素位置(i,j)；s 是一个标量或与 i、j 长度相同的向量，表示在(i,j)位置上的元素。

```
>> sparse(1:5,1:5,1:5)
ans =
    (1,1)        1
    (2,2)        2
    (3,3)        3
    (4,4)        4
    (5,5)        5
```

（4）sparse(i,j,s,m,n)：生成一个 m×n 的稀疏矩阵，(i,j)对应位置元素为 s，m = max(i)，n =max(j)。

```
>> i = [6 8];
>>j = [7 9];
>>s=[2 2];
>>sparse(i,j,s,10,10)
ans =
    (6,7)        2
    (8,9)        2
```

（5）sparse(i,j,s,m,n,nzmax)：生成一个 m×n 的含有 nzmax 个非零元素的稀疏矩阵 S，nzmax 的值必须大于或等于向量 i 和 j 的长度。

```
>> S = sparse(1:10,1:10,5,20,20,100);
>> N = nnz(S)
N =
    10
```

4.1.5 伴随矩阵

在 n 阶行列式中，把元素 a_{ij} 所在的第 i 行和第 j 列划去后，留下来的 $n-1$ 阶行列式叫作元素 a_{ij} 的余子式，记作 M_{ij}。

若 $A_{ij} = (-1)^{i+j} M_{ij}$，则 A_{ij} 称为元素 a_{ij} 的代数余子式。若

$$\boldsymbol{D} = \begin{pmatrix} a_{11} & a_{12} & a_{13} & a_{14} \\ a_{21} & a_{22} & a_{23} & a_{24} \\ a_{31} & a_{32} & a_{33} & a_{34} \\ a_{41} & a_{42} & a_{43} & a_{44} \end{pmatrix} \quad M_{23} = \begin{pmatrix} a_{11} & a_{12} & a_{14} \\ a_{31} & a_{32} & a_{34} \\ a_{41} & a_{42} & a_{44} \end{pmatrix} \quad A_{23} = (-1)^{2+3} M_{23} = -M_{23}$$

最后将由代数余子式替换后的矩阵进行转置，得到 n 阶行列式 A 的伴随矩阵。

伴随矩阵的生成函数 compan 的调用方法显示如下。

```
A=compan(u)
>> a=[1 2 3]
```

```
a =
     1     2     3
>> A = compan(a)
A =
    -2    -3
     1     0
```

知识拓展：由 n^2 个数组成的数表，$\begin{pmatrix} a_{11} & a_{12} & ... & a_{1n} \\ a_{21} & a_{22} & ... & a_{2n} \\ \vdots & \vdots & \ddots & \vdots \\ a_{n1} & a_{n2} & ... & a_{nn} \end{pmatrix}$

称为 n 阶行列式。同时，行列式还可以表达成 $(-1)^{t(j_1 j_2 ... j_n)} a_{1 j_1} a_{2 j_2} ... a_{n j_n}$。

项的代数和，其中 $j_1 j_2 j ... j_n$ 是 $1,2,...,n$ 的一个排列 $t(j_1 j_2 j ... j_n)$ 是排列 $j_1 j_2 j ... j_n$ 的逆序数，

即 $\begin{vmatrix} a_{11} & a_{12} & ... & a_{1n} \\ a_{21} & a_{22} & ... & a_{2n} \\ \vdots & \vdots & \ddots & \vdots \\ a_{n1} & a_{n2} & ... & a_{nn} \end{vmatrix} = \sum (-1)^{t(j_1 j_2 ... j_n)} a_{1 j_1} a_{2 j_2} ... a_{n j_n}$。

4.1.6　课堂练习——变换基本矩阵

对 5 阶全 1 矩阵进行元素赋值变换并对其求解其稀疏矩阵与伴随矩阵。

操作提示。

（1）创建 5 阶全 1 矩阵。

（2）对第 1 行 3 列、2 行 4 列、1 行 5 列赋值 5。

（3）对第 2 行 3 列、2 行 5 列、3 行 5 列赋值 6。

（4）利用函数 sparse 求稀疏矩阵。

（5）利用函数 compan 求解伴随矩阵。

变换基本矩阵

4.1.7　魔方矩阵

魔方矩阵是指有相同的行数和列数，并在每行每列、对角线上的和都相等的矩阵。魔方矩阵中的每个元素不能相同。同时，魔方矩阵是随机矩阵中的一种。

生成魔方矩阵的函数 magic 的调用方法如下。

magic(n)：生成 n 阶魔方矩阵。

```
>> magic(3)
ans =
     8     1     6
     3     5     7
     4     9     2
```

4.1.8　操作实例

例 1：练习魔方矩阵的稀疏矩阵转换运算。

```
>> sparse(magic(3))
ans =
   (1,1)        8
   (2,1)        3
   (3,1)        4
   (1,2)        1
   (2,2)        5
   (3,2)        9
   (1,3)        6
   (2,3)        7
   (3,3)        2
```

例 1

例 2：练习魔方矩阵的伴随矩阵转换运算。

```
>> A=magic(3)
A =
     8     1     6
     3     5     7
     4     9     2
>> compan(A(1,:))
ans =
   -0.1250   -0.7500
    4.0000         0
```

例 2

例 3：练习全 1 矩阵到魔方矩阵的转换运算。

```
>> A=ones(2)
A =
     1     1
     1     1
>> A(1,2)=3;A(2,1)=4;A(2,2)=2
A =
     1     3
     4     2
>> B=magic(2)
B =
     1     3
     4     2
```

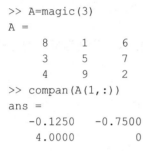

例 3

4.1.9 托普利兹矩阵

托普利兹（Toeplitz）矩阵是指除第一行第一列外，其他每个元素都与左上角的元素相同的矩阵。生成托普利兹矩阵的函数是 toeplitz，托普利兹矩阵函数的调用方法包括两种。

（1）A=toeplitz(x,y)：生成一个以 x 为第一列，y 为第一行的托普利兹矩阵。这里 x, y 均为向量，两者不必等长。

```
>> A=toeplitz(2:10,2:5)
A =
     2     3     4     5
     3     2     3     4
     4     3     2     3
     5     4     3     2
     6     5     4     3
     7     6     5     4
```

8	7	6	5
9	8	7	6
10	9	8	7

（2）toeplitz(x)：用向量 x 生成一个对称的托普利兹矩阵。

```
>> T=toeplitz(1:5)
T =
    1    2    3    4    5
    2    1    2    3    4
    3    2    1    2    3
    4    3    2    1    2
    5    4    3    2    1
```

4.1.10　希尔伯特矩阵

希尔伯特矩阵是一种数学变换矩阵，其中元素 $A(i, j)=1(i+j-1)$，i、j 分别为矩阵的行标和列标。即

$$[1,1/2,1/3,…,1/n]$$
$$[1/2,1/3,1/4,…,1/(n+1)]$$
$$[1/3,1/4,1/5,…,1/(n+2)]$$
$$\vdots$$
$$[1/n,1/(n+1),1/(n+2),…,1/(2n-1)]$$

若希尔伯特矩阵中的任何一个元素发生一点变动，整个矩阵的行列式的值和逆矩阵的值都会发生巨大的变化。

生成希尔伯特矩阵的函数 hilb，调用方法如下。

$$A = hilb(n)$$

表示创建 $n×n$ 的希尔伯特矩阵。

```
>> hilb(5)
ans =
    4.0000    0.5000    0.3333    0.2500    0.2000
    0.5000    0.3333    0.2500    0.2000    0.1667
    0.3333    0.2500    0.2000    0.1667    0.1429
    0.2500    0.2000    0.1667    0.1429    0.1250
    0.2000    0.1667    0.1429    0.1250    0.1111
```

生成 n 阶逆希尔伯特(Hilber)矩阵的函数为 invhilb，调用方法如下。

$$A = invhilb (n)$$

```
>> invhilb (5)
ans =
        25      -300     1050     -1400      630
      -300      4800   -18900     26880   -12600
      1050    -18900    79380   -117600    56700
     -1400     26880  -117600    179200   -88200
       630    -12600    56700    -88200    44100
```

4.1.11　课堂练习——"病态"矩阵问题

利用 MATLAB 分析希尔伯特（Hilbert）矩阵的病态性质。

操作提示。

（1）取 A 是一个 6 维的希尔伯特矩阵。

（2）取 $b=\begin{bmatrix} 1 & 2 & 1 & 1.414 & 1 & 2 \end{bmatrix}^T$，$b+\Delta b=\begin{bmatrix} 1 & 2 & 1 & 1.4142 & 1 & 2 \end{bmatrix}^T$

（3）比较 x_1 与 x_2，若两者相差很大，则说明系数矩阵的"病态"相当严重。

"病态"矩阵问题

> **知识拓展**：其中 $b+\Delta b$ 是在 b 的基础上有一个相当微小的扰动 Δb。分别求解线性方程组 $Ax_1=b$ 与 $Ax_2=b+\Delta b$。

4.1.12　操作实例

例 1：练习希尔伯特与逆希尔伯特矩阵的和与积。

```
>> A=hilb(3)
A =
    4.0000    0.5000    0.3333
    0.5000    0.3333    0.2500
    0.3333    0.2500    0.2000
>> B=invhilb(3)
B =
     9    -36     30
   -36    192   -180
    30   -180    180
>> C=A+B
C =
   10.0000   -34.5000    30.3333
  -34.5000   194.3333  -179.7500
   30.3333  -179.7500   180.2000
>> D=A*B
D =
     1     0     0
     0     1     0
     0     0     1
```

例 1

例 2：求解稀疏矩阵之和。

```
>> A=eye(6);
>> B=sparse(A)
B =
   (1,1)        1
   (2,2)        1
   (3,3)        1
   (4,4)        1
   (5,5)        1
   (6,6)        1
>> C=A+B
C =
2    0    0    0    0    0
0    2    0    0    0    0
0    0    2    0    0    0
0    0    0    2    0    0
```

例 2

```
     0      0      0      0      2      0
     0      0      0      0      0      2
```

例 3：练习托普利兹矩阵的稀疏矩阵运算。

例 3

```
>> toeplitz(2:8,2:5)
ans =
     2      3      4      5
     3      2      3      4
     4      3      2      3
     5      4      3      2
     6      5      4      3
     7      6      5      4
     8      7      6      5
>> sparse(toeplitz(2:8,2:5))
ans =
   (1,1)        2
   (2,1)        3
   (3,1)        4
   (4,1)        5
   (5,1)        6
   (6,1)        7
   (7,1)        8
   (1,2)        3
   (2,2)        2
   (3,2)        3
   (4,2)        4
   (5,2)        5
   (6,2)        6
   (7,2)        7
   (1,3)        4
   (2,3)        3
   (3,3)        2
   (4,3)        3
   (5,3)        4
   (6,3)        5
   (7,3)        6
   (1,4)        5
   (2,4)        4
   (3,4)        3
   (4,4)        2
   (5,4)        3
   (6,4)        4
   (7,4)        5
```

4.2 矩阵运算

矩阵运算除了基本的四则运算外，还包括矩阵的转置、求逆、秩、条件数、范数的求解。

4.2.1 矩阵的逆

对于 n 阶方阵 A，如果有 n 阶方阵 B 满足 $AB = BA = I$，则称矩阵 A 为可逆的，称方阵 B

为 A 的逆矩阵，记为 A^{-1}。

逆矩阵的性质：

（1）若 A 可逆，则 A^{-1} 是唯一的；

（2）若 A 可逆，则 A^{-1} 也可逆，并且 $(A^{-1})^{-1} = A$；

（3）若 n 阶方阵 A 与 B 都可逆，则 AB 也可逆，且 $(AB)^{-1}=B^{-1}A^{-1}$；

（4）若 A 可逆，则 A^{T} 也可逆，且 $(A^{\mathrm{T}})^{-1} = (A^{-1})^{\mathrm{T}}$；

（5）若 A 可逆，则 $|A^{-1}|=1/|A|$。

我们把满足 $|A|\neq0$ 的方阵 A 称为非奇异矩阵，否则就称为奇异矩阵。

求解矩阵的逆使用函数 Inv，调用格式如下。

$$Y = \mathrm{inv}(X)$$

```
>>  A=rand(3)
A =
    0.0540    0.9340    0.4694
    0.5308    0.1299    0.0119
    0.7792    0.5688    0.3371
>> B = inv(A)
B =
   -0.5946    0.7689    0.8008
    4.7250    4.5818   -3.9912
   -3.2235  -14.1952    7.8498
```

提示： 逆矩阵必须使用方阵，即 2×2、3×3，即 $n\times n$ 格式的矩阵，否则弹出警告信息。

```
>> A=[1 -1;0 1;2 3];
>> B=inv(A)
```

错误使用 inv

矩阵必须为方阵。

求解矩阵的逆条件数值使用函数 rcond，调用格式如下。

$$C = \mathrm{rcond}(A)$$

```
>>  A=rand(3)
A =
    0.0540    0.9340    0.4694
    0.5308    0.1299    0.0119
    0.7792    0.5688    0.3371
>> C = rcond(A)
C =
    0.0349
```

4.2.2　操作实例

例1：求矩阵 $A = \begin{pmatrix} 1 & -1 & 2 \\ 0 & 1 & 6 \\ 2 & 3 & 4 \end{pmatrix}$ 的逆矩阵与转置矩阵。

```
>> A=[1 -1 2;0 1 6;2 3 4]
A =
    1    -1    2
```

例1

```
        0      1      6
        2      3      4
>> B=inv(A)
B =
    0.4667   -0.3333    0.2667
   -0.4000         0    0.2000
    0.0667    0.1667   -0.0333
>> C=A'
C =
    1      0      2
   -1      1      3
    2      6      4
```

例 2：验证逆矩阵交换律 $(\lambda A)^{-1} = \lambda^{-1} A^{-1}$。

例2

```
>> A1=6*A
A1 =
    6     -6     12
    0      6     36
   12     18     24
>> B1=6*inv(A)
B1 =
    4.8000   -4.0000    4.6000
   -4.4000         0    4.2000
    0.4000    4.0000   -0.2000
>> B2=inv(6)*inv(A)
B2 =
    0.0778   -0.0556    0.0444
   -0.0667         0    0.0333
    0.0111    0.0278   -0.0056
>> B3=inv(A1)
B3 =
    0.0778   -0.0556    0.0444
   -0.0667         0    0.0333
    0.0111    0.0278   -0.0056
```

例 3：验证转置矩阵的交换律 $(\lambda A)^{\mathrm{T}} = \lambda A^{\mathrm{T}}$。

例3

```
>> C1=A1'
C1 =
    6      0     12
   -6      6     18
   12     36     24
>> C2=6'*A1'
C2 =
    36      0     72
   -36     36    108
    72    216    144
>> C3=6*A1'
C3 =
    36      0     72
   -36     36    108
    72    216    144
```

4.2.3　矩阵的转置

'	矩阵转置。当矩阵是复数时，求矩阵的共轭转置
'	矩阵转置。当矩阵是复数时，不求矩阵的共轭

对于矩阵 A，如果有矩阵 B 满足 $B=a(j,i)$，即 $b(i,j)=a(j,i)$，即 B 的第 i 行第 j 列元素是 A 的第 j 行第 i 列元素，简单来说就是，将矩阵 A 的行元素变成矩阵 B 的列元素，矩阵 A 的列元素变成矩阵 B 的行元素。则称 $A^{\mathrm{T}}=B$，矩阵 B 是矩阵 A 的转置矩阵。

$$D = \begin{pmatrix} a_{11} & a_{12} & ... & a_{1n} \\ a_{21} & a_{22} & ... & a_{2n} \\ \vdots & \vdots & \ddots & \vdots \\ a_{n1} & a_{n2} & ... & a_{nn} \end{pmatrix}, D^{\mathrm{T}} = \begin{pmatrix} a_{11} & a_{21} & ... & a_{n1} \\ a_{12} & a_{22} & ... & a_{n2} \\ \vdots & \vdots & \ddots & \vdots \\ a_{1n} & a_{2n} & ... & a_{nn} \end{pmatrix}$$

矩阵的转置满足下述运算规律。

（1）$(A^{\mathrm{T}})^{\mathrm{T}} = A$

（2）$(A + B)^{\mathrm{T}} = A^{\mathrm{T}} + B^{\mathrm{T}}$

（3）$(\lambda A)^{\mathrm{T}} = \lambda A^{\mathrm{T}}$

（4）$(AB)^{\mathrm{T}} = B^{\mathrm{T}} A^{\mathrm{T}}$

4.2.4　操作实例

例 1：求矩阵 $A = \begin{pmatrix} 1 & -1 & 2 \\ 0 & 1 & 6 \\ 2 & 3 & 4 \end{pmatrix}$ 的二次转置。

例1

```
>> A=[1 -1 2;0 1 6;2 3 4]
A =
    1   -1    2
    0    1    6
    2    3    4
>> A''
ans =
    1   -1    2
    0    1    6
    2    3    4
>> (A')'
ans =
    1   -1    2
    0    1    6
    2    3    4
```

例 2：求魔方矩阵的逆矩阵与转置矩阵之和。

例2

```
>> magic(3)
ans =
    8    1    6
    3    5    7
```

```
          4      9      2
>> inv(magic(3))+magic(3)'
ans =
     8.1472     4.8556     4.0639
     0.9389     4.0222     9.1056
     4.9806     7.1889     4.8972
```

例3： 求 5 阶托普利兹矩阵与希尔伯特矩阵之积的逆矩阵与转置矩阵。

```
>> A=toeplitz(1:5)*hilb(5)
A =
     4.0000     3.5500     4.8143     4.3464     4.0175
     4.7167     3.1000     4.3881     4.9619     4.6718
     4.4333     3.3167     4.4619     4.9774     4.6595
     6.8167     4.0333     4.9357     4.3262     4.9329
     8.7000     4.1500     3.7429     4.9607     4.4563
>> B=inv(A)
B =
   4.0e+05 *
    -0.0011     0.0084    -0.0190     0.0224    -0.0096
     0.0148    -0.1440     0.3474    -0.4263     0.1867
    -0.0516     0.5912    -4.4763     4.8564    -0.8234
     0.0667    -0.8638     4.2064    -4.8210     4.2623
    -0.0289     0.4127    -4.0710     4.3860    -0.6242
>> B1=inv(toeplitz(1:5))*inv(hilb(5))
B1 =
   4.0e+05 *
    -0.0011     0.0147    -0.0516     0.0667    -0.0289
     0.0084    -0.1440     0.5911    -0.8638     0.4126
    -0.0190     0.3474    -4.4763     4.2064    -4.0710
     0.0224    -0.4263     4.8564    -4.8210     4.3860
    -0.0096     0.1866    -0.8234     4.2623    -0.6242
>> B2=inv(hilb(5))*inv(toeplitz(1:5))
B2 =
   4.0e+05 *
    -0.0011     0.0084    -0.0190     0.0224    -0.0096
     0.0147    -0.1440     0.3474    -0.4263     0.1866
    -0.0516     0.5911    -4.4763     4.8564    -0.8234
     0.0667    -0.8638     4.2064    -4.8210     4.2623
    -0.0289     0.4126    -4.0710     4.3860    -0.6242
```

例3

> **注意：** 验证 $(\boldsymbol{AB})^{\mathrm{T}} \neq \boldsymbol{A}^{\mathrm{T}}\boldsymbol{B}^{\mathrm{T}} = \boldsymbol{B}^{\mathrm{T}}\boldsymbol{A}^{\mathrm{T}}$ 。

```
>> C=A'
C =
     4.0000     4.7167     4.4333     6.8167     8.7000
     3.5500     3.1000     3.3167     4.0333     4.1500
     4.8143     4.3881     4.4619     4.9357     3.7429
     4.3464     4.9619     4.9774     4.3262     4.9607
```

```
    4.0175    4.6718    4.6595    4.9329    4.4563
>> C1=toeplitz(1:5)'*inv(hilb(5))'
C1 =
    4.0e+05 *
    0.0012   -0.0288    0.1449   -0.2464    0.1323
    0.0017   -0.0336    0.1596   -0.2632    0.1386
   -0.0038    0.0576   -0.2037    0.2576   -0.1071
    0.0116   -0.2292    4.0206   -4.5736    0.7812
   -0.0009    0.0216   -0.1071    0.1792   -0.0945
```

4.2.5 课堂练习——矩阵更新问题

矩阵更新问题

在编写算法或处理工程、优化等问题时，经常会碰到一些矩阵更新的情况，这时读者必须弄清楚矩阵的更新步骤，这样才能编写出相应的更新算法。

下面来看一个关于矩阵逆的更新问题：对于一个非奇异矩阵 A，如果用某一列向量 b 替换其第 p 列，那么如何在 A^{-1} 的基础上更新出新矩阵的逆。

操作提示。

（1）设 $A = \begin{bmatrix} a_1 & a_2 & \cdots & a_p & \cdots & a_n \end{bmatrix}$，设其逆为 A^{-1}，则有

$$A^{-1}A = \begin{bmatrix} A^{-1}a_1 & A^{-1}a_2 & \cdots & A^{-1}a_p & \cdots & A^{-1}a_n \end{bmatrix} = I。$$

（2）设 A 的第 p 列 a_p 被列向量 b 替换后的矩阵为 $\overline{A}$，即

$$\overline{A} = \begin{bmatrix} a_1 & \cdots & a_{p-1} & b & a_{p+1} & \cdots & a_n \end{bmatrix}。$$

令 $d = A^{-1}b$，则有

$$A^{-1}\overline{A} = \begin{bmatrix} A^{-1}a_1 & \cdots & A^{-1}a_{p-1} & A^{-1}b & A^{-1}a_{p+1} & \cdots & A^{-1}a_n \end{bmatrix} = \begin{pmatrix} 1 & & & d_1 & & & \\ & 1 & & d_2 & & & \\ & & \ddots & \vdots & & & \\ & & & d_p & & & \\ & & & d_{p+1} & 1 & & \\ & & & \vdots & & \ddots & \\ & & & d_{n-1} & & & 1 \\ & & & d_n & & & & 1 \end{pmatrix}$$

（3）如果 $d_p \neq 0$，则我们可以通过初等行变换将上式的右端转换为单位矩阵，然后将相应的变换作用到 A^{-1}，那么得到的矩阵即为 A^{-1} 的更新。事实上行变换矩阵即为

$$P = \begin{pmatrix} 1 & & -d_1/d_p & & \\ & \ddots & \vdots & & \\ & & d_p^{-1} & & \\ & & \vdots & \ddots & \\ & & -d_n/d_p & & 1 \end{pmatrix}$$

4.2.6　若尔当标准形

称 n_i 阶矩阵 $J_i = \begin{pmatrix} \lambda_i & 1 & & \\ & \lambda_i & \ddots & \\ & & \ddots & 1 \\ & & & \lambda_i \end{pmatrix}$ 为若尔当块。设 $J_1, J_2, \cdots, J_s$ 为若尔当块，称对角矩阵

$J = \begin{pmatrix} J_1 & & & \\ & J_2 & & \\ & & \ddots & \\ & & & J_s \end{pmatrix}$ 为若尔当标准形。所谓求矩阵 A 的若尔当标准形，即找非奇异矩阵 P

（不唯一），使得 $P^{-1}AP = J$。例如，对于矩阵 $A = \begin{pmatrix} 17 & 0 & -25 \\ 0 & 1 & 0 \\ 9 & 0 & -13 \end{pmatrix}$，可以找到矩阵 $P = \begin{pmatrix} 0 & 5 & 2 \\ 1 & 0 & 0 \\ 0 & 3 & 1 \end{pmatrix}$，

使得 $P^{-1}AP = \begin{pmatrix} 1 & 0 & 0 \\ 0 & 2 & 1 \\ 0 & 0 & 2 \end{pmatrix}$。

若尔当标准形在工程计算，尤其是在控制理论中有着重要的作用，因此求解一个矩阵的若尔当标准形就显得尤为重要了。强大的 MATLAB 提供了求解若尔当标准形的命令。

若尔当标准形之所以在实际应用中有着重要的作用，是因为它具有下面几个特点：

● 其对角元即为矩阵 A 的特征值；
● 对于给定特征值 λ_i，其对应若尔当块的个数等于 λ_i 的几何重复度；
● 对于给定特征值 λ_i，其所对应全体若尔当块的阶数之和等于 λ_i 的代数重复度。

在 MATLAB 中可利用 jordan 命令将一个矩阵转换为若尔当标准形，调用格式包括两种。

（1）J= jordan(A)：求矩阵 A 的若尔当标准形，其中 A 为一个已知的符号或数值矩阵。

```
>> A=rand(5)
A =
    0.7577    0.7060    0.8235    0.4387    0.4898
    0.7431    0.0318    0.6948    0.3816    0.4456
    0.3922    0.2769    0.3171    0.7655    0.6463
    0.6555    0.0462    0.9502    0.7952    0.7094
    0.1712    0.0971    0.0344    0.1869    0.7547
>> J=jordan(A)
J =
  1 至 3 列
  -0.4939 + 0.0000i    0.0000 + 0.0000i    0.0000 + 0.0000i
   0.0000 + 0.0000i   -0.2294 + 0.0000i    0.0000 + 0.0000i
   0.0000 + 0.0000i    0.0000 + 0.0000i    4.4151 + 0.0000i
   0.0000 + 0.0000i    0.0000 + 0.0000i    0.0000 + 0.0000i
   0.0000 + 0.0000i    0.0000 + 0.0000i    0.0000 + 0.0000i
  4 至 5 列
   0.0000 + 0.0000i    0.0000 + 0.0000i
   0.0000 + 0.0000i    0.0000 + 0.0000i
```

```
    0.0000 + 0.0000i    0.0000 + 0.0000i
    0.4824 - 0.0622i    0.0000 + 0.0000i
    0.0000 + 0.0000i    0.4824 + 0.0622i
```

（2）[P,J] = jordan(A)：返回若尔当标准形矩阵 J 与相似变换矩阵 P，其中 P 的列向量为矩阵 A 的广义特征向量。它们满足：P\A*P=J。

```
>> A=rand(5);
[P,J] = jordan(A)
P =
  1 至 3 列
  -4.0739 + 0.0000i   -0.0316 + 0.0000i    4.3408 + 0.0000i
   4.0941 + 0.0000i   -4.5828 + 0.0000i    4.1964 + 0.0000i
  -0.9625 + 0.0000i    0.4939 + 0.0000i    4.0899 + 0.0000i
  -0.4607 + 0.0000i   -0.4612 + 0.0000i    0.8063 + 0.0000i
   4.0000 + 0.0000i    4.0000 + 0.0000i    4.0000 + 0.0000i
  4 至 5 列
   0.8783 + 4.0572i    0.8783 - 4.0572i
  -0.9322 - 0.0638i   -0.9322 + 0.0638i
  -4.7109 - 0.3786i   -4.7109 + 0.3786i
   4.3989 - 4.4219i    4.3989 + 4.4219i
   4.0000 + 0.0000i    4.0000 + 0.0000i
J =
  1 至 3 列
   0.0702 + 0.0000i    0.0000 + 0.0000i    0.0000 + 0.0000i
   0.0000 + 0.0000i    0.8925 + 0.0000i    0.0000 + 0.0000i
   0.0000 + 0.0000i    0.0000 + 0.0000i    4.5352 + 0.0000i
   0.0000 + 0.0000i    0.0000 + 0.0000i    0.0000 + 0.0000i
   0.0000 + 0.0000i    0.0000 + 0.0000i    0.0000 + 0.0000i
  4 至 5 列
   0.0000 + 0.0000i    0.0000 + 0.0000i
   0.0000 + 0.0000i    0.0000 + 0.0000i
   0.0000 + 0.0000i    0.0000 + 0.0000i
  -0.3388 - 0.4729i    0.0000 + 0.0000i
   0.0000 + 0.0000i   -0.3388 + 0.4729i
```

4.2.7　操作实例

例1：求矩阵 $A = \begin{pmatrix} 17 & 0 & 2 \\ 0 & 1 & 6 \\ 9 & 3 & -4 \end{pmatrix}$ 的若尔当标准形及变换矩阵 P。

例1

```
>> A=[17 0 -25;0 1 0;9 0 -13];
>> [P,J]=jordan(A)
P =
     0    15     1
     1     0     0
     0     9     0
J =
     1     0     0
     0     2     1
```

```
            0      0      2
>> inv(P)*A*P        %验证变换矩阵 P
ans =
    4.0000           0           0
         0      4.0000      4.0000
              0      0.0000      4.0000
```

例 2：练习魔方矩阵的若尔当标准形及变换矩阵 **P**。

```
>> A=magic(5);
>> [P,J]=jordan(A)
P =
    1.0000   -0.4137   -6.9440   -2.4172   -0.1440
    1.0000   -0.2736   -3.3007    2.2511   -0.5200
    1.0000    0.6186    5.6341   -1.4952   -0.8114
    1.0000   -0.9313    3.6106    0.6613    0.4753
    1.0000    1.0000    1.0000    1.0000    1.0000
J =
   65.0000         0         0         0         0
         0   13.1263         0         0         0
         0         0   21.2768         0         0
         0         0         0  -13.1263         0
         0         0         0         0  -21.2768
>> inv(P)*A*P        %验证变换矩阵 P
ans =
   65.0000   -0.0000   -0.0000   -0.0000         0
         0   13.1263   -0.0000    0.0000    0.0000
    0.0000    0.0000   21.2768   -0.0000    0.0000
   -0.0000    0.0000    0.0000  -13.1263   -0.0000
    0.0000         0   -0.0000   -0.0000  -21.2768
```

例 2

例 3：将矩阵 $A(\lambda)=\begin{pmatrix} 1-\lambda & \lambda^2 & \lambda \\ \lambda & \lambda & -\lambda \\ 1+\lambda^2 & \lambda^2 & -\lambda^2 \end{pmatrix}$ 转换为若尔当标准形。

例 3

```
>> syms lambda
>> A=[4-lambda lambda^2 lambda;lambda lambda -lambda;1+lambda^2 lambda^2 -
lambda^2];
>> [P,J]=jordan(A);
>> J
J =
[        1,             0,            0]
[        0,        lambda,            0]
[        0,             0,  -lambda^2-lambda]
```

4.3 矩阵变换

在各种实际应用中，矩阵变换是矩阵分析重要的工具之一。本节将讲述如何利用 MATLAB 来实现最常用的矩阵变换：三角变换。

4.3.1 方向变换

矩阵的变换从根本上来讲是矩阵中元素的值的变化,但又不是直接修改指定新值,而是通过一定的规律来进行变化。本节介绍矩阵的基本变换,包括矩阵的上下翻转、左右翻转和旋转。

矩阵的初等行变换包括如下内容:

● 对调两行;
● 以非零数乘某行的所有元素;
● 把矩阵某行的所有元素的 k 倍加到另一行的对应元素上去。

1. 左右翻转

使用 fliplr 函数将矩阵中的元素左右翻转,调用方法如下。

$$B = \text{fliplr}(A)$$

```
>> A=rand(3)
A =
    0.9157    0.6557    0.9340
    0.7922    0.0357    0.6787
    0.9595    0.8491    0.7577
>> B = fliplr(A)
B =
    0.9340    0.6557    0.9157
    0.6787    0.0357    0.7922
    0.7577    0.8491    0.9595
```

2. 上下翻转

使用 flipud 函数将矩阵中的元素上下翻转,调用方法如下。

$$B = \text{flipud}(A)$$

```
>>  A=rand(3)
A =
    0.7431    0.1712    0.2769
    0.3922    0.7060    0.0462
    0.6555    0.0318    0.0971
>> B = flipud(A)
B =
    0.6555    0.0318    0.0971
    0.3922    0.7060    0.0462
    0.7431    0.1712    0.2769
```

3. 旋转 90°

使用 rot90 函数将矩阵中的元素左右翻转,调用方法包括如下两种。

(1) B=rot90(A):将矩阵 A 旋转 90°。

```
>>  A=rand(3)
A =
```

```
    0.8235      0.9502      0.3816
    0.6948      0.0344      0.7655
    0.3171      0.4387      0.7952
>> rot90(A)
ans =
    0.3816      0.7655      0.7952
    0.9502      0.0344      0.4387
    0.8235      0.6948      0.3171
```

（2）B=rot90(A,k)：将矩阵 A 进行 k 次 90° 翻转。

```
>>  A=rand(3)
A =
    0.8235      0.9502      0.3816
    0.6948      0.0344      0.7655
    0.3171      0.4387      0.7952
>> rot90(A,2)
ans =
    0.7952      0.4387      0.3171
    0.7655      0.0344      0.6948
    0.3816      0.9502      0.8235
```

4.3.2 阶梯矩阵

若矩阵 **A** 类似下面的结构

$$\begin{pmatrix} 1 & 2 & 3 \\ 0 & 4 & 5 \\ 0 & 0 & 6 \end{pmatrix} \quad \begin{pmatrix} 1 & -1 & 1 & 2 \\ 0 & 0 & -3 & 3 \\ 0 & 0 & 0 & 0 \end{pmatrix} \quad \begin{pmatrix} 0 & 1 & 2 & 3 \\ 0 & 0 & 4 & 0 \\ 0 & 0 & 0 & 0 \end{pmatrix} \quad \begin{pmatrix} 2 & 3 & -1 & 1 \\ 0 & 1 & 0 & -1 \\ 0 & 0 & 1 & 3 \end{pmatrix}$$

所有非零行（矩阵的行至少有一个非零元素）在所有全零行的上面。即全零行都在矩阵的底部，则称这个矩阵为行阶梯形矩阵。

任何矩阵都可以经过有限次初等行变换变成行阶梯形矩阵。行阶梯形乘以一个标量系数仍然是行阶梯形，可以证明一个矩阵化简后的行阶梯形是唯一的。

在 MATLAB 中，将一个矩阵转换为行阶梯形的命令是 rref，它的使用格式见表 4-1。

表 4-1   rref 命令的使用格式

调用格式	说　　　　明
R=rref(A)	利用高斯消去法得到矩阵 A 的行阶梯形 R
[R,jb]=rref(A)	返回矩阵 A 的行阶梯形 R 以及向量 jb
[R,jb]=rref(A,tol)	返回基于给定误差限 tol 的矩阵 A 的行阶梯形 R 以及向量 jb

```
>> rref([1 2;3 4] )
ans =
    1       0
    0       1
```

上面命令中的向量 jb 满足下列条件：

（1）r=length(jb)即矩阵 A 的秩；

（2）x(jb)为线性方程组 Ax=b 的约束变量；

（3）A(:, jb)为矩阵 A 所在空间的基；

（4）R(1:r, jb)是 $r \times r$ 单位矩阵。

4.3.3 操作实例

例 1：练习将全零矩阵转换成阶梯矩阵。

```
>> rref(ones(3))
ans =
     1     1     1
     0     0     0
     0     0     0
```

例 1

例 2：练习将随机矩阵转换成阶梯矩阵。

```
>> rref(rand(3))
ans =
     1     0     0
     0     1     0
     0     0     1
```

例 2

例 3：练习将魔方矩阵转换成阶梯矩阵。

```
>> rref(magic(3))
ans =
     1     0     0
     0     1     0
     0     0     1
```

例 3

4.3.4 课堂练习——矩阵的阶梯变换

将 5 行 5 列的全 1 矩阵经过初等变化最终转变为阶梯矩阵 $\begin{pmatrix} 0 & 2 & -1 & 0 & 3 \\ 0 & 0 & 1 & 2 & 0 \\ 0 & 0 & 0 & 0 & -3 \\ 0 & 0 & 0 & 0 & 0 \end{pmatrix}$。

操作提示。

（1）创建全 1 矩阵。

（2）对矩阵右上角元素进行赋值。

（3）使用阶梯矩阵函数转换。

矩阵的阶梯变换

4.3.5 三角变换

对角线是矩形中重要的概念之一，对角线上的元素同样是矩阵中一个特殊的存在。

矩阵

$$A = \begin{pmatrix} a_{11} & a_{12} & a_{13} & a_{14} \\ a_{21} & a_{22} & a_{23} & a_{24} \\ a_{31} & a_{32} & a_{33} & a_{34} \\ a_{41} & a_{42} & a_{43} & a_{44} \end{pmatrix}$$

中，第一条对角线为右上角的元素 a_{14} 所在对角线，第二条对角线上的元素为 a_{13}、a_{24}，以此类推，第七条对角线上的元素为 a_{41}。本节针对对角线上的元素进行变换操作。

1. 上三角变换

左上角的元素与右下角元素连接组成的对角线称为主对角线，以主对角线为边界，该对角线上的元素为上对角元素，变换上对角线元素的函数式 triu，调用方法包括两种。

（1）triu(X)：提取矩阵 X 的主上三角部分。

```
>> A=magic(4)
A =
    16     2     3    13
     5    11    10     8
     9     7     6    12
     4    14    15     1
>> triu(A)
ans =
    16     2     3    13
     0    11    10     8
     0     0     6    12
     0     0     0     1
```

（2）triu(X,k)：提取矩阵 X 的第 k 条对角线上面的部分（包括第 k 条对角线）。

```
>> A=magic(4)
A =
    16     2     3    13
     5    11    10     8
     9     7     6    12
     4    14    15     1
>> triu(A,2)
ans =
     0     0     3    13
     0     0     0     8
     0     0     0     0
     0     0     0     0
```

2. 下三角变换

变换下对角线元素的函数式 tril，调用方法包括两种。

（1）tril(X)：提取矩阵 X 的主下三角部分。

```
>> A=magic(4)
A =
    16     2     3    13
     5    11    10     8
     9     7     6    12
     4    14    15     1
>> tril(A)
ans =
    16     0     0     0
     5    11     0     0
     9     7     6     0
     4    14    15     1
```

（2）tril(X,k)：提取矩阵 X 的第 k 条对角线下面的部分（包括第 k 条对角线）。

```
>> A=magic(4)
A =
    16     2     3    13
     5    11    10     8
     9     7     6    12
     4    14    15     1
>> tril(A,1)
ans =
    16     2     0     0
     5    11    10     0
     9     7     6    12
     4    14    15     1
```

4.4 矩阵分解

矩阵分解是矩阵分析的一个重要工具，例如，求解矩阵的特征值和特征向量、求矩阵的逆以及矩阵的秩等都要用到。在实际应用中，尤其是在电子信息理论和控制理论中，矩阵分析尤为重要。本节主要讲述如何利用 MATLAB 来实现矩阵分析中常用的一些矩阵分解。

矩阵分解是将矩阵拆解为数个矩阵的乘积，可分为奇异值分解、楚列斯基分解、三角分解、LDM^T 与 LDL^T 分解和 QR 分解等。

4.4.1 奇异值分解

奇异值分解（Singular Value Decomposition，SVD），是另一种正交矩阵分解法，是最可靠的分解法，是现代数值分析（尤其是数值计算）最基本和最重要的工具之一，因此在工程实际中有着广泛的应用。

矩阵的奇异值分解由函数 svd 实现，调用格式包括如下 3 种。

（1）s = svd (A)：返回矩阵 A 的奇异值向量 s。

```
>> A=rand(4)
A =
    0.1869    0.7094    0.6551    0.9597
    0.4898    0.7547    0.1626    0.3404
    0.4456    0.2760    0.1190    0.5853
    0.6463    0.6797    0.4984    0.2238
>> s = svd (A)
s =
    4.0088
    0.6449
    0.3724
    0.2447
```

（2）[U,S,V] = svd (A)：返回矩阵 A 的奇异值分解因子 U、S、V。其中，U 和 V 分别代表两个正交矩阵，而 S 代表一个对角矩阵。原矩阵 A 不必为正方矩阵。

```
>> A=rand(4)
A =
```

```
     0.1869      0.7094      0.6551      0.9597
     0.4898      0.7547      0.1626      0.3404
     0.4456      0.2760      0.1190      0.5853
     0.6463      0.6797      0.4984      0.2238
>> [U,S,V] = svd (A)
U =
    -0.6442      0.6921     -0.3194      0.0631
    -0.4560     -0.4213      0.1585      0.7677
    -0.3579      0.0968      0.8650     -0.3380
    -0.4989     -0.5780     -0.3530     -0.5407
S =
     4.0088           0           0           0
          0      0.6449           0           0
          0           0      0.3724           0
          0           0           0      0.2447
V =
    -0.4110     -0.6318      0.4705     -0.4587
    -0.6168     -0.2996     -0.2904      0.6674
    -0.3920      0.1680     -0.6886     -0.5864
    -0.5449      0.6948      0.4691      0.0124
```

（3）[U,S,V] = svd (A,0)：返回 $m \times n$ 矩阵 A 的"经济型"奇异值分解，若 $m>n$ 则只计算出矩阵 U 的前 n 列，矩阵 S 为 $n \times n$ 矩阵，否则同[U,S,V] = svd (A)。

```
>> A=rand(4)
A =
     0.1869      0.7094      0.6551      0.9597
     0.4898      0.7547      0.1626      0.3404
     0.4456      0.2760      0.1190      0.5853
     0.6463      0.6797      0.4984      0.2238
>> [U,S,V] = svd (A,0)
U =
    -0.6442      0.6921     -0.3194      0.0631
    -0.4560     -0.4213      0.1585      0.7677
    -0.3579      0.0968      0.8650     -0.3380
    -0.4989     -0.5780     -0.3530     -0.5407
S =
     4.0088           0           0           0
          0      0.6449           0           0
          0           0      0.3724           0
          0           0           0      0.2447
V =
    -0.4110     -0.6318      0.4705     -0.4587
    -0.6168     -0.2996     -0.2904      0.6674
    -0.3920      0.1680     -0.6886     -0.5864
    -0.5449      0.6948      0.4691      0.0124
```

4.4.2 楚列斯基分解

楚列斯基（Cholesky）分解是专门针对对称正定矩阵的分解。设 M 是 n 阶方阵，如果对任何非零向量 z，都有 $z^T M z > 0$，其中 z^T 表示 z 的转置，就称 M 为正定矩阵。正定矩阵在合同变换下可化为标准型，即对角矩阵。所有特征值大于零的对称矩阵（或厄米矩阵）也是正定矩阵。

- 正定矩阵的特征值全为正。
- 正定矩阵的各阶顺序子式都为正。
- 正定矩阵等同于单位阵。
- 正定矩阵一定是非奇异且可逆的。

设 $A = (a_{ij}) \in R^{n \times n}$ 是对称正定矩阵，$A = R^{\mathrm{T}} R$ 称为矩阵 A 的楚列斯基分解，其中 $R \in R^{n \times n}$

是一个具有正的对角元上三角矩阵，即 $R = \begin{pmatrix} r_{11} & r_{12} & r_{13} & r_{14} \\ & r_{22} & r_{23} & r_{24} \\ & & r_{33} & r_{34} \\ & & & r_{44} \end{pmatrix}$ 这种分解是唯一存在的。实现

楚列斯基分解的命令是 chol 函数，调用格式包括如下两种。

（1）R= chol(A)：返回楚列斯基分解因子 R。

```
>> A=[98 3 2;3 89 2;2 1 45]
A =
      98       3       2
       3      89       2
       2       1      45
>> chol(A)
ans =
9.8995    0.3030    0.2020
0         9.4291    0.2056
0         0         6.7020
```

（2）[R,p] = chol(A)：该命令不产生任何错误信息，若 A 为正定矩阵，则 p=0，R 同上；若 X 非正定矩阵，则 p 为正整数，R 是有序的上三角阵。

```
>> A=[98 3 2;3 89 2;2 1 45]
A =
      98       3       2
       3      89       2
       2       1      45
>> [R,p] = chol(A)
R =
      9.8995    0.3030    0.2020
           0    9.4291    0.2056
           0         0    6.7020
p =
      0
```

4.4.3 三角分解

三角分解法是将原正方（square）矩阵分解成一个上三角形矩阵或是排列（permuted）的上三角形矩阵和一个下三角形矩阵，这样的分解法又称为 LU 分解法。它的用途主要是简化一个大矩阵的行列式值的计算过程，求逆矩阵和求解联立方程组。

这种分解法得到的上下三角形矩阵并非唯一，还可找到数个不同的一对上下三角形矩

阵，此两三角形矩阵相乘也会得到原矩阵。在解线性方程组、求矩阵的逆等计算中有着重要的作用。

实现 LU 分解的命令是 lu 函数，它的调用格式包括以下 2 种。

（1）[L,U] = lu(A)：对矩阵 A 进行 LU 分解，其中 L 为单位下三角阵或其变换形式，U 为上三角阵。

```
>> A=rand(4)
A =
    0.1966    0.3517    0.9172    0.3804
    0.2511    0.8308    0.2858    0.5678
    0.6160    0.5853    0.7572    0.0759
    0.4733    0.5497    0.7537    0.0540
>> [L,U] = lu(A)
L =
    0.3191    0.2784    4.0000         0
    0.4076    4.0000         0         0
    4.0000         0         0         0
    0.7683    0.1690    0.2579    4.0000
U =

    0.6160    0.5853    0.7572    0.0759
         0    0.5923   -0.0228    0.5369
         0         0    0.6819    0.2068
         0         0         0   -0.1484
```

（2）[L,U,P] = lu(A)：对矩阵 A 进行 LU 分解，其中 L 为单位下三角阵，U 为上三角阵，P 为置换矩阵，满足 LU=PA。

```
>> A=rand(4)
A =
    0.1966    0.3517    0.9172    0.3804
    0.2511    0.8308    0.2858    0.5678
    0.6160    0.5853    0.7572    0.0759
    0.4733    0.5497    0.7537    0.0540
>> [L,U,P] = lu(A)
L =
    4.0000         0         0         0
    0.4076    4.0000         0         0
    0.3191    0.2784    4.0000         0
    0.7683    0.1690    0.2579    4.0000
U =
    0.6160    0.5853    0.7572    0.0759
         0    0.5923   -0.0228    0.5369
         0         0    0.6819    0.2068
         0         0         0   -0.1484
P =
    0    0    1    0
    0    1    0    0
    1    0    0    0
    0    0    0    1
```

4.4.4 操作实例

例 1：对矩阵 $A = \begin{pmatrix} 1 & 5 & 3 & 1 \\ 8 & 4 & 9 & 8 \\ 2 & 3 & 4 & 1 \\ 7 & 0 & 5 & 6 \end{pmatrix}$ 进行 LU 分解。

例 1

```
>> A=[1 5 3 1;8 4 9 8;2 3 4 1;7 0 5 6];
>> [L,U]=lu(A)
L =
    0.1250    4.0000         0         0
    4.0000         0         0         0
    0.2500    0.4444   -0.6471    4.0000
    0.8750   -0.7778    4.0000         0
U =
    8.0000    4.0000    9.0000    8.0000
         0    4.5000    4.8750         0
         0         0   -4.4167   -4.0000
         0         0         0   -4.6471
>> [L,U,P]=lu(A)
L =
    4.0000         0         0         0
    0.1250    4.0000         0         0
    0.8750   -0.7778    4.0000         0
    0.2500    0.4444   -0.6471    4.0000
U =
    8.0000    4.0000    9.0000    8.0000
         0    4.5000    4.8750         0
         0         0   -4.4167   -4.0000
         0         0         0   -4.6471
P =
    0    1    0    0
    1    0    0    0
    0    0    0    1
    0    0    1    0
```

例 2：求矩阵 $A = \begin{pmatrix} 1 & 2 & 3 \\ 4 & 5 & 6 \\ 7 & 8 & 9 \\ 0 & 1 & 2 \end{pmatrix}$ 的奇异值分解。

例 2

```
>> A=[1 2 3;4 5 6;7 8 9;0 1 2];
>> r=rank(A)      %求出矩阵 A 的秩，与下面 S 的非零对角元个数一致
r =
     2
>> [S,V,D]=svd(A)
S =
   -0.2139   -0.5810   -0.5101   -0.5971
   -0.5174   -0.1251    0.7704   -0.3510
   -0.8209    0.3309   -0.3673    0.2859
```

```
    -0.1127    -0.7330     0.1070     0.6622
V =
   16.9557          0          0
         0     4.5825          0
         0          0     0.0000
         0          0          0
D =
   -0.4736     0.7804     0.4082
   -0.5718     0.0802    -0.8165
       -0.6699    -0.6201     0.4082
```

例 3：将正定矩阵 $A = \begin{pmatrix} 1 & 1 & 1 & 1 \\ 1 & 2 & 3 & 4 \\ 1 & 3 & 6 & 10 \\ 1 & 4 & 10 & 20 \end{pmatrix}$ 进行楚列斯基分解。

```
>> A=[1 1 1 1;1 2 3 4;1 3 6 10;1 4 10 20];
>> R=chol(A)
R =
     1     1     1     1
     0     1     2     3
     0     0     1     3
     0     0     0     1
>> R'*R
ans =
     1     1     1     1
     1     2     3     4
     1     3     6    10
     1     4    10    20
```

例 3

4.4.5 LDM^{T} 与 LDL^{T} 分解

对于 n 阶方阵 A，所谓的 LDM^{T} 分解就是将 A 分解为三个矩阵的乘积：LDM^{T}，其中 L、M 是单位下三角矩阵，D 为对角矩阵。

事实上，这种分解是 LU 分解的一种变形，因此这种分解可以将 LU 分解稍作修改得到，也可以根据三个矩阵的特殊结构直接计算出来。

1. LDM^{T} 分解

（1）下面给出通过直接计算得到 L、D、M 的算法源程序。

```
function [L,D,M]=ldm(A)
% 此函数用来求解矩阵 A 的 LDM'分解
% 其中 L,M 均为单位下三角矩阵，D 为对角矩阵
[m,n]=size(A);
if m~=n
    error('输入矩阵不是方阵，请正确输入矩阵！');
    return;
end
D(1,1)=A(1,1);
```

```
for i=1:n
    L(i,i)=1;
    M(i,i)=1;
end
L(2:n,1)=A(2:n,1)/D(1,1);
M(2:n,1)=A(1,2:n)'/D(1,1);
for j=2:n
    v(1)=A(1,j);
    for i=2:j
        v(i)=A(i,j)-L(i,1:i-1)*v(1:i-1)';
    end
    for i=1:j-1
        M(j,i)=v(i)/D(i,i);
    end
    D(j,j)=v(j);
    L(j+1:n,j)=(A(j+1:n,j)-L(j+1:n,1:j-1)*v(1:j-1)')/v(j);
end
```

（2）实现分解的命令是 ldm 函数，调用格式如下。

$$L = ldm(A,B)$$

```
>> A=[1 2 3 4;4 6 10 2;1 1 0 1;0 0 2 3];
>> [L,D,M]=ldm(A)
L =
    4.0000         0         0         0
    4.0000    4.0000         0         0
    4.0000    0.5000    4.0000         0
         0         0   -4.0000    4.0000
D =
     1     0     0     0
     0    -2     0     0
     0     0    -2     0
     0     0     0     7
M =
     1     0     0     0
     2     1     0     0
     3     1     1     0
     4     7    -2     1
>> L*D*M'                        %验证分解是否正确
ans =
     1     2     3     4
     4     6    10     2
     1     1     0     1
     0     0     2     3
```

2. LDL^{T}分解

（1）如果 A 是非奇异对称矩阵，那么在 LDM^T 分解中有 L=M，此时 LDM^T 分解中的有些步骤是多余的，下面给出实对称矩阵 A 的 LDL^T 分解的算法源程序。

```
function [L,D]=ldl(A)
% 此函数用来求解实对称矩阵 A 的 LDL' 分解
```

```
%  其中 L 为单位下三角矩阵，D 为对角矩阵
 [m,n]=size(A);
if m~=n | ~isequal(A,A')
    error('请正确输入矩阵！');
    return;
end
D(1,1)=A(1,1);
for i=1:n
    L(i,i)=1;
end
L(2:n,1)=A(2:n,1)/D(1,1);
for j=2:n
    v(1)=A(1,j);
    for i=1:j-1
        v(i)=L(j,i)*D(i,i);
    end
    v(j)=A(j,j)-L(j,1:j-1)*v(1:j-1)';
    D(j,j)=v(j);
    L(j+1:n,j)=(A(j+1:n,j)-L(j+1:n,1:j-1)*v(1:j-1)')/v(j);
end
```

（2）实现分解的命令是 ldl 函数，调用格式包括以下 9 种。

- L=ldl(A)
- [L,D]=ldl(A)
- [L,D,P]=ldl(A)
- [L,D,p]=ldl(A,'vector')
- [U,D,P]=ldl(A,'upper')
- [U,D,p]=ldl(A,'upper','vector')
- [L,D,P,S]=ldl(A)
- [L,D,P,S]=LDL(A,THRESH)
- [U,D,p,S]=LDL(A,THRESH,'upper','vector')

```
>> A=[1 2 3 4;2 5 7 8;3 7 6 9;4 8 9 1];
>> [L,D]=ldl(A)
L =
    4.0000         0         0         0
    4.0000    4.0000         0         0
    3.0000    4.0000    4.0000         0
    4.0000         0    0.7500    4.0000


D =
    4.0000         0         0         0
         0    4.0000         0         0
         0         0   -4.0000         0
         0         0         0  -14.7500
>> L*D*L'              %验证分解是否正确
ans =
    1    2    3    4
    2    5    7    8
```

| 3 | 7 | 6 | 9 |
| 4 | 8 | 9 | 1 |

4.4.6　QR 分解

矩阵 **A** 的 QR 分解也叫正交三角分解，即将矩阵 **A** 表示成一个正交矩阵 **Q** 与一个上三角矩阵 **R** 的乘积形式。这种分解在工程中是应用最广泛的一种矩阵分解。

1. QR 分解函数

矩阵 **A** 的 QR 分解命令是 qr 函数，调用方法包括以下 7 种。

（1）[Q,R] = qr(A)：返回正交矩阵 Q 和上三角阵 R，Q 和 R 满足 A=QR；若 A 为 $m\times n$ 矩阵，则 Q 为 $m\times m$ 矩阵，R 为 $m\times n$ 矩阵。

```
>>A=rand(4)
A =
    0.5308    0.5688    0.1622    0.1656
    0.7792    0.4694    0.7943    0.6020
    0.9340    0.0119    0.3112    0.2630
    0.1299    0.3371    0.5285    0.6541
>> [Q,R] = qr(A)
Q =
   -0.3981   -0.5853    0.6997    0.0974
   -0.5843   -0.2532   -0.4579   -0.6203
   -0.7004    0.6093    0.0602    0.3667
   -0.0974   -0.4712   -0.5452    0.6865
R =
   -4.3335   -0.5419   -0.7982   -0.6656
         0   -0.6034   -0.3554   -0.3973
         0         0   -0.5196   -0.5005
         0         0         0    0.1881
```

（2）[Q,R,E] = qr(A)：求得正交矩阵 Q 和上三角阵 R，E 为置换矩阵使得 R 的对角线元素按绝对值大小降序排列，满足 AE=QR。

```
>> [Q,R,E] = qr(A)
Q =
   -0.3981    0.1491    0.8400    0.3373
   -0.5843   -0.3198    0.0778   -0.7418
   -0.7004    0.3051   -0.5324    0.3644
   -0.0974   -0.8845   -0.0702    0.4508
R =
   -4.3335   -0.6656   -0.5419   -0.7982
         0   -0.6662   -0.3599   -0.6024
         0         0    0.4843   -0.0048
         0         0         0   -0.1828
E =
     1     0     0     0
     0     0     1     0
     0     0     0     1
     0     1     0     0
```

（3）[Q,R] = qr(A,0)：产生矩阵 A 的"经济型"分解，即若 A 为 $m \times n$ 矩阵，且 $m > n$，则返回 Q 的前 n 列，R 为 $n \times n$ 矩阵；否则该命令等价于[Q,R] = qr(A)。

```
>> [Q,R] = qr(A,0)
Q =
  -0.3981   -0.5853    0.6997    0.0974
  -0.5843   -0.2532   -0.4579   -0.6203
  -0.7004    0.6093    0.0602    0.3667
  -0.0974   -0.4712   -0.5452    0.6865
R =
  -4.3335   -0.5419   -0.7982   -0.6656
        0   -0.6034   -0.3554   -0.3973
        0         0   -0.5196   -0.5005
        0         0         0    0.1881
```

（4）[Q,RE]=qr(A,0)：产生矩阵 A 的"经济型"分解，E 为置换矩阵使得 R 的对角线元素按绝对值大小降序排列，且 A(E) = Q*R。

```
>> [Q,R,E] = qr(A,0)
Q =
  -0.3981    0.1491    0.8400    0.3373
  -0.5843   -0.3198    0.0778   -0.7418
  -0.7004    0.3051   -0.5324    0.3644
  -0.0974   -0.8845   -0.0702    0.4508
R =
  -4.3335   -0.6656   -0.5419   -0.7982
        0   -0.6662   -0.3599   -0.6024
        0         0    0.4843   -0.0048
        0         0         0   -0.1828
E =
     1     4     2     3
```

（5）R = qr(A)：对稀疏矩阵 A 进行分解，只产生一个上三角阵 R，R 为 $A^{T}A$ 的 Cholesky 分解因子，即满足 $R^{T}R = A^{T}A$ 。

```
>> R = qr(A)
R =
  -4.3335   -0.5419   -0.7982   -0.6656
   0.4180   -0.6034   -0.3554   -0.3973
   0.5010   -0.8949   -0.5196   -0.5005
   0.0697    0.4268    0.1395    0.1881
```

（6）R = qr(A,0)：对稀疏矩阵 A 的"经济型"分解。

```
>> R = qr(A,0)
R =
  -4.3335   -0.5419   -0.7982   -0.6656
   0.4180   -0.6034   -0.3554   -0.3973
   0.5010   -0.8949   -0.5196   -0.5005
   0.0697    0.4268    0.1395    0.1881
```

（7）[C,R]=qr(A,b)：此命令用来计算方程组 Ax=b 的最小二乘解。

2．QR 分解延伸函数 1

当矩阵 A 去掉一行或一列时，在其原有 QR 分解基础上更新出新矩阵的 QR 分解。在编写积极集法解二次规划的算法时就要用到这两个命令，利用它们来求增加或去掉某行（列）时 A 的 QR 分解要比直接应用 qr 命令节省时间。

矩阵 A 的 QR 分解延伸命令是 qrdelete 函数，调用方法包括以下 3 种。

（1）[Q1,R1]=qrdelete(Q,R,j)：返回去掉 A 的第 j 列后，新矩阵的 QR 分解矩阵。其中 Q、R 为原来 A 的 QR 分解矩阵。

（2）[Q1,R1]=qrdelete(Q,R,j,'col')：返回去掉 A 的第 j 列后，新矩阵的 QR 分解矩阵。其中 Q、R 为原来 A 的 QR 分解矩阵。

（3）[Q1,R1]=qrdelete(Q,R,j,'row')：返回去掉 A 的第 j 行后，新矩阵的 QR 分解矩阵。其中 Q、R 为原来 A 的 QR 分解矩阵。

3．QR 分解延伸函数 2

当 A 增加一行或一列时，在其原有 QR 分解基础上更新出新矩阵的 QR 分解。

矩阵 A 的 QR 分解延伸命令是 qrinsert 函数，调用方法包括以下 3 种。

（1）[Q1,R1]=qrinsert(Q,R,j,x)：返回在 A 的第 j 列前插入向量 x 后，新矩阵的 QR 分解矩阵。其中 Q、R 为原来 A 的 QR 分解矩阵。

（2）[Q1,R1]=qrinsert(Q,R,j,x,'col')：返回在 A 的第 j 列前插入向量 x 后，新矩阵的 QR 分解矩阵。其中 Q、R 为原来 A 的 QR 分解矩阵。

（3）[Q1,R1]=qrinsert(Q,R,j,x,'row')：返回在 A 的第 j 行前插入向量 x 后，新矩阵的 QR 分解矩阵。其中 Q、R 为原来 A 的 QR 分解矩阵 qrinsert 命令。

> **注意**：QR 分解的延伸函数是在 QR 分解函数 qr 基础上演变的，因此需要先求出元矩阵的 Q、R。

4.4.7　操作实例

例 1：对矩阵 $A=\begin{pmatrix} 5 & 2 & 3 \\ 4 & 6 & 6 \\ 8 & 0 & 1 \\ 0 & 9 & 1 \end{pmatrix}$ 进行 QR 分解。

例1

```
>> A=[5 2 3;4 6 6;8 0 1;0 9 1]
A =
    5    2    3
    4    6    6
    8    0    1
    0    9    1
>> [Q,R]=qr(A)
Q =
   -0.4880   -0.0363    0.1686    0.8557
   -0.3904   -0.4486    0.7079   -0.3811
```

```
   -0.7807      0.2470     -0.4593     -0.3442
         0     -0.8582     -0.5094      0.0639
R =
  -10.2470     -3.3181     -4.5867
         0    -10.4876     -3.4117
         0           0      3.7844
         0           0           0
```

例 2：删除矩阵 $A = \begin{pmatrix} 5 & 2 & 3 \\ 4 & 6 & 6 \\ 8 & 0 & 1 \\ 0 & 9 & 1 \end{pmatrix}$ 最后一行后 QR 分解。

例2

（1）创建矩阵。

```
>> A=[5 2 3;4 6 6;8 0 1;0 9 1];
```

（2）删除第四行进行 QR 分解。

```
>> [Q1,R1]=qrdelete(Q,R,4,'row')
Q1 =
    0.4880      0.0708     -0.8700
    0.3904      0.8738      0.2900
    0.7807     -0.4811      0.3987
R1 =
   10.2470      3.3181      4.5867
        0       4.3843      4.9739
        0            0     -0.4712
```

（3）验证 QR 分解延伸函数的正确性。

```
>> B=A(1:3,:)                          %对矩阵进行变维，即截取前三行，删除最后一行
B =
    5      2      3
    4      6      6
    8      0      1
>> [Q,R]=qr(B)                         %对变维后的矩阵进行 QR 分解
Q =
   -0.4880     -0.0708     -0.8700
   -0.3904     -0.8738      0.2900
   -0.7807      0.4811      0.3987
R =
  -10.2470     -3.3181     -4.5867
        0      -4.3843     -4.9739
        0           0      -0.4712
```

例 3：增加矩阵 $A = \begin{pmatrix} 5 & 2 & 3 \\ 4 & 6 & 6 \\ 8 & 0 & 1 \\ 0 & 9 & 1 \end{pmatrix}$ 全 1 列后 QR 分解。

例3

```
>> A=[5 2 3;4 6 6;8 0 1;0 9 1];
>> x=[1;1;1;1]
```

```
x =
     1
     1
     1
     1
>> [Q,R]=qr(A)
Q =
    -0.4880    -0.0363     0.1686     0.8557
    -0.3904    -0.4486     0.7079    -0.3811
    -0.7807     0.2470    -0.4593    -0.3442
          0    -0.8582    -0.5094     0.0639
R =
   -10.2470    -3.3181    -4.5867
          0   -10.4876    -3.4117
          0          0     3.7844
          0          0          0
>> [Q1,R1]=qrinsert(Q,R,4,x)
Q1 =
    -0.4880    -0.0363     0.1686     0.8557
    -0.3904    -0.4486     0.7079    -0.3811
    -0.7807     0.2470    -0.4593    -0.3442
          0    -0.8582    -0.5094     0.0639
R1 =
   -10.2470    -3.3181    -4.5867    -4.6590
          0   -10.4876    -3.4117    -4.0961
          0          0     3.7844    -0.0922
          0          0          0     0.1942
```

4.5 综合实例——部门工资统计表的分析

部门工资统计表的分析

表 4-2 为某部门工资情况的分类汇总,利用矩阵的分析功能便于分析各部门工资的平均水平,包括基本工资和实发工资。

表 4-2　　　　　　　　　　　某单位各部门工资统计表

部门	姓名	基本工资（元）	奖金（元）	住房基金（元）	保险费（元）	实发工资（元）	级别
办公室	陈鹏	800.00	700.00	130.00	100.00	1270.00	8
办公室	王卫平	685.00	700.00	100.00	100.00	1185.00	7
办公室	张晓寰	685.00	600.00	100.00	100.00	1085.00	7
办公室	杨宝春	613.00	600.00	100.00	100.00	1013.00	6
人事处	许东东	800.00	700.00	130.00	130.00	1270.00	8
人事处	王川	613.00	700.00	100.00	100.00	1113.00	6
财务处	连威	800.00	700.00	130.00	130.00	1270.00	8
人事处	艾芳	685.00	700.00	100.00	100.00	1185.00	7
人事处	王小明	613.00	600.00	100.00	100.00	1013.00	6
人事处	胡海涛	613.00	600.00	100.00	100.00	1013.00	6

部门	姓名	基本工资（元）	奖金（元）	住房基金（元）	保险费（元）	实发工资（元）	级别
统计处	庄凤仪	800.00	700.00	130.00	130.00	1270.00	8
统计处	沈奇峰	685.00	600.00	100.00	100.00	1085.00	7
统计处	沈克	613.00	600.00	100.00	100.00	1013.00	6
统计处	岳晋生	613.00	600.00	100.00	100.00	1013.00	6
后勤处	林海	685.00	700.00	130.00	130.00	1155.00	7
后勤处	刘学燕	613.00	600.00	100.00	100.00	1013.00	6

具体操作步骤如下。

（1）创建统计工资对应的矩阵。

```
>> jb=[800;685;685;613;800;613;800;685;613;613;800;685;613;613;685;613]   %基本
工资统计
jb =
   800
   685
   685
   613
   800
   613
   800
   685
   613
   613
   800
   685
   613
   613
   685
   613
>> jj=[700;700;600;600;700;700;700;700;600;600;700;600;600;600;700;600];   %奖金统计
>> zf=[130;100;100;100;130;100;130;100;100;100;130;100;100;100;130;100];   %住房基金统计
>> bx=100*ones(16) ;
>> bx=bx(:,1)                                                              %保险统计
bx =
   100
   100
   100
   100
   100
   100
   100
   100
   100
   100
   100
   100
   100
```

```
           100
           100
           100
           100
>> SF=jb+jj+zf+bx                                         %实发工资结果
SF =
          1730
          1585
          1485
          1413
          1730
          1513
          1730
          1585
          1413
          1413
          1730
          1485
          1413
          1413
          1615
          1413
>> Z=[jb jj zf bx SF]                                     %工资清单统计结果
Z =
           800          700          130          100         1730
           685          700          100          100         1585
           685          600          100          100         1485
           613          600          100          100         1413
           800          700          130          100         1730
           613          700          100          100         1513
           800          700          130          100         1730
           685          700          100          100         1585
           613          600          100          100         1413
           613          600          100          100         1413
           800          700          130          100         1730
           685          600          100          100         1485
           613          600          100          100         1413
           613          600          100          100         1413
           685          700          130          100         1615
           613          600          100          100         1413
```

（2）对工资多少进行排序。

```
>> max(Z)                                                 %求最大值
ans =
           800          700          130          100         1730
>> sort(Z)                                                %从小到大排列工资单
ans =
           613          600          100          100         1413
           613          600          100          100         1413
           613          600          100          100         1413
           613          600          100          100         1413
```

613	600	100	100	1413
613	600	100	100	1413
613	600	100	100	1485
685	600	100	100	1485
685	700	100	100	1513
685	700	100	100	1585
685	700	100	100	1585
685	700	130	100	1615
800	700	130	100	1730
800	700	130	100	1730
800	700	130	100	1730
800	700	130	100	1730

```
>> mad(Z)                                                          %求绝对差分平均值
ans =
   60.5938    50.0000    14.8906         0  114.2031
>> range(Z)                                                        %求工资差
ans =
   187   100    30     0   317
```

（3）求解正交矩阵。

```
>> [U,S,V] = svd (Z)                                               %U、V是正交矩阵
U =
  1 至 6 列
   -0.2799   -0.2975    0.2249   -0.0826    0.8680   -0.0170
   -0.2567    0.2385    0.2597    0.4117   -0.0035   -0.5857
   -0.2401   -0.2349   -0.2503    0.2885   -0.1253    0.2267
   -0.2280    0.0924   -0.2723   -0.0720    0.0421   -0.0313
   -0.2799   -0.2975    0.2249   -0.0826   -0.2179    0.0740
   -0.2446    0.5657    0.2377    0.0512    0.0932    0.6995
   -0.2799   -0.2975    0.2249   -0.0826   -0.2179    0.0810
   -0.2567    0.2385    0.2597    0.4117   -0.0897   -0.1139
   -0.2280    0.0924   -0.2723   -0.0720    0.0414   -0.0637
   -0.2280    0.0924   -0.2723   -0.0720    0.0414   -0.0637
   -0.2799   -0.2975    0.2249   -0.0826   -0.2179    0.0810
   -0.2401   -0.2349   -0.2503    0.2885   -0.1239    0.1230
   -0.2280    0.0924   -0.2723   -0.0720    0.0414   -0.0637
   -0.2280    0.0924   -0.2723   -0.0720    0.0414   -0.0637
   -0.2605    0.2252    0.1897   -0.6584   -0.2144   -0.2190
   -0.2280    0.0924   -0.2723   -0.0720    0.0414   -0.0637
  7 至 12 列
   -0.0318    0.0468   -0.0089   -0.0089   -0.0318    0.0392
    0.0542   -0.5305   -0.0375   -0.0375    0.0542    0.0187
   -0.0720   -0.2199   -0.0240   -0.0240   -0.0720   -0.4698
    0.1147    0.1701   -0.3792   -0.3792    0.1147   -0.1766
   -0.4960   -0.0925   -0.0159   -0.0159   -0.4960   -0.1698
    0.0225   -0.2290   -0.0040   -0.0040    0.0225    0.0662
    0.8202    0.0199    0.0377    0.0377   -0.1798   -0.0228
   -0.0767    0.7595    0.0415    0.0415   -0.0767   -0.0849
    0.0085    0.0099    0.8928   -0.1072    0.0085   -0.0342
    0.0085    0.0099   -0.1072    0.8928    0.0085   -0.0342
   -0.1798    0.0199    0.0377    0.0377    0.8202   -0.0228
```

```
  -0.0852    0.0003   -0.0607   -0.0607   -0.0852    0.8173
   0.0085    0.0099   -0.1072   -0.1072    0.0085   -0.0342
   0.0085    0.0099   -0.1072   -0.1072    0.0085   -0.0342
  -0.1125    0.0059   -0.0505   -0.0505   -0.1125    0.1761
   0.0085    0.0099   -0.1072   -0.1072    0.0085   -0.0342
  13 至 16 列
  -0.0089   -0.0089    0.1259   -0.0089
  -0.0375   -0.0375   -0.0506   -0.0375
  -0.0240   -0.0240    0.6260   -0.0240
  -0.3792   -0.3792   -0.2279   -0.3792
  -0.0159   -0.0159   -0.4384   -0.0159
  -0.0040   -0.0040   -0.0712   -0.0040
   0.0377    0.0377   -0.0932    0.0377
   0.0415    0.0415    0.1218    0.0415
  -0.1072   -0.1072   -0.0995   -0.1072
  -0.1072   -0.1072   -0.0995   -0.1072
   0.0377    0.0377   -0.0932    0.0377
  -0.0607   -0.0607    0.0995   -0.0607
   0.8928   -0.1072   -0.0995   -0.1072
  -0.1072    0.8928   -0.0995   -0.1072
  -0.0505   -0.0505    0.4989   -0.0505
  -0.1072   -0.1072   -0.0995    0.8928
S =
  4.0e+03 *
   7.2766         0         0         0         0
        0    0.1510         0         0         0
        0         0    0.0327         0         0
        0         0         0    0.0302         0
        0         0         0         0    0.0000
        0         0         0         0         0
        0         0         0         0         0
        0         0         0         0         0
        0         0         0         0         0
        0         0         0         0         0
        0         0         0         0         0
        0         0         0         0         0
        0         0         0         0         0
        0         0         0         0         0
        0         0         0         0         0
        0         0         0         0         0
V =
  -0.3770   -0.7035    0.2050    0.3478   -0.4472
  -0.3581    0.6973    0.3618    0.2339   -0.4472
  -0.0605   -0.0841    0.1186   -0.8805   -0.4472
  -0.0548    0.1076   -0.8803    0.1021   -0.4472
  -0.8503    0.0173   -0.1950   -0.1967    0.4472
```

（4）求解上三角矩阵。

```
>> [L,U] = lu(Z)                        % U 为上三角阵。
L =
   4.0000         0         0         0         0
```

0.8563	0.6150	-0.6261	0	0.7090
0.8563	0.0038	-0.6133	4.0000	4.0000
0.7662	0.3888	0.0128	4.0000	0
4.0000	0	0	0	0
0.7662	4.0000	0	0	0
4.0000	0	0	0	0
0.8563	0.6150	-0.6261	0	0.7090
0.7662	0.3888	0.0128	4.0000	0.2687
0.7662	0.3888	0.0128	4.0000	0.2687
4.0000	0	0	0	0
0.8563	0.0038	-0.6133	4.0000	4.0000
0.7662	0.3888	0.0128	4.0000	0.2687
0.7662	0.3888	0.0128	4.0000	0.2687
0.8563	0.6150	4.0000	0	0
0.7662	0.3888	0.0128	4.0000	0.2687

```
U =
  4.0e+03 *
   0.8000    0.7000    0.1300    0.1000    4.7300
        0    0.1636    0.0004    0.0234    0.1874
        0         0    0.0184         0    0.0184
        0         0         0    0.0143    0.0143
        0         0         0         0   -0.0000
```

4.6 课后习题

1. 什么是随机矩阵，每次生成的随机矩阵是否相同？
2. 系数矩阵与伴随矩阵有什么不同？
3. 分别使用一般矩阵函数计算指数函数与对数函数。
4. 矩形的变换包括几种？

5. 创建矩阵 $A = \begin{pmatrix} 5 & 8 & 3 & 4 \\ 6 & 6 & 3 & 1 \\ 0 & 1 & 1 & 0 \\ 8 & 1 & 9 & 3 \end{pmatrix}$，并完成以下操作。

（1）抽取第 2 条对角线上的元素。
（2）进行奇异值分解。
（3）对矩阵进行三角分解。
（4）进行 QR 分解。

6. 对矩阵 $A = \begin{pmatrix} 5 & 8 & 3 & 4 \\ 6 & 6 & 3 & 1 \\ 0 & 1 & 1 & 0 \\ 8 & 1 & 9 & 3 \end{pmatrix}$ 进行三角分解与 QR 分解，并进行以下操作。

（1）对比分解出的上三角矩阵有何不同。
（2）计算正交矩阵与上三角矩阵之和。
（3）通过三角变换得到分解出上三角矩阵。

7. 已知矩阵 $A = \begin{pmatrix} 1 & 2 & 3 & 4 \\ 5 & 6 & 1 & 0 \\ 0 & 1 & 1 & 0 \\ 1 & 1 & 2 & 3 \end{pmatrix}$，$b = \begin{pmatrix} 1 \\ 0 \\ 1 \\ 0 \end{pmatrix}$，求 A^{-1}，并在 A^{-1} 的基础上求矩阵 A 的第 2 列被 b 替换后的逆矩阵。

8. 对矩阵 $A = \begin{pmatrix} 1 & 2 & 3 & 4 \\ 5 & 6 & 7 & 8 \\ 2 & 3 & 4 & 1 \\ 7 & 8 & 5 & 6 \end{pmatrix}$ 进行 LU 分解，使用两种不同的调用方法并比较两者的不同。

第 5 章 程序设计基础

内容指南

MATLAB 提供的特有函数功能可以解决许多复杂的科学计算和工程设计问题，但在很多情况下复杂问题无法利用函数解决，或者解决方法过于烦琐，因此需要编写专门的程序。本节以 M 文件为基础，详细介绍程序的基本编写流程。

知识重点

📖 M 文件

📖 MATLAB 程序设计

📖 函数句柄

5.1 M 文件

使用 MATLAB 语言编写的程序称为 M 文件。M 文件是一个文本文件，可以用任何编辑程序来建立和编辑。默认情况下，我们使用 MATLAB 提供的文本编辑器打开进行编辑。

M 文件因其扩展名为 m 而得名，它是一个标准的文本文件，因此可以在任何文本编辑器中进行编辑、存储、修改和读取。M 文件的语法类似于一般的高级语言，是一种程序化的编程语言，但它又比一般的高级语言简单，且程序容易调试、交互性强。MATLAB 在初次运行 M 文件时会将其代码装入内存，再次运行该文件时会直接从内存中取出代码运行，因此会大大加快程序的运行速度。

在实际应用中，直接在 MATLAB 工作空间的命令窗口中输入简单的命令并不能够满足用户的所有需求，因此 MATLAB 提供了另一种强大的工作方式，即利用 M 文件编程。本节主要介绍这种工作方式。

M 文件有两种形式：一种是命令文件（也叫脚本文件 script）；另一种是函数文件（function）。下面分别介绍这两种形式。

5.1.1 命令文件

在实际应用中，如果要输入较多的命令，且需要经常重复输入时，就可以利用 M 文件来实现。需要运行这些命令时，只需在命令窗口中输入 M 文件的文件名即可，系统会自动逐行运行 M 文件中的命令。

M 文件可以在任何文本编辑器中进行编辑，MATLAB 也提供了相应的 M 文件编辑器。

1．进入脚本文件编辑环境

可以在工作空间的命令窗口中输入 edit 命令直接进入 M 文件编辑器，也可以在"主页"选项卡下单击"新建脚本"按钮📄，或按 Ctrl+N 组合键打开 M 文件编辑器，并将其保存为"new.m"，如图 5-1 所示。其中，该文件必须保存在默认路径下，否则无法调用。

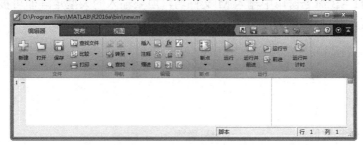

图 5-1　M 文件编辑环境

需要说明的是：M 文件中的符号"%"用来对程序进行注释，而在实际运行时并不执行，这相当于 Basic 语言中的"\"或 C 语言中的"/*"和"*/"。编辑完文件后，一定要将其存在当前工作路径下，系统默认路径为"matlab\work"。

2．创建脚本文件

（1）当矩阵的规模比较大时，直接输入法就显得笨拙，出差错也不易修改。为了解决这些问题，可以将所要输入的矩阵按格式先写入文本文件中，并将此文件以 m 为其扩展名，即 M 文件。

（2）用命令式 M 文件的简单形式来创建大型矩阵。编制一个名为 new.m 的 M 文件。在 M 文件编辑器中输入程序，创建简单矩阵。

```
a=[1 2 3;1 1 1;4 5 6]
```

结果如图 5-2 所示。

图 5-2　输入程序

M 文件中的变量名与文件名不能相同，否则会造成变量名和函数名的混乱。

3．调用文件

命令文件中的语句可以直接访问 MATLAB 工作空间（Workspace）中的所有变量，且在运行过程中所产生的变量均是全局变量。

提示：需要调用的 M 文件必须与正在运行的文件在相同的目录文件夹下，否则无法调用。

（1）首先定义变量 a 的值。

```
>> a=1
a =

     1
```

在工作区显示变量值 ⊞ a   1   。

（2）在 MATLAB 命令窗口中输入 M 文件名，所要输入的大型矩阵即可被输入到内存中。返回 MATLAB 命令窗口，输入文件名，得到下面的结果。

```
>> new
a =

     1     2     3
     1     1     1
     4     5     6
```

在工作区显示变量值 ⊞ a   [1,2,3;1,1,1;4,5,6] 。

（3）这些变量一旦生成，就一直保存在内存中，用 clear 命令可以将它们清除。

```
>> a
a =

     1     2     3
     1     1     1
     4     5     6
```

变量值为 M 文件赋值，变为全局变量。

知识拓展：全局变量作用于整个 MATLAB 工作空间，即全程有效，所有的函数都可以对它进行存取和修改，因此，定义全局变量是函数间传递信息的一种手段。

5.1.2　课堂练习——创建电机数据

表 5-1 中显示 J02 系列电机数据，利用 M 文件将其保存到文件中。

创建电机数据

表 5-1　　　　　　　　　　　　　　　J02 系列电机数据

型号	功率（kW）	外径（mm）	内径（mm）	长度（mm）	定/转	形式	线径（mm）	接法	匝数	跨距	用线（kg）
11	0.8	120	67	65	24/20	同心	0.67	1Y	91	1-12，2-11	1.63
12	1.1	120	67	85	24/20	同心	0.77	1Y	72	1-12，2-11	1.79
31	3	167	94	95	24/20	同心	1.12	1Y	41	1-12，2-11	2.84
32	4	167	94	125	24/20	同心	0.96	1Y	56	1-12，2-11	3.05
41	5.5	210	114	110	24/20	同心	2×0.93	1Y	53	1-12，2-11	5.81
42	7.5	210	114	135	24/20	同心	2×1.08	1△	43	1-12，2-11	6.87
51	10	245	136	120	24/20	同心	2×1.35	1△	40	1-12，2-11	10.5
52	13	245	136	160	24/20	同心	1.16+2×1.25	1△	32	1-12，2-11	11.3
61	17	280	155	155	30/22	双叠	1.45	2△	25	1~11	9.7

续表

型号	功率 （kW）	外径 （mm）	内径 （mm）	长度 （mm）	定/转	形式	线径 （mm）	接法	匝数	跨距	用线 （kg）
71	22	327	182	155	36/28	双叠	4×1.35	1△	10	1~13	18.6
72	30	327	182	200	36/28	双叠	2×1.56+2×1.62	1△	8	1~13	22
82	40	368	210	240	36/28	双叠	3×1.45	2△	13	1~13	26.5
91	55	423	245	260	42/34	双叠	4×1.56	2△	10	1~15	39.3
92	75	423	245	300	42/34	双叠	5×1.56	2△	8	1~15	43.5
93	100	423	245	365	42/34	双叠	3×1.56+4×1.5	2△	6	1~15	49.7
21	1.5	145	82	75	18/16	交叉	0.83	1Y	80	1-8, 1-9	1.8
21	1.5	145	80	80	18/16	交叉	0.83	1Y	76	1-8, 1-9	1.77
22	2.2	145	82	100	18/16	交叉	0.93	1Y	60	1-8, 1-9	1.88
22	2.2	145	80	100	18/16	交叉	0.93	1Y	59	1-8, 1-9	1.89

操作提示。

（1）打开 M 文件编辑环境，创建文件"J02.m"。

（2）在 M 文件中输入型号、功率、外径、内径、长度、定/转、线径、接法、匝数、跨距和用线的数据，并将该文件保存在系统默认目录下。

（3）输入 M 文件名 J02，将数据导入到命令窗口内存中，方便后面使用。

5.1.3　函数文件

函数文件的第一行一般都以 function 开始，它是函数文件的标志。它是为了实现某种特定功能而编写的。

1．进入函数文件编辑环境

在"主页"选项卡下的"新建"按钮下拉菜单中选择"函数"命令，或按 Ctrl+N 组合键，打开函数文件编辑器，如图 5-3 所示。该文件必须保存在默认路径下，否则无法调用。

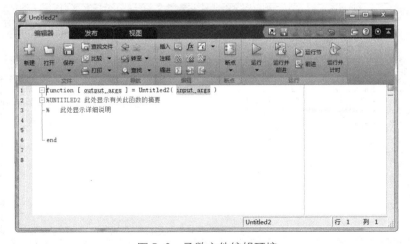

图 5-3　函数文件编辑环境

编辑完文件后，一定要将其存在当前工作路径下，系统默认路径为"matlab\bin"。

2. 创建函数文件

MATLAB 工具箱中的各种命令实际上都是函数文件，由此可见函数文件在实际应用中的作用。

函数文件由 function 语句引导，其基本结构形式为

```
Function 输出形参表=函数名()
注释说明部分
函数体语句
```

其中，以 function 开头的一行为引导行，表示该 M 文件是一个函数文件。函数名的命名规则与变量相同。输入形参为 ihanshu 的输入参数，输出形参为函数的输出参数，当输出形参多于一个时，则应该用方括号起来。

function [y]=jubu(x)

函数文件与命令文件的主要区别如下。

- 函数文件一般都要带有参数，都要有返回值（有一些函数文件不带参数和返回值），而且函数文件要定义函数名。
- 命令文件一般不需要带参数和返回值（有的命令文件也带参数和返回值），且其中的变量在执行后仍会保存在内存中，直到被 clear 命令清除，而函数文件的变量仅在函数的运行期间有效，一旦函数运行完毕，其所定义的一切变量都会被系统自动清除。

在编写函数文件时要养成写注释的习惯，这样可以使程序逻辑更加清晰，同时也对后面的维护起向导作用。利用 help 命令可以查到关于函数的一些注释信息。

```
% 该程序用于检验函数式 M 文件中变量的存储
% 验证变量是全局还是局部
```

在编辑函数文件时，MATLAB 也允许对函数进行嵌套调用和递归调用。

```
y=x*2;
```

将 M 文件保存为"jubu.m"，函数文件编辑结果如图 5-4 所示。

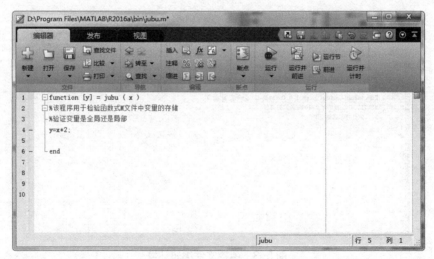

图 5-4 函数输入

函数文件名通常由函数名再加上扩展名.m 组成，不过函数名与函数名也可以不尽相同。当两者不同时，MATLAB 将忽略函数名而确认函数文件名，因此，调用时使用函数文件名。但最好把文件名和函数名统一，以免出错。

3. 验证变量

首先为 M 文件使用的变量输入初始值。

```
>> y=10
y =
    10
```

工作区中显示变量值，如图 5-5 所示。

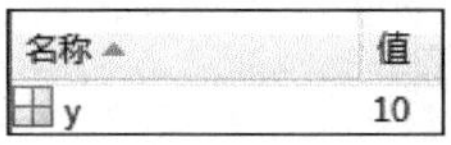

被调用的函数必须为已经存在的函数，这包括 MATLAB 的内部函数以及用户自己编写的函数。

名称 ▲	值
y	10

图 5-5　工作区变量

```
>> x=2;
>> jubu(x)
ans =
    4
```

M 文件的文件名或 M 函数的函数名应尽量避免与 MATLAB 的内置函数和工具箱中的函数重名，否则可能会在程序执行中出现错误；M 函数的文件名必须与函数名一致。

```
>> y
y =
    10
```

变量 y 的值是在工作区定义的值，因此函数 M 文件中的变量值为局部变量。

在 MATLAB 中，函数文件中的变量是局部的，与其他函数文件及 MATLAB 工作空间相互隔离，即在一个函数文件中定义的变量不能被另一个函数文件引用。如果在函数中将某一变量定义为全局变量，那么所有函数将公用这一个变量。

5.1.4　操作实例

例 1：编写矩阵的加法文件。

（1）在工作空间的命令窗口中输入 edit 直接进入 M 文件编辑器，并将其保存为 "jiafa.m"。在 M 文件编辑器中输入程序，创建简单矩阵及加法运算。

```
A=[1 5 6;34 -45 7;8 7 90];
B=[1 -2 6;2 8 74;9 3 60];
C=A+B;
```

结果如图 5-6 所示。

（2）在 MATLAB 命令窗中输入文件名，得到下面的结果。

例 1

```
>> jiafa
C =
     2     3    12
    36   -37    81
    17    10   150
```

在工作区显示变量值，如图 5-7 所示。

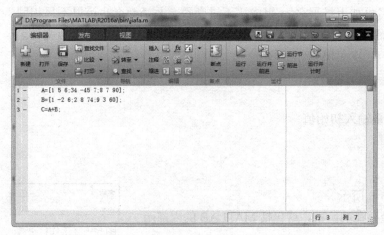

图 5-6 输入程序

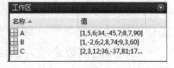

图 5-7 工作区变量

例 2：编写矩阵的重组文件。

（1）在工作空间的命令窗口中输入 edit 直接进入 M 文件编辑器，并将其保存为"chongzu.m"。

在 M 文件编辑器中输入程序，创建两个简单矩阵。

```
A=[1 5 6;34 -45 7;8 7 90];
B=[1 -2 6;2 8 74;9 3 60];
C=(1,1:3);
B(2,:)=C[];
```

结果如图 5-8 所示。

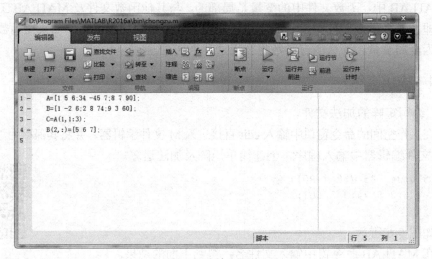

图 5-8 输入程序

（2）在 MATLAB 命令窗口中输入文件名，得到下面的结果。

```
>> chongzu
>> A
A =
    1    5    6
```

```
        34    -45     7
         8      7    90
>> B
B =
         1     -2      6
         5      6      7
         9      3     60
>> C
C =
         1      5      6
```

图 5-9　工作区变量

在工作区显示变量值，如图 5-9 所示。

例 3：编写复数的加法函数。

（1）在"主页"选项卡下的"新建"按钮 下拉菜单中选择"函数"命令，或按 Ctrl+N 组合键，打开函数文件编辑器，并将其保存为"fushu.m"。在 M 文件编辑器中输入程序，创建两个简单矩阵。

```
function [ c,d ] = fushu( a,b )
%输入两个复数
%验证复数的加法是否遵循交换律
c=a+b;
d=b+a;
c,d
end
```

结果如图 5-10 所示。

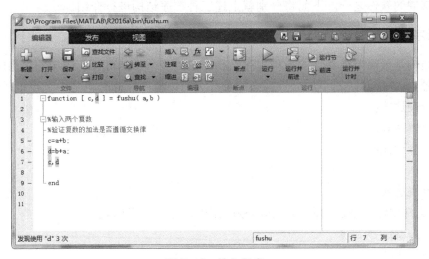

图 5-10　输入程序

（2）在 MATLAB 命令窗口中输入变量值，再输入文件名，得到下面的结果。

```
>> fushu(a,b)
c =
   4.0000 - 2.0000i
d =
   4.0000 - 2.0000i
```

```
ans =
    4.0000 - 2.0000i
```

5.1.5 课堂练习——求解函数表达式

求解函数表达式

当 a 取-3、5、8、9、45 时，求 $y = \mathrm{e}^{-0.5a} \sin(a + 0.5)$ 在各点的函数值。

操作提示。

（1）创建 M 函数文件。

（2）确定函数变量。

（3）编写函数表达式。

（4）调用函数，设定不同的初始值。

5.2 MATLAB 程序设计

程序设计是以 M 文件为基础的，同时要想编好 M 文件就必须要学好 MATLAB 程序设计。本节着重讲解 MATLAB 中的程序结构及相应的流程控制。

5.2.1 程序结构

对于一般的程序设计语言来说，程序结构大致可分为顺序结构、循环结构与分支结构三种，MATLAB 程序设计语言也不例外。但是，MATLAB 语言要比其他程序设计语言简单易学，因为它的语法不像 C 语言那样复杂，并且具有强大的工具箱，使得它成为科研工作者及学生最易掌握的软件之一。下面将分别就上述三种程序结构进行介绍。

1. 顺序结构

顺序结构是最简单最易学的一种程序结构，它由多个 MATLAB 语句顺序构成，各语句之间用分号"；"隔开，若不加分号则必须分行编写，程序执行时也是由上至下顺序进行的。

变量＝表达式；

变量＝表达式；

变量＝表达式；

……

变量＝表达式；

在 M 文件中输入下面的内容，利用顺序结构计算矩阵表达式。

```
A=[1 2;3 4];
B=[5 6;7 8];
A,B
C=A*B;
D=A^3+B^2;
C,D
```

在命令窗口中输入 M 文件名称，运行结果为

```
A =
    1    2
    3    4
```

```
B =
     5      6
     7      8
C =
    19     22
    43     50
D =
   104    132
   172    224
```

2．循环结构

在利用 MATLAB 进行数值实验或工程计算时，用得最多的是循环结构。在循环结构中，被重复执行的语句组称为循环体，常用的循环结构有两种：for-end 循环与 while-end 循环。下面分别简要介绍相应的用法。

（1）for-end 循环

在 for-end 循环中，循环次数一般情况下是已知的，除非用其他语句提前终止循环。这种循环以 for 开头，以 end 结束，其一般形式为

```
for   变量=表达式
      可执行语句 1
         …
      可执行语句 n
end
```

其中，表达式通常为形如 m:s:n（s 的默认值为 1）的向量，即变量的取值从 m 开始，以间隔 s，一直递增到 n，变量每取一次值，循环便执行一次。

在 M 文件中利用 for 循环输入以下内容，实现对矩阵 *A* 的转置操作。

```
A=[1 2 3;4 5 6];
k=1;
for i=A
    B(k,:)=i';
    k=k+1;
end
B
```

在命令窗口中输入 M 文件名称，运行结果为

```
B =
     1      4
     2      5
     3      6
```

在命令窗口中显示的结果 B 即矩阵 *A* 的转置矩阵。

（2）while-end 循环

若我们不知道所需要的循环到底要执行多少次，那么就可以选择 while-end 循环，这种循环以 while 开头，以 end 结束，其一般形式为

```
while   表达式
        可执行语句 1
           …
```

```
            可执行语句 n
        end
```

其中，表达式即循环控制语句，它一般是由逻辑运算或关系运算及一般运算组成的表达式。若表达式的值非零，则执行一次循环，否则停止循环。这种循环方式在编写某一数值算法时用得非常多。一般来说，能用 for-end 循环实现的程序也能用 while-end 循环实现。

利用 while-end 循环在 M 文件中编写阶乘的计算公式。

```
i=2;
s=1;
while i<=10
    s=s*i;
    i=i+1;
end
s
```

在命令窗口中输入 M 文件名称，运行结果为

```
s =
    3628800
```

3. 分支结构

这种程序结构也叫选择结构，即根据表达式值的情况来选择执行哪些语句。在编写较复杂的算法时一般都会用到此结构。MATLAB 编程语言提供了三种分支结构：if-else-end 结构、switch-case-end 结构和 try-catch-end 结构。其中较常用的是前两种。下面我们分别来介绍这三种结构的用法。

（1）if-else-end 结构

这种结构也是复杂结构中最常用的一种分支结构，它有以下 3 种形式。

```
① if      表达式
        语句组
    end
```

说明：若表达式的值非零，则执行 if 与 end 之间的语句组，否则直接执行 end 后面的语句。

```
② if      表达式
        语句组 1
    else
        语句组 2
    end
```

说明：若表达式的值非零，则执行语句组 1，否则执行语句组 2。

```
③ if          表达式 1
        语句组 1
    elseif    表达式 2
            语句组 2
    elseif    表达式 3
            语句组 3
            …
    else
            语句组 n
    end
```

说明：程序执行时先判断表达式 1 的值，若非零则执行语句组 1，然后执行 end 后面的语句，否则判断表达式 2 的值，若非零则执行语句组 2，然后执行 end 后面的语句，否则继续上面的过程。如果所有的表达式都不成立，则执行 else 与 end 之间的语句组 n。

（2）switch-case-end 结构

一般来说，这种分支结构也可以由 if-else-end 结构实现，但会使程序变得更加复杂且不易维护。switch-case-end 分支结构一目了然，而且更便于后期维护，这种结构的形式为

```
switch      变量或表达式
case        常量表达式 1
            语句组 1
case        常量表达式 2
            语句组 2
            …
case        常量表达式 n
            语句组 n
otherwise
            语句组 n+1
end
```

其中，switch 后面的表达式可以是任何类型的变量或表达式，如变量或表达式的值与其后某个 case 后的常量表达式的值相等，就执行这个 case 和下一个 case 之间的语句组，否则就执行 otherwise 后面的语句组 n+1，执行完一个语句组程序便退出该分支结构执行 end 后面的语句。

（3）try-catch-end 结构

有些 MATLAB 参考书中没有提到这种结构，因为上述两种分支结构足以处理实际中的各种情况了。但是这种结构在程序调试时很有用，因此在这里我们简单介绍一下这种分支结构，它的一般形式为

```
try
    语句组 1
catch
    语句组 2
end
```

在程序不出错的情况下，这种结构只有语句组 1 被执行；若程序出现错误，那么错误信息将被捕获，并存放在 lasterr 变量中，然后执行语句组 2，若在执行语句组时，程序又出现错误，那么程序将自动终止，除非相应的错误信息被另一个 try-catch-end 结构所捕获。

5.2.2　操作实例

例 1：编写一个求分段函数 $f(x) = \begin{cases} 3x+2 & x<-1 \\ x & -1 \leqslant x \leqslant 1 \\ 2x+3 & x>1 \end{cases}$ 的程序，并用它

来求 $f(0)$ 的值。

（1）创建函数文件。

```
function y=f(x)
%此函数用来求分段函数 f(x) 的值
%当 x<-1 时,f(x)=3x+2;
```

例 1

```
% 当-1<=x<=1 时, f(x)=x;
% 当 x>1 时, f(x)=2x+3;
    if x<-1
        y=3*x+2;
    elseif -1<=x<=1
        y=x;
    else
        y=2*x+3;
    end
```

（2）求 $f(0)$。

```
>> y=f(0)
y =
    0
```

知识拓展：对于自变量 x 的不同取值范围，有着不同的对应法则，这样的函数通常叫作分段函数。虽然分段函数有几个表达式，但它是一个函数，而不是几个函数。

例 2：编写一个学生成绩评定函数。

若该生考试成绩在 85～100 分，则评定为"优秀"；若在 70～84 分，则评定为"良好"；若在 60～69 分，则评定为"及格"；若在 60 分以下，则评定为"不及格"。

例 2

（1）创建函数文件。

```
function grade_assess(Name,Score)
% 此函数用来评定学生的成绩
% Name,Score 为参数，需要用户输入
% Name 中的元素为学生姓名
% Score 中元素为学分数
% 统计学生人数
n=length(Name);
% 将分数区间划开: 优（85~100），良（70~84），及格（60~70），不及格（60 以下）
for i=0:15
    A_level{i+1}=85+i;
    if i<=14
        B_level{i+1}=70+i;
        if i<=9
            C_level{i+1}=60+i;
        end
    end
end
% 创建存储成绩等级的数组
Level=cell(1,n);
% 创建结构体 S
S=struct('Name',Name,'Score',Score,'Level',Level);
% 根据学生成绩，给出相应的等级
for i=1:n
    switch S(i).Score
        case A_level
            S(i).Level='优';        % 分数在 85~100 为"优"
        case B_level
```

```
            S(i).Level='良';        %分数在 70~84 为"良"
        case C_level
            S(i).Level='及格';       %分数在 60~69 为"及格"
        otherwise
            S(i).Level='不及格';     %分数在 60 以下为"不及格"
    end
end
% 显示所有学生的成绩等级评定
disp(['学生姓名',blanks(4),'得分',blanks(4),'等级']);
for i=1:n
    disp([S(i).Name,blanks(8),num2str(S(i).Score),blanks(6),S(i).Level]);
end
```

（2）构造一个姓名名单以及相应的分数，查看运行结果。

```
>> Name={'赵一','章二','郑三','孙四','周五','钱六'};
>> Score={90,48,82,99,65,100};
>> grade_assess(Name,Score)
学生姓名     得分      等级
赵一         90       优
章二         48       不及格
郑三         82       良
孙四         99       优
周五         65       及格
钱六         100      优
```

例 3：利用 try-catch-end 结构调试 10!。

（1）编写函数文件 jiecheng。

```
function jiecheng
% 该程序段用来检查while循环结构中的程序是否有问题
try
    i=2;
    s=1;
    while i<=10
        s=s*i;
        i=i+1;
    end
    disp('10 的阶乘为: ');
    S                           %正确程序这里是小写的s，在这里改成大写的
catch
    disp('程序有错误! ')
    disp('');
    disp('错误为: ');
    lasterr
end
```

例 3

（2）调用函数，查看运行结果如下。

```
>> jiecheng
10 的阶乘为:
程序有错误!

错误为:
ans =
Undefined function or variable "S".
```

> **注意**: try-catch-end 结构的运行顺序介绍如下。
> - 逐行运行 try 和 catch 之间的语句。
> - 当运行到第八行时出现错误，即 'S' 没有定义，系统将这一错误信息捕获并将其保存到变量 lasterr 中。
> - 执行 catch 与 end 之间的程序行。

5.2.3 程序的注解

为了方便理解，在利用 MATLAB 编写程序时可以使用一些命令为运行结果添加注释或图形，协调程序的运行，这样程序不再是杂乱无章的，常用的注解命令有 disp 命令、input 命令、keyboard 命令以及 menu 命令等。下面主要介绍一下它们的用法及作用。

1. disp 命令

该命令用来展示变量的内容，可以是数值、字符串或表达式，可以输出几乎所有类型的变量。它的使用格式如下。

disp(X)：在屏幕上显示任何输入的变量。

```
>> disp(5)
     5
>> disp(1:10)
 1 至 9 列
     1     2     3     4     5     6     7     8     9
 10 列
    10
>> A=[1 2 3;4 5 6]
A =
     1     2     3
     4     5     6
>> disp(A)
     1     2     3
     4     5     6
>> disp('MATLAB 2016a')
MATLAB 2016a
```

2. input 命令

该命令用来提示用户从键盘输入数值、字符串或表达式，并将相应的值赋给指定的变量。它的使用格式见表 5-2。

表 5-2   input 调用格式

调用格式	说　　明
s=input('message')	在屏幕上显示提示信息"message"，待用户输入信息后，将相应的值赋给变量 s，若无输入则返回空矩阵
s=input('message','s')	在屏幕上显示提示信息"message"，并将用户的输入信息以字符串的形式赋给变量 s，若无输入则返回空矩阵

3. keyboard 命令

该命令是一个键盘调用命令，即当在一个 M 文件中运行该命令后，该文件将停止执行并将"控制权"交给键盘，产生一个以 K 开头的提示符（K>>），用户可以通过键盘输入各种 MATLAB 的合法命令。只有当输入 return 命令时，程序才将"控制权"交给原 M 文件。

4. menu 命令

该命令用来产生一个菜单供用户选择，它的使用格式为

```
k=menu('mtitle','opt1','opt2',…,'optn')
```

产生一个标题为"mtitle"的菜单，菜单选项为"opt1"到"optn"。若用户选择第 i 个选项"opti"，则 k 的值取 1。

5.2.4　操作实例

例 1：求两个数或矩阵之和。

（1）创建函数文件。

```
function c=sum_ab
% 此函数用来求两个数或矩阵之和
a=input('请输入 a\n');
b=input('请输入 b\n');
[ma,na]=size(a);
[mb,nb]=size(b);
if ma~=mb|na~=nb
    error('a 与 b 维数不一致！');
else
    c=a+b;
end
```

例1

（2）调用函数。

```
>> c=sum_ab
请输入 a
[4 5;3 4]          %用户输入
请输入 b
[1 2;2 3]          %用户输入
c =
     5     7
     5     7
```

😀😀小技巧

在"message"中可以出现一个或若干个"\n"，表示在输入的提示信息后有一个或若干个换行。若想在提示信息中出现"\"，输入"\\"即可。

例 2：keyboard 命令应用修改数值。

```
>> a=[1 3]
a =
     1     3
```

例2

```
>> keyboard
K>> a=[3 4];        %在 K 提示符下修改 a
K>> return          %返回原命令窗口
>> a                %查看 a 的值是否被修改
a =
     3     4
```

例 3：对话框的显示。

（1）创建函数文件。

```
k=menu('下面哪个选项不是牡丹花的种类? ','姚黄','墨紫','珊瑚台','勿忘我'');
while k~=4
    disp('很遗憾您答错了!请再好好想一想! ');
    k=menu('下面哪个选项不是牡丹花的种类? ','姚黄','墨紫','珊瑚台','勿忘我'');
end
if k==4
    disp('恭喜您答对了! ');
end
```

（2）调用函数。

```
>> mudan   %此时会在屏幕的左上角出现如图 5-11 所示的菜单窗口
```

图 5-11　菜单

```
很遗憾您答错了!请再好好想一想!      %若用户选的不是"勿忘我"
恭喜您答对了!                       %选的是"勿忘我"
```

5.2.5　程序的信息诊断

在利用 MATLAB 编程解决实际问题时，使用 break 命令、pause 命令、continue 命令、return 命令、echo 命令、error 命令与 warning 命令等可以实现程序流程控制命令。程序流程控制包括在程序运行过程中显示必要的出错或警告信息、显示批处理文件的执行过程等，提前终止 for 与 while 等循环结构。满足这些特殊要求，即可完成程序的信息诊断。

1．break 命令

该命令一般用来终止 for 或 while 循环，通常与 if 条件语句一起使用，如果条件满足则利用 break 命令将循环终止。在多层循环嵌套中，break 只终止最内层的循环。

在 M 文件中直接输入数值的循环程序。

```
s=1;
for i=1:100
    i=s+i;
```

```
        if i>50
            disp('i已经大于50,终止循环! ');
            break;
        end
    end
end
i
```

在命令行窗口中输入 M 文件名称 xunhuan50，运行结果显示如下。

```
>> xunhuan50
i已经大于50,
i已经大于50,
i已经大于50,
i已经大于50,
i已经大于50,
i已经大于50,
i已经大于50,
i已经大于50,
i已经大于50,
i已经大于50,
i已经大于50,
i已经大于50,
i已经大于50,
i已经大于50,
i已经大于50,
i已经大于50,
i已经大于50,
i已经大于50,
i已经大于50,
i已经大于50,
i已经大于50,
i已经大于50,
i已经大于50,
i已经大于50,
i已经大于50,
i已经大于50,
i已经大于50,
i已经大于50,
i已经大于50,
i已经大于50,
i已经大于50,
i已经大于50,
i已经大于50,
i已经大于50,
i已经大于50,
i已经大于50,
i已经大于50,
i已经大于50,
i已经大于50,
i已经大于50,
i已经大于50,
```

```
i 已经大于 50,
i 已经大于 50,
i 已经大于 50,
i 已经大于 50,
i 已经大于 50,
i 已经大于 50,
i 已经大于 50,
i 已经大于 50,
i 已经大于 50,
i =
    101
```

在 M 文件中加上 break 命令，即输入下面的内容。

```
s=1;
for i=1:100
    i=s+i;
    if i>50
        disp('i 已经大于 50,终止循环! ');
        break;
    end
end
i
```

运行结果。

```
>> example5_2_5_1
i 已经大于 50,终止循环!
i =
    51
```

2. pause 命令

该命令用来使程序暂停运行，然后根据用户的设定来选择何时继续运行。该命令大多数用在程序的调试中，其调用格式见表 5-3。

表 5-3   pause 调用格式

调用格式	说　明
pause	暂停执行 M 文件，当用户按下任意键后继续执行
pause(n)	暂停执行 M 文件，n 秒后继续
pause on	允许其后的暂停命令起作用
pause off	不允许其后的暂停命令起作用

建立 M 文件，程序如下。

```
i=2;
s=1;
while i<=10
    s=s*i;
    if i==5
        s
        pause;        %在 i=5 处设置了一个暂停命令，此时求得 4 的阶乘。显然应该为 120，若 s 的
                        值为 120，说明程序没有问题。
```

```
    end
    i=i+1;
end
s
```

运行结果。

```
>> example5_2_5_2
s =
    120              %结果和实际一致，说明程序没问题
```

此时按任意键程序运行结果如下。

```
10 的阶乘为：
s =
    3628800          %用户按下任意键后程序继续运行，将得出 10 的阶乘的结果。
```

3．continue 命令

该命令通常用在 for 或 while 循环结构中，并与 if 一起使用，其作用是结束本次循环，即跳过其后的循环语句而直接进行下一次是否执行循环的判断。

编写 M 文件如下。

```
s=1;
for i=1:4
    if i==4
```

添加 continue 命令。

```
continue;        %若没有这个语句则该程序求的是 4!，加上该语句就变成了求 3!
```

结束操作，确定输出参数。

```
end
s=s*i;          %当 i=4 时该语句得不到执行
end
s                %显示 s 的值，应当为 3!
i
```

验证运行结果。

```
>> example2_6_7
s =
    6
i =
    4
```

4．return 命令

该命令使正在运行的函数正常结束并返回到调用它的函数或命令窗口。

5．echo 命令

该命令用来控制 M 文件在执行过程中显示与否，它通常用在对程序的调试与演示中，echo 命令调用格式见表 5-4。

表 5-4　　　　　　　　　　　　　　　echo 调用格式

调用格式	说　　明
echo on	显示 M 文件执行过程
echo off	不显示 M 文件执行过程
echo	在上面两个命令间切换
echo FileName on	显示名为 FileName 的函数文件的执行过程
echo FileName off	关闭名为 FileName 的函数文件的执行过程
echo FileName	在上面两个命令间切换
echo on all	显示所有函数文件的执行过程
echo off all	关闭所有函数文件的执行过程

> **注意：** 上面命令中涉及的函数文件必须是当前内存中的函数文件，对于那些不在内存中的函数文件，上述命令将不起作用。实际操作时可以利用 inmem 命令来查看当前内存中有哪些函数文件。

6．warning 命令

该命令用于在程序运行时给出必要的警告信息，这在实际应用中是非常有必要的。在实际应用中，因为一些人为因素或其他不可预知的因素可能会使某些数据输入有误，如果用户在编程时能够考虑到这些因素，并设置相应的警告信息，那么就可以大大降低由数据输入有误而导致程序运行失败的可能性。

warning 命令常用的使用格式见表 5-5。

表 5-5　　　　　　　　　　　　　　　warning 调用格式

调用格式	说　　明
warning('message')	显示警告信息"message"，其中"message"为文本信息
warning('message',a1,a2,…)	显示警告信息"message"，其中"message"包含转义字符，且每个转义字符的值将被转化为 a1，a2，…的值
warning on	显示其后所有 warning 命令的警告信息
warning off	不显示其后所有 warning 命令的警告信息
warning debug	当遇到一个警告时，启动调试程序

事实上，这个命令在例 2-85 中已经用到了，下面再举一个含有转义字符的例子。

7．error 命令

该命令用来显示错误信息，同时返回键盘控制。它的调用格式见表 5-6。

表 5-6　　　　　　　　　　　　　　　error 调用格式

调用格式	说　　明
error('message')	终止程序并显示错误信息"message"
error('message',a1,a2,…)	终止程序并显示错误信息"message"，其中"message"包含转义字符，且每个转义字符的值将被转化为 a1，a2，…的值

这个命令的用法与 warning 命令非常相似，读者可以试着将上例中函数中的"warning"改为"error"并运行，对比一下两者的不同。

初学者可能会对 break、continue、return、warning、error 几个命令产生混淆，为此，我们在表 5-7 中列举了它们各自的特点来帮助读者理解它们的区别。

表 5-7   五种命令的区别

命　　令	特　　点
break	执行此命令后，程序立即退出最内层的循环，进入外层循环
continue	执行此命令后，程序立即进入一次循环而不执行其中的语句
return	该命令可用在任意位置，执行后立即返回调用函数或命令窗口
warning	该命令可用在任意位置，但不影响程序的正常运行
error	该命令可用在任意位置，执行后立即终止程序的运行

5.2.6　操作实例

例 1：计算平方根函数。

（1）编写 pingfanggen.m 文件如下。

```
a=input('请输入一个数值');
i=1;
a=a+i;
if a>0
    disp(realsqrt(a));
else
    disp('a是负数,报错');
end
```

例1

（2）输入 M 文件名称。

```
>> pingfanggen
```

（3）运行结果如下。

```
请输入一个数值
```

（4）输入数值 a。

```
请输入一个数值6
    2.6458
>> pingfanggen
请输入一个数值-1
a是负数，报错
```

例 2：编写一个求两矩阵之和的程序。

（1）使用 return 命令。

① 编写 sumAB.m 文件如下。

```
function C=sumAB(A,B)
% 此函数用来求矩阵A、B之和
[m1,n1]=size(A);
[m2,n2]=size(B);
%若A、B中有一个为空矩阵或两者维数不一致则返回空矩阵，并给出警告信息
```

例2

```
if isempty(A)
    warning('A 为空矩阵! ');
    C=[];
    return;
elseif isempty(B)
    warning('A 为空矩阵! ');
    C=[];
    return;
elseif m1~=m2|n1~=n2
    warning('两个矩阵维数不一致! ');
    C=[];
    return;
else
    for i=1:m1
        for j=1:n1
            C(i,j)=A(i,j)+B(i,j);
        end
    end
end
end
```

② 选取两个矩阵 A、B，运行结果如下。

```
>> A=[];
>> B=[3 4];
>> C=sumAB(A,B)
Warning: A 为空矩阵!
> In sumAB at 9
C =
    []
```

上面命令中涉及的函数文件必须是当前内存中的函数文件，对于那些不在内存中的函数文件，上述命令将不起作用。实际操作时可以利用 inmem 命令来查看当前内存中有哪些函数文件。

（2）使用 inmem 命令。

```
>> inmem             %查看当前内存中的函数
ans =
    'matlabrc'
    'hgrc'
    'sumAB'          %发现有上面的函数文件，若没有发现则运行一次 sumAB 函数即可
    'imformats
>> A=[];
>> B=[3 4];
>> C=sumAB(A,B)
% 此函数用来求矩阵 A、B 之和
[m1,n1]=size(A);
[m2,n2]=size(B);
%若 A、B 中有一个为空矩阵或两者维数不一致则返回空矩阵，并给出警告信息
if isempty(A)
    warning('A 为空矩阵! ');
Warning: A 为空矩阵!
>> In sumAB at 9
```

```
        C=[];
        return;
C =
        []
```

例 3：编写一个求 y=log$_5$x 的函数。

（1）创建函数文件。

例 3

```
function y=log_5(x)
% 该函数用来求以 5 为底的 x 的对数

a1='负数';
a2=0;
if x<0
    y=[];
    warning('x 的值不能为%s! ',a1);
    return;
elseif x==0
    y=[];
    warning('x 的值不能为%d! ',a2);
    return;
else
    y=log(x)\log(5);
end
```

（2）调用函数。

```
>> y=log_5(-1)
警告：x 的值不能为负数！
> In log_5 (line 8)
y =
        []
>>  y=log_5(0)
警告：x 的值不能为 0！
> In log_5 (line 12)
y =
        []
>> y=log_5(4)
y =
    1.1610
```

5.2.7　程序调试

如果 MATLAB 程序出现运行错误或者输出结果与预期结果不一致，那么我们就需要对所编的程序进行调试。最常用的调试方式有两种：一种是根据程序运行时系统给出的错误信息或警告信息进行相应的修改；另一种是通过用户设置断点来对程序进行调试。

1. 设置断点

设置断点有三种方法：最简单的方法是在 M 文件编辑器中，将光标放在某一行，然后按 F12 键，便会在这一行设置一个断点；第二种方法是利用 M 文件编辑器中用来调试的"Debug"菜单，单击该菜单，在下拉菜单中会有"Set/Clear Breakpoint"选项，单击该选项便会在光标所在行设置一个断点；第三种方法是利用设置断点的 dbstop 命令，常见的调用格式见表 5-8。

表 5-8   dbstop 调用格式

调用格式	说　明
dbstop at LineNo in mfile	在 M 文件 mfile.m 的第 LineNo 行设置断点
dbstop in mfile at LineNo	功能同上
dbstop in mfile	在 M 文件 mfile.m 的第一个可执行处设置断点
dbstop if error	当运行 M 文件出错时产生中断
dbstop if naninf	当出现 Inf 或 NaN 值时产生中断
dbstop if infnan	功能同上
dbstop if warning	当运行 M 文件出现警告时产生中断

上述命令的后面几个功能，也可通过"Debug"菜单中的相应选项来实现，读者可以自行练习。

2. 清除断点

与设置断点一样，清除断点同样有三种实现方法：最简单的就是将光标放在断点所在行，然后按 F12 键清除断点；第二种方法同样是利用"Debug"菜单下拉菜单中的"Set/Clear Breakpoint"选项；第三种方法是利用 dbclear 命令来清除断点，常见的调用格式见表 5-9。

表 5-9   dbclear 调用格式

调用格式	说　明
dbclear at LineNo in mfile	清除 M 文件 mfile.m 在 LineNo 行的断点
dbclear in mfile at LineNo	功能同上
dbclear all in mfile	清除 M 文件 mfile.m 中的所有断点
dbclear in mfile	清除 M 文件 mfile.m 中第一个可执行处的断点
dbclear all	清除所有 M 文件的所有断点
dbclear if error	清除由 dbstop if error 命令设置的断点
dbclear if naninf	清除由 dbstop if naninf 命令设置的断点
dbclear if infnan	功能同上
dbclear if warning	清除由 dbstop if warning 命令设置的断点

3. 列出全部断点

在调试 M 文件（尤其是一些大的程序）时，有时需要列出用户所设置的全部断点，这可以通过 dbstatus 命令来实现，常见的调用格式见表 5-10。

表 5-10   dbstatus 调用格式

调用格式	说　明
dbstatus	列出包括错误、警告以及 naninf 在内的所有断点
dbstatus mfile	列出 M 文件 mfile.m 中的所有断点

4．从断点处执行程序

若调试中发现当前断点以前的程序没有任何错误，那么就需要从当前断点处继续执行该文件。dbstep 命令可以实现这种操作，常见的调用格式见表 5-11。

表 5-11   dbstep 调用格式

调用格式	说　明
dbstep	执行当前 M 文件断点处的下一行
dbstep N	执行当前 M 文件断点处后面的第 N 行
dbstep in	执行当前 M 文件断点处的下一行，若该行包含对另一个 M 文件的调用，则从被调用的 M 文件的第一个可执行行继续执行；若没有调用其他 M 文件，则其功能与 dbstep 相同

dbcont 命令也可实现此功能，它可以执行所有行程序直至遇到下一个断点或达到 M 文件的末尾。

5．断点的调用关系

在调试程序时，MATLAB 还提供了查看导致断点产生的调用函数及具体行号的命令，即 dbstack 命令，常见的调用格式见表 5-12。

表 5-12   dbstack 调用格式

调用格式	说　明
dbstack	显示导致当前断点产生的调用函数的名称及行号，并按它们的执行次序将其列出
[ST,I]=dbstack	使用下表列出字段的结构 ST 来返回调用信息，并用 I 来返回当前的工作空间索引

6．进入与退出调试模式

在设置好断点后，按 F5 键便开始进入调试模式。在调试模式下提示符变为"K>>"，此时可以访问函数的局部变量，但不能访问 MATLAB 工作区中的变量。当程序出现错误时，系统会自动退出调试模式，若要强行退出调试模式，则需要输入 dbquit 命令。

5.2.8　操作实例

例 1：根据系统提示来调试矩阵运算程序。

（1）创建函数文件

```
% M 文件名为 test.m，功能为求 A'*B 以及 C+D
A=[1 2 4;3 4 6];
B=[1 2;3 4];
E=A*B;
C=[4 5 6 7;3 4 5 1];
D=[1 2 3 4;6 7 8 9];
F=C+D;
```

例 1

（2）调用函数

当在 MATLAB 命令窗口运行该 M 文件时，系统会给出如下提示：

```
>> test
??? Error using ==> mtimes
Inner matrix dimensions must agree.
Error in ==> test at 4
E=A*B;
```

通过上面的提示我们知道在所写程序的第 4 行有错误，且错误为两个矩阵相乘时不符合维数要求，这时，只需将 A 改为 A' 即可。

> **提示**：若程序在运行时没有出现警告或错误提示，但输出结果与我们所预期的相差甚远，这时就需要用设置断点的方式来调试了。所谓的断点即指用来临时中断 M 文件执行的一个标志，通过中断程序运行，我们可以观察一些变量在程序运行到断点时的值，并与所预期的值进行比较，以此来找出程序的错误。

例 2：根据系统提示调试平方根函数程序。

（1）编写 pingfanggen.m 文件。

例 2

```
a=input('请输入一个数值');
i=1;
a=a+i;
if a>0
    disp(ralsqrt(a));
else
    disp('a是负数，报错');
end
```

（2）调用函数。

当在 MATLAB 命令窗口运行该 M 文件时，系统会给出如下提示：

```
>> pingfanggen
请输入一个数值5
未定义函数或变量 'ralsqrt'。

出错 pingfanggen (line 5)
    disp(ralsqrt(a));
```

通过上面的提示我们知道在所写程序的第 5 行有错误，且错误为函数书写有误，这时，只需将 ralsqrt(a)改为 realsqrt(a)即可。

例 3：设置断点调试矩阵运算文件。

```
3 ●  B=[1 2:3 4]:              %设置断点后的第 3 行
3 ●➡ B=[1 2:3 4]:              %按 F5 键后第 3 行出现一个绿色箭头
K>> dbstep                     %继续执行下一行
4   E=A*B;
K>> dbstop 5                   %在第 5 行设置断点
K>> dbcont                     %继续执行到下一个断点
??? Error using ==> mtimes     %在执行当前断点到下一个断点之间的行时出现错误
Inner matrix dimensions must agree.

Error in ==> test at 4
E=A*B;
>>                             %系统自动返回 MATLAB 命令窗口
```

5.3　函数句柄

函数句柄是 MATLAB 中用来间接调用函数的一种语言结构，用以在使用函数过程中保存函数的相关信息，尤其是关于函数执行的信息。

5.3.1　函数句柄的创建与显示

函数句柄的创建可以通过特殊符号@引导函数名来实现。函数句柄实际上就是一个结构数组。

```
>> fun_handle=@new              %创建了函数 new 的函数句柄
fun_handle =
            @new
```

函数句柄的内容可以通过函数 functions 来显示，将会返回函数句柄所对应的函数名、类型、文件类型以及加载。函数类型见表 5-13。

表 5-13　　　　　　　　　　　　　　　函数类型

函数类型	说　　明
simple	未加载的 MATLAB 内部函数、M 文件，或只在执行过程中才能用 type 函数显示内容的函数
subfunction	MATLAB 子函数
private	MATLAB 局部函数
constructor	MATLAB 类的创建函数
overloaded	加载的 MATLAB 内部函数或 M 文件

函数的文件类型是指该函数句柄的对应函数是否为 MATLAB 的内部函数。

函数的加载方式只有当函数类型为 overloaded 时才存在。

```
>> functions(fun_handle)
ans =
        function: 'new'
        type: 'simple'
        file: 'MATLAB built-in function'
```

5.3.2　函数句柄的调用与操作

函数句柄的操作可以通过 feval 进行，格式如下。

$$[y1, y2, \cdots] = feval(fhandle, x1, \cdots, xn)$$

其中，fhandle 为函数句柄的名称，x1, $\cdots$, xn 为参数列表。

这种调用相当于执行以参数列表为输入变量的函数句柄所对应的函数。

5.3.3　课堂练习——计算差函数

使用句柄的调用方法来实现差函数的计算功能。

操作提示。

（1）创建一个函数文件，实现差的计算功能。

（2）创建 test 函数的函数句柄。

（3）调用 test 函数的函数句柄。

计算差函数

> **注意**：函数句柄的操作相当于以函数名作为输入变量的 feval 操作。

5.4 综合实例——投票结果的概率计算

为了调查观众对某电视台的节目喜爱程度，该电视台选出十个收视率最高的节目，并对这十个节目进行排名投票，小明也参加了投票。按照概率论分析，抽中小明排名结果的概率是多少？

投票结果的
概率计算

> **提示**：编写一个求任意非负整数阶乘的函数，并用它来求上例中 10 的阶乘。

具体操作步骤如下。

（1）按照概率分析，十个节目进行排序最终包括的结果有 10! 种，小明投票选出一种，结果是小明选中结果的概率为 $\frac{1}{10!}$。

（2）首先进入 M 文件编辑器，并输入下面内容。

```
%以下命令用来求10!
s=1;
for i=2:10              %开始for循环
    s=s*i;
end
disp('10的阶乘为: ');
s
```

（3）单击 M 文件编辑器窗口工具栏中的图标 ⧉，将所编辑的文件保存并命名为 gailv。

（4）在命令窗口中输入 gailv，并按下 Enter 键将出现下面内容。

```
>> gailv
10的阶乘为:
s =
3628800
```

（5）可以用 whos 来查看运行后内存中的变量，如下所示。

```
>> whos
Name       Size                    Bytes  Class
ans        1x1                         8  double array
i          1x1                         8  double array
s          1x1                         8  double array
Grand total is 3 elements using 24 bytes
>> clear        %清除内存中的变量，之后再运行whos将什么也不显示
```

（6）打开 M 文件编辑器，并输入下面内容。

```
function s=jiecheng(n)
```

```
%此函数用来求非负整数 n 的阶乘
%参数 n 可以为任意的非负整数
if n<0
%若用户将输入参数误写成负值，则报错
    error('输入参数不能为负值！');
    return;
else
    if n==0     %若 n 为 0,则其阶乘为 1
    s=1;
    else
    s=1;
    for i=1:n
        s=s*i;
    end
    end
end
```

（7）将上面的函数文件保存并取名为 jiecheng（必须与函数名相同），然后在命令窗口中求 10 的阶乘，操作如下。

```
>> s=jiecheng(10)
s =
    3628800
```

（8）求解概率值。

```
>> 1/s
ans =
    2.7557e-07
```

5.5 课后习题

1. 什么是 M 文件？M 文件有几种分类？

2. 如何创建 M 文件？

3. 程序的结构有几种，分别有什么特点？

4. 什么是函数文件，如何定义和调用函数文件？

5. 计算 $A = \sin(3) + e^2$

6. 设 $u = 1, v = 3$，计算下面表达式的值。

（1） $4\dfrac{u^2}{3v}$

（2） $\dfrac{(u + \cos(v))^2}{v - u}$

（3） $\dfrac{\sqrt{u - 3v}}{3v}$

（4） $\dfrac{\pi}{3}\cos(\pi)$

7. 实验在对浮点数使用不同的运算顺序时，是否会对运算结果产生不同的影响。

8. 计算下面表达式的值。

（1） 11/5+6

（2） (11/5)+6

（3） 11/(5+6)

（4） 3^2^3

（5） 3^(2^3)

（6） (3^2)^3

（7） round(−11/5)+6

（8） ceil(−11/5)+6

（9） floor(−11/5)+6

9. 计算下列复数表达式的值。

（1） (3−5i)(4+3i)

（2） sin(1.2)(2−9i)

第 **6** 章　二维图形绘制

内容指南

图形可以更好地帮助人们理解庞大的数字数据，直接转换成直观结果，数值计算与符号计算无论多么正确，都无法直接从大量的数值与符号中感受分析结果的内在本质。MATLAB 提供了大量的绘图函数、命令，可以很好地将各种数据直观地表现出来，供用户解决问题。

本章将介绍 MATLAB 的图形窗口和二维图形的绘制。希望通过本章的学习，读者能够进行 MATLAB 二维曲线、以及各种图形的绘制及注释。

知识重点

📖　二维曲线的绘制

📖　图形属性设置

📖　坐标与坐标轴的转换

📖　图形注释

6.1　二维曲线的绘制

二维曲线是将平面上的数据连接起来的平面图形，数据点可以用向量或矩阵来提供。MATLAB 大量数据计算给二维曲线提供了应用平台，这也是 MATLAB 有别于其他科学计算编程语言的地方，实现了数据结果的可视化，具有强大的图形功能。

6.1.1　绘制二维图形

MATLAB 提供了各类函数用于绘制二维图形。

1. Figure 命令

在 MATLAB 的命令窗口中输入 figure，将打开一个如图 6-1 所示的图形窗口。

在 MATLAB 的命令窗口输入绘图命令（如 plot 命令）时，系统会自动建立一个图形窗口。有时，在输入绘图命令之前已经有图形窗口打开，这时绘图命令会自动将图形输出到当前窗口。当前窗口通常是最后一个使用的图形窗口，这个窗口的图形也将被覆盖掉，而用户往往不希望这样。学完本节内容，读者便能轻松解决这个问题。

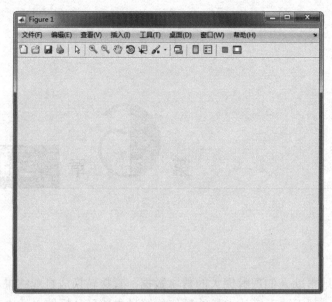

图 6-1 新建的图形窗口

在 MATLAB 中，使用函数 figure 来建立图形窗口。该函数主要有下面三种用法。

- figure：创建一个图形窗口。
- figure(n)：创建一个编号为 Figure(n)的图形窗口，其中 n 是一个正整数，表示图形窗口的句柄。
- figure('PropertyName',PropertyValue,…)：对指定的属性 PropertyName，用指定的属性值 PropertyValue（属性名与属性值成对出现）创建一个新的图形窗口；对于那些没有指定的属性，则用默认值。

figure 命令产生的图形窗口的编号是在原有编号基础上加 1，如 figure1, figure2…。如果用户想关闭图形窗口，则可以使用命令 close。如果用户不想关闭图形窗口，仅仅是想将该窗口的内容清除，则可以使用函数 clf 来实现。

另外，命令 clf(rest)除了能够消除当前图形窗口的所有内容以外，还可以将该图形除了位置和单位属性外的所有属性都重新设置为默认状态。当然，也可以通过使用图形窗口中的菜单项来实现相应的功能，这里不再赘述。

2．plot 绘图命令

plot 命令是最基本的绘图命令，也是最常用的一个绘图命令。当执行 plot 命令时，系统会自动创建一个新的图形窗口。若之前已经有图形窗口打开，那么系统会将图形画在最近打开过的图形窗口上，原有图形也将被覆盖。事实上，在上面两节中我们已经对这个命令有一定的了解，本节将详细讲述该命令的各种用法。

plot 命令主要有下面几种使用格式。

（1）plot(x)

这个函数格式的功能如下。

- 当 x 是实向量时，则绘制出以该向量元素的下标（即向量的长度，可用 MATLAB 函数 length()求得）为横坐标，以该向量元素的值为纵坐标的一条连续曲线。

- 当 x 是实矩阵时，按列绘制出每列元素值相对齐下标的曲线，曲线数等于 x 的列数。
- 当 x 是负数矩阵时，按列分别绘制出以元素实部为横坐标，以元素虚部为纵坐标的多条曲线。

（2）plot(x,y)

这个函数格式的功能如下。

- 当 x、y 是同维向量时，绘制以 x 为横坐标、以 y 为纵坐标的曲线。
- 当 x 是向量，y 是有一维与 x 等维的矩阵时，绘制出多根不同颜色的曲线，曲线数等于 y 矩阵的另一维数，x 作为这些曲线的横坐标。
- 当 x 是矩阵，y 是向量时，同上，但以 y 为横坐标。
- 当 x、y 是同维矩阵时，以 x 对应的列元素为横坐标，以 y 对应的列元素为纵坐标分别绘制曲线，曲线数等于矩阵的列数。

（3）plot(x1,y1,x2,y2,…)

这个函数格式的功能是绘制多条曲线。在这种用法中，（xi,yi）必须是成对出现的，上面的命令等价于逐次执行 plot(xi,yi)命令，其中 i=1,2,…。

（4）plot(x,y,s)

x、y 为向量或矩阵，s 为用单引号标记的字符串，用来设置所画数据点的类型、大小、颜色以及数据点之间连线的类型、粗细、颜色等。实际应用中，s 是某些字母或符号的组合，这些字母和符号我们会在下一段介绍。s 可以省略，此时将由 MATLAB 系统默认设置。

（5）plot(x1,y1,s1,x2,y2,s2,…)

这种格式的用法与用法 3 相似，不同之处的是此格式有参数的控制，运行此命令等价于依次执行 plot(xi,yi,si)，其中 i=1,2,…。

6.1.2 课堂练习——绘制函数图形

在图形窗口中显示函数 $y = \sin x + \cos x$ 在已知的区间 $[1, 2\pi]$ 100 等分取值计算的结果。

操作提示。

（1）输入 $[1, 2\pi]$ 区间的 x 向量。

（2）输入函数公式。

（3）利用绘图命令 plot(x,y)绘图。

绘制函数图形

6.1.3 多图形显示

在实际应用中，为了进行不同数据的比较，有时需要在同一个视窗下来观察不同的图像，可以通过不同的操作命令来进行设置。

1. 图形分割

如果要在同一图形窗口中分割出所需要的几个窗口来，可以使用 subplot 命令，它的使用格式为：

- subplot(m,n,p)　将当前窗口分割成 $m \times n$ 个视图区域，并指定第 p 个视图为当前视图；

- subplot('position',[left bottom width height]): 产生的新子区域的位置由用户指定，后面的四元组为区域的具体参数控制，宽和高的取值范围都是[0,1]。

需要注意的是，这些子图的编号是按行来排列的，例如，第 s 行第 t 个视图区域的编号为 $(s-1) \times n + t$。如果在此命令之前并没有任何图形窗口被打开，那么系统将会自动创建一个图形窗口，并将其分割成 $m \times n$ 个视图区域。

在命令行窗口中输入下面的程序。

```
>> subplot(2,1,1)
>> subplot(2,1,2)
```

弹出如图 6-2 所示的图形显示窗口，在该窗口中显示两行一列两个图形。

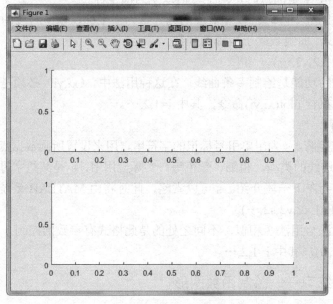

图 6-2　显示图形分割

2. 图形叠加

一般情况下，绘图命令每执行一次就刷新当前图形窗口，图形窗口将不显示旧的图形。但若有特殊需要，在旧的图形上叠加新的图形，可以使用图形保持命令 hold。

图形保持命令 hold on/off 控制原有图形的保持与不保持。

```
>> x=1:2:16;
>> y=x./2;
>> plot(x,y)              %在图 6-3 中显示图形 1
>> hold on               %打开保持命令
>> y2=cos(pi*x./10);
>> plot(x,y2)            %在图 6-4 中叠加显示图形 1、图形 2
>> y3=x+2;
>> plot(x,y3)            %未输入保持关闭命令，继续在图 6-5 叠加显示图形 3
>> hold off
>> plot(x,y3)            %关闭保持命令，单独显示图形如图 6-6 所示。
```

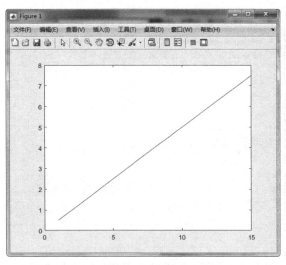

图 6-3　图形 1

图 6-4　叠加图形

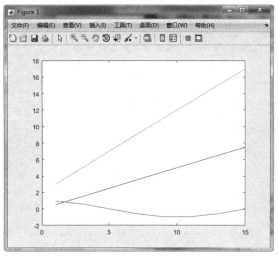

图 6-5　叠加图形 3

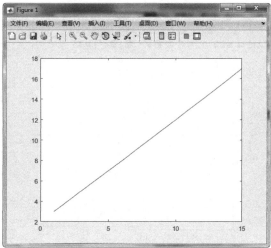

图 6-6　显示图形 4

6.1.4　操作实例

例 1：显示 4×4 图形分割。

```
>> subplot(2,2,1)          %显示第一个图形，如图 6-7 所示。
>> subplot(2,2,2)          %显示第二个图形，如图 6-8 所示。
>> subplot(2,2,3)          %显示第三个图形，如图 6-9 所示。
>> subplot(2,2,4)          %显示第四个图形，如图 6-10 所示。
```

例 1

例 2：随机生成一个行向量 a 以及一个实方阵 b，并作出 a、b 两幅图像。

```
>> a=rand(1,10);
>> b=rand(5,5);
>> subplot(1,2,1),plot(a)
>> subplot(1,2,2),plot(b)
```

运行后所得到的图像如图 6-11 所示。

例 2

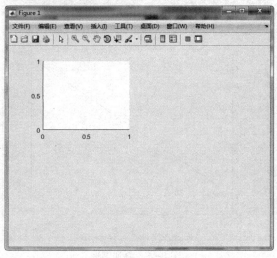

图 6-7　视图 1

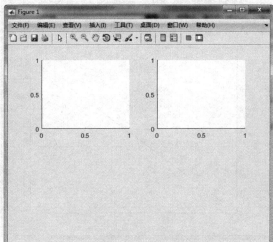

图 6-8　视图 2

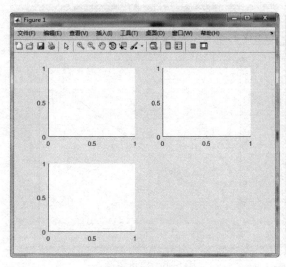

图 6-9　视图 3

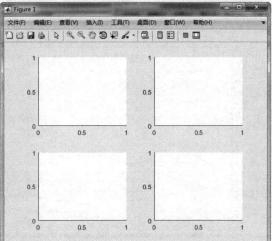

图 6-10　视图 4

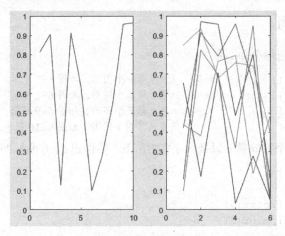

图 6-11　随机视图

例 3：在同一个图上画出 $y = \log x$、$y = \dfrac{e^{0.1x}}{5000}$ 的图像。

```
>> x1=linspace(1,100);
>> x2=x1/10;
>> y1=log(x1);
>> y2=exp(x2)./5000;
>> plot(x1,y1,x2,y2)
```

例 3

运行结果如图 6-12 所示。

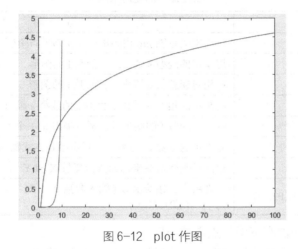

图 6-12　plot 作图

🅘 **知识回顾**

上面的 linspace 命令用来将已知的区间[1,100]做 100 等分。这个命令的具体使用格式为 linspace(a,b,n)，作用是将已知区间[a,b]做 n 等分，返回值为分各节点的坐标。

6.1.5　课堂练习——绘制参数曲线的图像

$$\begin{cases} x = e^t \cos t \\ y = e^t \sin t \end{cases} \quad t \in (-4\pi, 4\pi)$$

操作提示。

（1）使用 syms 定义变量 t。

（2）输入参数表达式。

（3）使用 ezplot 绘制函数曲线。

绘制参数曲线的
图像

6.1.6　函数图形的绘制

1. 一元函数绘图

fplot 命令是一个专门用于绘制图像的命令。plot 命令也可以画一元函数图像，两个命令的区别如下。

plot 命令是依据给定的数据点来作图的，而在实际情况中，一般并不清楚函数的具体情况，因此依据所选取的数据点绘制的图像可能会忽略真实函数的某些重要特性，给科研工作造成不可估计的损失。

fplot 命令用来指导数据点的选取，通过其内部自适应算法，在函数变化比较平稳处，它所取的数据点就会相对稀疏一点，在函数变化明显处所取的数据点就会自动密集一些，因此用 fplot 命令所作出的图像要比用 plot 命令作出的图像光滑准确。

fplot 命令的主要使用格式见表 6-1。

表 6-1   fplot 命令的使用格式

调用格式	说　明
fplot(f,lim)	在指定的范围 lim 内画出一元函数 f 的图形
fplot(f,lim,s)	用指定的线型 s 画出一元函数 f 的图形
fplot(f,lim,e)	用相对误差值 e 画出一元函数 f 的图形
fplot(f,lim,e,s)	用指定的相对误差值 e 和指定的线型 s 画出一元函数 f 的图形
fplot(f,lim,n)	画一元函数 f 的图形时，至少描出 n+1 个点
fplot(f,lim,…)	允许可选参数 e、n 和 s 以任意组合方式输入
[X,Y] = fplot(f,lim,…)	返回横坐标与纵坐标的值给变量 X 和 Y
[…] = fplot (f,lim,e, n, s, P1,P2,…)	允许用户直接给函数 f 输入参数 P1、P2 等，其中函数 f 的定义形式为 y = f(x,P1,P2,…)

对于上面的各种用法有下面几点需要说明。

（1）f 为 M 文件函数名或能把变量 x 传递给函数 eval 的字符串，例如'sin(x)'，或者对于变量 x 能返回一个行向量的函数。

（2）lim 是一个指定 x 轴范围的向量[xmin,xmax]或者是 x 轴和 y 轴范围的向量[xmin, xmax,ymin,ymax]。

（3）相对误差 e 的默认值为 2×10^{-3}。

（4）[x,y] = fplot(f,lim,…)命令不会画出图形，如果用户想画出图形，可以使用命令 plot(x,y)。

（5）fplot 命令中的参数 n 至少把范围 limits 分成 n 个小区间，最大步长不超过(xmax−xmin)/n。

（6）若想用默认的 e、n 或 s 值，只需用空矩阵（[ ]）代替即可。

（7）以后的版本中将会删除 fplot 的字符输入，改为 fplot(@(x)f(x))。

2．符号函数的绘制

对于符号函数，MATLAB 也提供了一个专门的绘图命令——ezplot 命令。利用这个命令可以很容易地将一个符号函数图形化。

ezplot 命令的主要使用格式见表 6-2。

表 6-2   ezplot 命令的使用格式

调用格式	说　明
ezplot(f)	绘制函数 f(x)在默认区间 $x \in (-2\pi, 2\pi)$ 上的图像，若 f 为隐函数 f(x,y)，则在默认区域 $x \in (-2\pi, 2\pi), y \in (-2\pi, 2\pi)$ 上绘制 f(x,y)=0 的图像

调用格式	说　　明
ezplot(f,[a,b])	绘制函数 f(x)在区间 $x \in (a,b)$ 上的图像，若 f 为隐函数 f(x,y)，则在区域 $x \in (a,b)、y \in (a,b)$ 上绘制 f(x,y)=0 的图像
ezplot(f,[xa,xb,ya,yb])	对于隐函数 f(x,y)，在区域 $x \in (xa,xb)、y \in (ya,yb)$ 上绘制 f(x,y)=0 的图像
ezplot(x,y)	在默认区间 $x \in (0,2\pi)$ 上绘制参数曲线 x=x(t)、y=y(t) 的图像
ezplot(x,y,[a,b])	在区间 $x \in (a,b)$ 上绘制参数曲线 x=x(t)、y=y(t) 的图像
ezplot(⋯,figure)	在指定的图形窗口中绘制函数图像

6.1.7　操作实例

例 1：做出函数 $y = \sin x$、$y = \sin^3 x, x \in [1,4]$ 的图像。

```
>> subplot(2,1,1),fplot(@(x)sin(x),[1,4]);
>> subplot(2,1,2),fplot(@(x)sin(x).^3,[1,4]);
```

运行结果如图 6-13 所示。

例 1

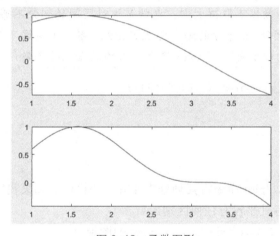

图 6-13　函数图形

> **提示**：在命令行窗口中输入

```
subplot(2,1,1),fplot('sin(x)',[1,4]);
弹出如图 1-2 所示的函数图形，但显示警告
警告：以后的版本中将会删除 fplot 的字符输入。请改用
fplot(@(x)sin(x))。
> In fplot (line 105)
```

例 2：做出函数 $y = \sin \dfrac{1}{x}, x \in [0.01,0.02]$ 的图像。

```
>> x=linspace(0.01,0.02,50);
>> y=sin(1./x);
>> subplot(2,1,1),plot(x,y)
>> subplot(2,1,2),fplot(@(x)sin(1./x),[0.01,0.02])
```

例 2

运行结果如图 6-14 所示。

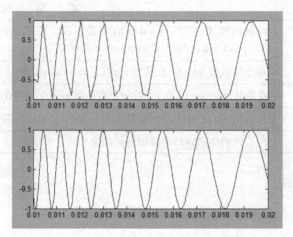

图 6-14　fplot 与 plot 的比较

> **注意**：由图 6-14 可以很明显地看出 fplot 命令所画的图要比用 plot 命令所作的图光滑精确。这主要是因为数据点取得太少，也就是说对区间的划分不够精细，读者往往会以为对长度为 0.01 的区间作 50 等分的划分已经够精细，事实上这远不能精确地描述原函数。
>
> 我们可以用下面的命令看一下 fplot 命令使用的数据点的个数：

```
>> [X,Y]=fplot('f_compare',[0.01,0.02]);
>> [n,m]=size(X)
n =
    457
m =
    1
```

对于这么小的区间，fplot 命令将其划分为 456 个小区间。如果我们也将上述区间等分为 456 个小区间，那么两者几乎没有任何区别。

例 3：绘制隐函数 $f_1(x) = e^{2x}\sin 2x, x \in (-\pi, \pi)$ 的图像。

```
>> syms x
>> f1=exp(2*x)*sin(2*x);
>> subplot(2,2,1),ezplot(exp(2*x),[-pi,pi])
>> subplot(2,2,2),ezplot(sin(2*x))
>> subplot(2,2,3),ezplot(exp(2*x)+sin(2*x),[-pi,pi,0,2*pi])
>> subplot(2,2,4),ezplot(f1,[-4*pi,4*pi])
```

例 3

运行结果如图 6-15 所示。

> **知识拓展**：若能由函数方程 $F(x, y) = 0$ 确定 y 为 x 的函数 $y = f(x)$，即 $F(x,f(x)) \equiv 0$，就称 y 是 x 的隐函数。

> **注意**：ezplot 命令中的函数也可直接用符号表达式写出，对比图 6-15（d）与图 6-15（d）中采用不同的格式绘制函数，表达相同的结果。图 6-15（d）可直接用下面的命令绘制：ezplot('exp(2x)*sin(2x)',[-pi,pi])。

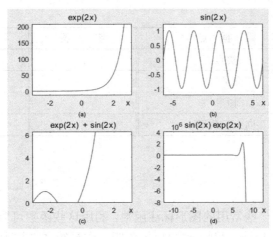

图 6-15　隐函数图形

6.1.8　设置曲线样式

曲线一律采用"实线"线型，不同曲线将按表 6-4 所给出的前 7 种颜色（蓝、绿、红、青、品红、黄、黑）顺序着色。

s 的合法设置参见表 6-3、表 6-4 和表 6-5。

表 6-3　　　　　　　　　　　　　线型符号及说明

线型符号	符号含义	线型符号	符号含义
-	实线（默认值）	:	点线
--	虚线	-.	点画线

表 6-4　　　　　　　　　　　　　颜色控制字符表

字　符	色　彩	RGB 值
b(blue)	蓝色	001
g(green)	绿色	010
r(red)	红色	100
c(cyan)	青色	011
m(magenta)	品红	101
y(yellow)	黄色	110
k(black)	黑色	000
w(white)	白色	111

表 6-5　　　　　　　　　　　　　线型控制字符表

字　符	数　据　点	字　符	数　据　点
+	加号	>	向右三角形
o	小圆圈	<	向左三角形
*	星号	s	正方形

续表

字　符	数 据 点	字　符	数 据 点
.	实点	h	正六角星
x	交叉号	p	正五角星
d	棱形	v	向下三角形
^	向上三角形		

6.2　图形注释

MATLAB 中提供了一些常用的图形标注函数，利用这些函数可以为图形添加标题，为图形的坐标轴加标注，为图形加图例，也可以把说明、注释等文本放到图形的任何位置。

6.2.1　注释图形标题及轴名称

在 MATLAB 绘图命令中，title 命令用于给图形对象加标题，它的使用格式也非常简单，见表 6-6。

表 6-6　　　　　　　　　　　　title 命令的使用格式

调用格式	说　　明
title('string')	在当前坐标轴上方正中央放置字符串 string 作为图形标题
title(fname)	先执行能返回字符串的函数 fname，然后在当前轴上方正中央放置返回的字符串作为标题
title('text','PropertyName',PropertyValue,…)	对由命令 title 生成的图形对象的属性进行设置，输入参数"text"为要添加的标注文本
h = title(…)	返回作为标题的 text 对象句柄

> **说明：**可以利用 gcf 与 gca 来获取当前图形窗口与当前坐标轴的句柄。

对坐标轴进行标注，相应的命令为 xlabel、ylabel、zlabel，作用分别是对 x 轴、y 轴、z 轴进行标注，它们的调用格式都是一样的，下面以 xlabel 为例进行说明，见表 6-7。

表 6-7　　　　　　　　　　　　xlabel 命令的使用格式

调用格式	说　　明
xlabel('string')	在当前轴对象中的 x 轴上标注说明语句 string
xlabel(fname)	先执行函数 fname，返回一个字符串，然后在 x 轴旁边显示出来
xlabel('text','PropertyName',PropertyValue,…)	指定轴对象中要控制的属性名和要改变的属性值，参数"text"为要添加的标注名称

6.2.2　图形标注

在为所绘得的图形进行详细的标注时，最常用的两个命令是 text 与 gtext，它们均可以在图形的具体部位进行标注。

1．text 命令

使用格式见表 6-8。

表 6-8 text 命令的使用格式

调用格式	说　　明
text(x,y,'string')	在图形中指定的位置(x,y)上显示字符串 string
text(x,y,z,'string')	在三维图形空间中的指定位置(x,y,z)上显示字符串 string
text(x,y,z,'string','PropertyName', PropertyValue,…)	在三维图形空间中的指定位置(x,y,z)上显示字符串 string，且对指定的属性进行设置，表 6-9 给出了文字属性名、含义及属性值的有效值与默认值

表 6-9 text 命令属性列表

属 性 名	含　　义	有 效 值	默认值
Editing	能否对文字进行编辑	on、off	off
Interpretation	tex 字符是否可用	tex、none	tex
Extent	text 对象的范围（位置与大小）	[left,bottom, width, height]	随机
HorizontalAlignment	文字水平方向的对齐方式	left、center、right	left
Position	文字范围的位置	[x,y,z]直角坐标系	[]（空矩阵）
Rotation	文字对象的方位角度	标量［单位为度（°）]	0
Units	文字范围与位置的单位	pixels（屏幕上的像素点）、normalized（把屏幕看成一个长、宽为 1 的矩形）、inches、centimeters、points、data	data
VerticalAlignment	文字垂直方向的对齐方式	top（文本外框顶上对齐）、cap（文本字符顶上对齐）、middle（文本外框中间对齐）、baseline（文本字符底线对齐）、bottom（文本外框底线对齐）	Middle
FontAngle	设置斜体文字模式	normal（正常字体）、italic（斜体字）、oblique（斜角字）	normal
FontName	设置文字字体名称	用户系统支持的字体名或者字符串 FixedWidth	Helvetica
FontSize	文字字体大小	结合字体单位的数值	10 points
FontUnits	设置属性 FontSize 的单位	points（1 points = 1/72inches）、normalized（把父对象坐标轴作为单位长的一个整体；当改变坐标轴的尺寸时，系统会自动改变字体的大小）、inches、centimeters、pixels	points
FontWeight	设置文字字体的粗细	light（细字体）、normal（正常字体）、demi（黑体字）、bold（黑体字）	normal
Clipping	设置坐标轴中矩形的剪辑模式	on：当文本超出坐标轴的矩形时，超出的部分不显示 off：当文本超出坐标轴的矩形时，超出的部分显示	off
EraseMode	设置显示与擦除文字的模式	normal、none、xor、background	normal

续表

属 性 名	含 义	有 效 值	默认值
SelectionHighlight	设置选中文字是否突出显示	on、off	on
Visible	设置文字是否可见	on、off	on
Color	设置文字颜色	有效的颜色值：ColorSpec	
HandleVisibility	设置文字对象句柄对其他函数是否可见	on、callback、off	on
HitTest	设置文字对象能否成为当前对象	on、off	on
Seleted	设置文字是否显示出"选中"状态	on、off	off
Tag	设置用户指定的标签	任何字符串	' '（即空字符串）
Type	设置图形对象的类型	字符串'text'	
UserData	设置用户指定数据	任何矩阵	[]（即空矩阵）
BusyAction	设置如何处理对文字回调过程中断的句柄	cancel、queue	queue
ButtonDownFcn	设置当鼠标在文字上单击时，程序做出的反应	字符串	' '（即空字符串）
CreateFcn	设置当文字被创建时，程序做出的反应	字符串	' '（即空字符串）
DeleteFcn	设置当文字被删除（通过关闭或删除操作）时，程序做出的反应	字符串	' '（即空字符串）

表 6-9 中的这些属性及相应的值都可以通过 get 命令来查看，以及用 set 命令来修改。

text 命令中的'\rightarrow'是 TeX 字符串。在 MATLAB 中，TeX 中的一些希腊字母、常用数学符号、二元运算符号、关系符号以及箭头符号都可以直接使用。

2．gtext 命令

gtext 命令可以让鼠标在图形的任意位置进行标注。当光标进入图形窗口时，会变成一个大十字架形，等待用户的操作。它的使用格式为

```
gtext('string','property',propertyvalue,…)
```

调用这个函数后，图形窗口中的鼠标指针会成为十字光标，通过移动鼠标来进行定位，即光标移动到预定位置后按下鼠标左键或键盘上的任意键都会在光标位置显示指定文本"string"。由于要用鼠标操作，该函数只能在 MATLAB 命令窗口中进行。

6.2.3 图例标注

当在一幅图中出现多种曲线时，用户可以根据自己的需要，利用 legend 命令对不同的图例进行说明。它的使用格式见表 6-10。

表 6-10　　　　　　　　　　　　　　　legend 命令的使用格式

调用格式	说　　明
legend('string1','string2',…,Pos)	用指定的文字（string1，string2，…）在当前坐标轴中对所给数据的每一部分显示一个图例
legend(h,'string1','string2',…)	用指定的文字 string 在一个包含于句柄向量 h 中的图形中显示图例
legend(string_matrix)	用字符矩阵参量 string_matrix 的每一行字符串作为标签
legend(h,string_matrix)	用字符矩阵参量 string_matrix 的每一行字符串作为标签给包含于句柄向量 h 中的相应的图形对象加标签
legend(axes_handle,…)	给由句柄 axes_handle 指定的坐标轴显示图例
legend_handle = legend	返回当前坐标轴中的图例句柄，若坐标轴中没有图例存在，则返回空向量
legend('off')	从当前的坐标轴中删除图例
legend	对当前图形中所有的图例进行刷新
legend(legend_handle)	对由句柄 legend_handle 指定的图例进行刷新
legend(…,pos)	在指定的位置 pos 放置图，pos 的取值及相应的图例位置见表 6-11
h = legend(…)	返回图例的句柄向量

表 6-11　　　　　　　　　　　　　　　　　pos 取值

pos 取值	图例位置
−1	坐标轴之外的右边
0	自动把图例置于最佳位置，使其与图中曲线的重复最少
1	坐标轴的右上角（默认位置）
2	坐标轴的左上角
3	坐标轴的左下角
4	坐标轴的右下角

6.2.4　操作实例

例 1：绘制"余弦波"图形。

```
>> x=linspace(0,10*pi,100);
>> plot(x,cos(x))
>> title('余弦波')
>> xlabel('x 坐标')
>> ylabel('y 坐标')
```

例 1

运行结果如图 6-16 所示。

例 2：绘制倒数函数。

绘制倒数函数 $y = \dfrac{1}{x}$ 在 $[0,2]$ 上，标出 $\dfrac{1}{4}$、$\dfrac{1}{2}$、$\dfrac{5}{4}$、$\dfrac{7}{4}$ 在图像上的位置，

并在曲线上标出函数名。

```
>> x=0:0.1:2;
>> plot(x,1./x)
```

例 2

```
>> title('倒数函数')
>> xlabel('x'),ylabel('1./x')
>> text(0.25, 1./0.25,'<---1./0.25')
>> text(0.5, 1./0.5,'1./0.5\rightarrow','HorizontalAlignment','right')
>> gtext('y=1./x')
```

运行结果如图 6-17 所示。

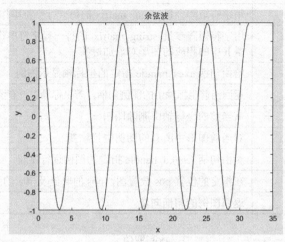

图 6-16　图形标注（一）

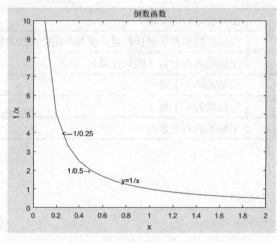

图 6-17　图形标注（二）

例 3：在同一个图形窗口内绘制三角函数。

$y_1 = \sin x, y_2 = \cos x, y_3 = \tan x$，并作出相应的图例标注。

```
>> close all
>> x=linspace(0,2*pi,100);
>> y1=sin(x);
>> y2=cos(x);
>> y3=tan(x);
>> plot(x,y1,'md',x,y2,'b^',x,y3,':+ ')
>> title('三角函数')
>> xlabel('x'),ylabel('y')
```

例 3

```
>> axis([0,7,-2,3])
>> legend('sin(x)','cos(x)','tan(x)')
```

运行结果如图 6-18 所示。

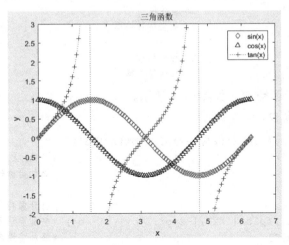

图 6-18 图形标注（三）

6.3 综合实例——比较函数曲线

比较函数曲线

按要求分别画出下列函数的图像。

（1） $f_1(x) = \dfrac{\sin x}{x^2 - x + 0.5} + \dfrac{\cos x}{x^2 + 2x - 0.5}, x \in [0,1]$，在直角坐标系，曲线

为红色，点线。

（2） $f_2(x) = \ln(\sin^2 x + 2\sin x + 8), x \in [-2\pi, 2\pi]$，在直角坐标系，蓝色，菱形。

（3）画出 $f_3(x) = e^{4\sin x - 2\cos x}, x \in [-4\pi, 4\pi]$ 的图像，在对数坐标系，曲线为绿色，曲线线宽

为 2。

（4） $\begin{cases} y_1 = \sin x \\ y_2 = x \end{cases} x \in \left[0, \dfrac{\pi}{2}\right], y \in [0,2]$，使用双 Y 轴坐标系。

在最后的视图中叠加显示所有曲线。

具体操作步骤如下。

（1）创建函数文件。

① 创建 M 函数文件 f1.m。

```
 function y=f1(x)                %函数 f1
y=sin(x)/(x^2-x+0.5)+cos(x)/(x^2+2*x-0.5);
```

② 创建 M 函数文件 f2.m。

```
function y=f2(x)                %函数 f2
y=log(sin(x)^2+2*sin(x)+8);
```

③ 创建 M 函数文件 f3.m。

```
function y=f3(x)                %函数 f3
```

```
y=exp(4*sin(x)-2*cos(x));
```

（2）绘制函数曲线 f1。

```
>> subplot(2,3,1), fplot('f1',[0,1], ': r')
>> title('函数 f1')              %添加标题
>> xlabel('x ')                  %添加坐标轴注释
>> ylabel('y ')
>> grid on                       %添加网格线
>> gtext('y=f1(x)')              %添加曲线名称
```

在图形窗口中显示函数 f1，如图 6-19 所示。

（3）绘制函数曲线 f2。

```
>> subplot(2,3,2),fplot('f2',[-2*pi,2*pi], 'bd')
>> title('函数 f2')                                    %添加标题
>> xlabel('x ')                                        %添加坐标轴注释
>> ylabel('y ')
>>hold on                                              %打开保持命令
>> subplot(2,3,2),fplot('f2',[-2*pi,2*pi], '--b')     %叠加显示不同线型曲线
>> gtext('y=f2(x)')                                    %添加曲线名称
>> hold off                                            %关闭保持命令
```

图 6-19 函数 f1 曲线

在图形窗口中显示函数 f2，如图 6-20 所示。

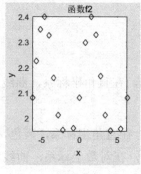
（a）叠加前

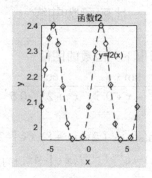
（b）叠加后

图 6-20 函数 f2 曲线

（4）绘制函数曲线 f3。

① 直角坐标系。

```
>> subplot(2,3,3),fplot('f3',[-4*pi,4*pi], 'g','Linewidth',2)
>> title('函数 f3')                                    %添加标题
>> xlabel('x ')                                        %添加坐标轴注释
>> ylabel('y ')
>> gtext('y=f3(x)')                                    %添加曲线名称
```

在图形窗口中显示函数 f3，如图 6-21 所示。

② 对数坐标系。

```
>> x=(-4*pi:4*pi);
>> subplot(2,3,4),loglog(x,exp(4*sin(x)-2*cos(x)),'-.r')
>> title('对数坐标系函数 f3')                          %添加标题
>> xlabel('x ')                                        %添加坐标轴注释
```

```
>> ylabel('y ')
>> gtext('y=f3(x)')                                   %添加曲线名称
```

在图形窗口中显示对数坐标系中的函数 f3，如图 6-22 所示。

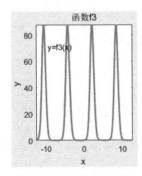

图 6-21　函数 f3 曲线

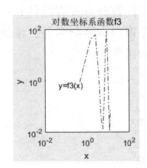

图 6-22　对数坐标系中的函数 f3 曲线

（5）绘制函数曲线 f4

① 显示两曲线。

```
>> x=linspace(0,pi/2,100);
>> subplot(2,3,5),plot(x,sin(x),'co',x,x,'rv')
>> axis([0 pi/2 0 2])
>> title('函数 f4')                                   %添加标题
>> xlabel('x ')                                       %添加坐标轴注释
>> ylabel('y ')
>> text(1, sin(1),'<---sin1');
>> text(1, 1,'<---1');                                %添加曲线注释
>> legend('sin(x)','x')                               %添加图例
```

在图形窗口中显示函数 f4，如图 6-23 所示。

② 显示双 Y 轴坐标系。

```
>> x=linspace(-2*pi,2*pi,200);
>> subplot(2,3,6),plotyy(x,sin(x),x,x,'plot')
>> title('双 y 坐标系函数 f4')                        %添加标题
>> xlabel('x ')                                       %添加坐标轴注释
>> ylabel('y ')
>> gtext('y=sin(x)')                                  %添加曲线名称
>> gtext('y=x')                                       %添加曲线名称
```

在图形窗口中显示函数 f4，如图 6-24 所示。

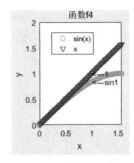

图 6-23　函数 f4 曲线

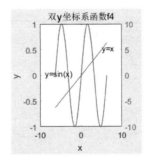

图 6-24　双 *Y* 轴函数 f4 曲线

6.4 课后习题

1．图形窗口的打开方式有几种？

2．在同一个窗口中绘制多条二维曲线，包括几种方法？

3．绘制下列函数的曲线。

（1） $y = \sqrt{x^2 - 4x}$

（2） $y = \dfrac{e^x}{5\sin x}$

（3） $y = \dfrac{1}{1 - e^x}$

（4） $y = \sin(4\pi x) * \cos(4\pi x)$

（5） $y = \log(5x) + x$

4．在同一坐标系下画出下列函数在 $[-\pi, \pi]$ 上的图形。

$$y1 = e^{\sin x + \cos x}, \ y2 = e^{\sin x - \cos x}.$$

5．分别在下列条件下绘制不同的正弦函数 $y = \sin x$。

（1）红色，三角

（2）蓝色，加号

（3）黄色，点化线，方形

6．在直角坐标系与极坐标下叠加显示函数 $r = e^{\cos t} - 2\cos 4t + \left(\sin\dfrac{t}{12}\right)^5$ 图形。

7．比较函数 $y = e^x$ 在双对数坐标系与直角坐标系下的图像。

8．用不同标度在同一坐标内绘制曲线 $y_1 = e^{-x}\cos 4\pi x$ 和 $y_2 = 2e^{-0.5x}\cos 2\pi x$。

9．画出正弦函数在 $[0, 2\pi]$ 上的图像，标出 $\sin\dfrac{3\pi}{4}$、$\sin\dfrac{5\pi}{4}$ 在图像上的位置，并在曲线上标出函数名。

第 **7** 章 矩阵的应用

内容提南

物理、力学和工程技术中的很多问题在数学上都可以归结为求解矩阵的应用问题，例如，振动问题（桥梁的振动、机械的振动、电磁振荡、地震引起的建筑物的振动等）、物理学中某些临界值的确定等。本节通过讲解矩阵的特征值与对角化来解决常见的工程问题。

知识重点

📖 特征值与特征向量
📖 矩阵对角化
📖 符号与数值
📖 多元函数分析

7.1 特征值与特征向量

矩阵运算是线性代数中极其重要的部分。通过前面的学习，我们已经知道了如何利用 MATLAB 对矩阵进行一些基本的运算，本节主要学习如何用 MATLAB 求矩阵的特征值与特征向量。

7.1.1 特征值定义

对于方阵 $A \in R^{n \times n}$，多项式

$$f(\lambda) = \det(\lambda I - A)$$

称为 A 的特征多项式，它是关于 λ 的 n 次多项式。方程 $f(\lambda) = 0$ 的根称为矩阵 A 的特征值；设 λ 为 A 的一个特征值，方程组

$$(\lambda I - A)x = 0$$

的非零解（也即 $Ax = \lambda x$ 的非零解）x 称为矩阵 A 对应于特征值 λ 的特征向量。

上面的特征值与特征向量问题都是《线性代数》中所学的，在《矩阵论》中，还有广义特征值与特征向量的概念。求方程组

$$Ax = \lambda Bx$$

的非零解（其中 A、B 为同阶方阵），其中的 λ 值和向量 x 分别称为广义特征值和广义特征向量。在 MATLAB 中，这种特征值与特征向量同样可以利用 eig 命令求得，只是格式有所不同。

7.1.2 矩阵特征值

在 MATLAB 中求矩阵特征值与特征向量的命令是 eig。

（1）lambda=eig(A)：返回由矩阵 A 的所有特征值组成的列向量 lambda。

（2）lambda=eigs(A,k)：返回矩阵 A 的 k 个最大特征值，存放在向量 lambda 中。

（3）[V,D]=eig(A)：求矩阵 A 的特征值与特征向量，其中 D 为对角矩阵，其对角元素为 A 的特征值，相应的特征向量为 V 的相应列向量。

（4）[V,D]=eig(A,'nobalance')：在求解矩阵特征值与特征向量之前，不进行平衡处理。所谓平衡处理是指先求矩阵 A 的一个相似矩阵 B，然后通过求 B 的特征值来得到 A 的特征值（因为相似矩阵的特征值相等）。这种处理可以提高特征值与特征向量的计算精度，但有时这种处理会破坏某些矩阵的特性，这时就可以用上面的命令来取消平衡处理。

（5）lambda = eig(A,B)：返回由广义特征值组成的向量 lambda。

（6）[V,D] = eig(A,B)：返回由广义特征值组成的对角矩阵 D 以及相应的广义特征向量矩阵 V。

（7）[V,D] = eig(A,B,flag)：用 flag 指定的算法计算特征值矩阵 D 和特征向量矩阵 V，flag 的可能值为：'chol'表示对 B 使用楚列斯基（Cholesky）分解算法，其中 A 为对称埃尔米特（Hermite）矩阵，B 为正定阵。'qz'表示使用 QZ 算法，其中 A、B 为非对称或非埃尔米特矩阵。

（8）lambda = eigs(A,k,sigma)：根据 sigma 的取值来求 A 的部分特征值。

7.1.3 操作实例

例 1：求矩阵 $A = \begin{pmatrix} 1 & 5 & -3 & 4 \\ 9 & -1 & 2 & 1 \\ -2 & 6 & 8 & 5 \\ 7 & 1 & 0 & 1 \end{pmatrix}$ 的按模最大与最小特征值。

例1

```
>> A=[1 5 -3 4;9 -1 2 1;-2 6 8 5;7 1 0 1];
>> format short
>> d_max=eigs(A,1)  %求按模最大特征值
d_max =
   9.4756 - 2.7403i
>> d_min=eigs(A,1,'sm')  %求按模最小特征值
d_min =
  -0.6783
```

例 2：已知矩阵 $A = \begin{pmatrix} 1 & 5 & -3 & 4 \\ 9 & -1 & 2 & 1 \\ -2 & 6 & 8 & 5 \\ 7 & 1 & 0 & 1 \end{pmatrix}$ 以及 $B = \begin{pmatrix} 8 & 1 & 4 & 2 \\ 9 & 5 & -3 & 12 \\ 4 & -3 & 6 & 1 \\ 2 & -5 & 1 & 2 \end{pmatrix}$，求最

例2

大与最小的两个广义特征值。

```
>> A=[1 5 -3 4;9 -1 2 1;-2 6 8 5;7 1 0 1];
>> B=[8 1 4 2;9 5 -3 12;4 -3 6 1;2 -5 1 2];
>> d1=eigs(A,B,2)
d1 =
    4.8133 + 0.0000i
   -0.3990 - 0.3116i
>> d2=eigs(A,B,2,'sm')
d2 =
    0.3288 + 0.0000i
   -0.3990 + 0.3116i
```

例 3

例 3：已知矩阵 $A = \begin{pmatrix} 1 & 5 & -3 & 4 \\ 9 & -1 & 2 & 1 \\ -2 & 6 & 8 & 5 \\ 7 & 1 & 0 & 1 \end{pmatrix}$ 以及矩阵 $C = \begin{pmatrix} 3 & 0 & 2 & 3 \\ 0 & 3 & 45 & 2 \\ 8 & 1 & 0 & 0 \\ 5 & 7 & 4 & 2 \end{pmatrix}$，

求广义特征值和广义特征向量。

```
>> A=[1 5 -3 4;9 -1 2 1;-2 6 8 5;7 1 0 1];
>> C=[3 0 2 3;0 3 45 2;8 1 0 0;5 7 4 2];
>> [V,D]=eig(A,B)
V =
  1 至 3 列
   0.6757 + 0.0000i    0.2015 + 0.0000i   -0.3270 + 0.0307i
  -0.3138 + 0.0000i   -0.6079 + 0.0000i   -0.5205 - 0.3582i
  -1.0000 + 0.0000i    0.0404 + 0.0000i   -0.2238 + 0.0396i
  -0.5596 + 0.0000i    1.0000 + 0.0000i    0.7735 + 0.2265i
  4 列
  -0.3270 - 0.0307i
  -0.5205 + 0.3582i
  -0.2238 - 0.0396i
   0.7735 - 0.2265i
D =
  1 至 3 列
   4.8133 + 0.0000i    0.0000 + 0.0000i    0.0000 + 0.0000i
   0.0000 + 0.0000i    0.3288 + 0.0000i    0.0000 + 0.0000i
   0.0000 + 0.0000i    0.0000 + 0.0000i   -0.3990 + 0.3116i
   0.0000 + 0.0000i    0.0000 + 0.0000i    0.0000 + 0.0000i
  4 列
   0.0000 + 0.0000i
   0.0000 + 0.0000i
   0.0000 + 0.0000i
  -0.3990 - 0.3116i
```

7.2 矩阵对角化

n 阶矩阵显示格式如下

$$\begin{pmatrix} \lambda_1 & 0 & \cdots & 0 \\ 0 & \lambda_2 & \cdots & 0 \\ \vdots & \vdots & \ddots & \vdots \\ 0 & 0 & \cdots & \lambda_n \end{pmatrix}.$$

则称该矩阵为对角矩阵。两个对角矩阵的和是对角矩阵，两个对角矩阵的积也是对角矩阵。

7.2.1 单位矩阵

若 $\lambda_1 = \lambda_2 = \ldots = \lambda_n = 1$，即

$$E_n = \begin{pmatrix} 1 & 0 & \cdots & 0 \\ 0 & 1 & \cdots & 0 \\ \vdots & \vdots & \ddots & \vdots \\ 0 & 0 & \cdots & 1 \end{pmatrix}$$

将该矩阵称为单位矩阵。

如果 A 为 $m \times n$ 矩阵，那么 $E_m A = A E_n = A$。

该矩阵的生成函数 eye 有以下三种调用方法。

（1）eye(m)：生成 m 阶单位矩阵。

```
>> eye(3)
ans =
     1     0     0
     0     1     0
     0     0     1
```

（2）eye(m,n)：生成 m 行 n 列单位矩阵。

```
>> eye(3,2)
ans =
     1     0
     0     1
     0     0
```

（3）eye(size(A))：创建与 A 维数相同的单位矩阵。

```
>> A=[1 2 3;0 3 3;7 9 5];
 >> eye(size(A))
ans =
     1     0     0
     0     1     0
     0     0     1
```

7.2.2 对角化矩阵

对于矩阵 $A \in C^{n \times n}$，所谓的矩阵对角化就是找一个非奇异矩阵 P，使得

$$P^{-1} A P = \begin{pmatrix} \lambda_1 & & \\ & \ddots & \\ & & \lambda_n \end{pmatrix}$$

其中，$\lambda_1, \cdots, \lambda_n$ 为 A 的 n 个特征值。

矩阵对角化在实际中可以大大简化矩阵的各种运算，但不是每个矩阵均可进行对角化转换，因此判断矩阵是否可以进行对角化转换是首要步骤。

- 定理 1：n 阶矩阵 A 可对角化的充要条件是 A 有 n 个线性无关的特征向量。
- 定理 2：矩阵 A 可对角化的充要条件是 A 的每一个特征值的几何重复度等于代数重复度。

- 定理 3：实对称矩阵 A 可以对角化，且存在正交矩阵 P 使得

$$P^{\mathrm{T}}AP = \begin{pmatrix} \lambda_1 & & \\ & \ddots & \\ & & \lambda_n \end{pmatrix}$$

其中，$\lambda_1, \cdots, \lambda_n$ 为 A 的 n 个特征值。

在 M 文件 isdiag.m 中编写判断矩阵对角化，若返回结果为 1，则矩阵可以对角化，反之不可以。

```
function y=isdiag(A)
% 该函数用来判断矩阵 A 是否可以对角化
% 若返回值为 1 则说明 A 可以对角化，若返回值为 0 则说明 A 不可以对角化
[m,n]=size(A);            % 求矩阵 A 的阶数
if m~=n                   % 若 A 不是方阵则肯定不能对角化
    y=0;
    return;
else
    [V,D]=eig(A);
    if rank(V)==n         % 判断 A 的特征向量是否线性无关
        y=1;
        return;
    else
        y=0;
    end
end
```

7.2.3 课堂练习——判断矩阵是否可以对角化

矩阵 $A = \begin{pmatrix} 1 & 2 & 0 & -4 \\ 5 & 0 & 7 & 0 \\ 2 & 3 & 1 & 0 \\ 0 & 1 & 1 & -1 \end{pmatrix}$，判断该矩阵是否可以对角化，求解该矩阵的

判断矩阵是否
可以对角化

特征值与特征向量。

操作提示。

（1）输入矩阵。

（2）编写判断函数 isdiag.m。

（3）调用 isdiag 函数。

（4）利用 eig 函数求特征值与特征向量。

7.2.4 对角化转换

对于一个方阵 A，注意到用[V,D]=eig(A)求出的特征值矩阵 D 以及特征向量矩阵 V 满足下面的关系

$$AV = DV = VD$$

若 A 可对角化，那么矩阵 V 一定是可逆的，因此我们可以在上式的两边分别左乘 V^{-1}，即有

$$V^{-1}AV = D$$

也就是说矩阵 A 可对角化。

下面给出将一个矩阵对角化的函数源代码。

```
function [P,D]=reduce_diag(A)
% 该函数用来将一个矩阵 A 对角化
% 输出变量为矩阵 P, 满足 inv(P)*A*P=diag(lambda_1,...,1.lambda_n)
if ~isdiag(A)        % 判断矩阵 A 是否可转化为对角矩阵
    error('该矩阵不能对角化! ');
else
    disp('注意: 将下面的矩阵 P 的任意列乘以任意非零数所得矩阵仍满足 inv(P)*P*A=D');
    [P,D]=eig(A);
end
```

eigs 命令调用格式如表 7-1 所示。

表 7-1   eigs 命令特征值应用

D = diag(v), D = diag(v,k)	v 是向量或矩阵, k 是矩阵的第 k 条对角线, 返回矩阵 D
[V,D] = cdf2rdf(V,D)	D 是特征值矩阵, V 是特征向量, 矩阵复数对角矩阵转换成实数对角矩阵
[U,T] = rsf2csf(U,T)	U 是特征值矩阵, T 是特征向量, 实数对角矩阵转换成复数对角矩阵

7.2.5 操作实例

例 1: 求矩阵 $A = \begin{pmatrix} 1 & 5 & -3 & 4 \\ 9 & -1 & 2 & 1 \\ -2 & 6 & 8 & 5 \\ 7 & 1 & 0 & 1 \end{pmatrix}$ 的对角矩阵。

例 1

```
>> A=[1 5 -3 4;9 -1 2 1;-2 6 8 5;7 1 0 1];
>> B=diag(A)
B =
     1
    -1
     8
     1
```

例 2: 已知矩阵 $A = \begin{pmatrix} 1 & 5 & -3 & 4 \\ 9 & -1 & 2 & 1 \\ -2 & 6 & 8 & 5 \\ 7 & 1 & 0 & 1 \end{pmatrix}$ 以及 $B = \begin{pmatrix} 8 & 1 & 4 & 2 \\ 9 & 5 & -3 & 12 \\ 4 & -3 & 6 & 1 \\ 2 & -5 & 1 & 2 \end{pmatrix}$, 求

例 2

实数特征值。

```
>> A=[1 5 -3 4;9 -1 2 1;-2 6 8 5;7 1 0 1];
>> B=[8 1 4 2;9 5 -3 12;4 -3 6 1;2 -5 1 2];
>> [V,D]=eig(A,B)
V =
  1 至 3 列
   0.6757 + 0.0000i    0.2015 + 0.0000i   -0.3270 + 0.0307i
  -0.3138 + 0.0000i   -0.6079 + 0.0000i   -0.5205 - 0.3582i
```

```
-1.0000 + 0.0000i   0.0404 + 0.0000i  -0.2238 + 0.0396i
-0.5596 + 0.0000i   1.0000 + 0.0000i   0.7735 + 0.2265i
4 列
-0.3270 - 0.0307i
-0.5205 + 0.3582i
-0.2238 - 0.0396i
 0.7735 - 0.2265i
D =
1 至 3 列
 4.8133 + 0.0000i   0.0000 + 0.0000i   0.0000 + 0.0000i
 0.0000 + 0.0000i   0.3288 + 0.0000i   0.0000 + 0.0000i
 0.0000 + 0.0000i   0.0000 + 0.0000i  -0.3990 + 0.3116i
 0.0000 + 0.0000i   0.0000 + 0.0000i   0.0000 + 0.0000i
4 列
 0.0000 + 0.0000i
 0.0000 + 0.0000i
 0.0000 + 0.0000i
-0.3990 - 0.3116i
>> [V,D] = cdf2rdf(V,D)
V =
  0.6757    0.2015   -0.3270    0.0307
 -0.3138   -0.6079   -0.5205   -0.3582
 -1.0000    0.0404   -0.2238    0.0396
 -0.5596    1.0000    0.7735    0.2265
D =
  4.8133        0        0        0
       0   0.3288        0        0
       0        0  -0.3990   0.3116
       0        0  -0.3116  -0.3990
```

例3：已知矩阵 $A = \begin{pmatrix} 1 & 5 & -3 & 4 \\ 9 & -1 & 2 & 1 \\ -2 & 6 & 8 & 5 \\ 7 & 1 & 0 & 1 \end{pmatrix}$ 以及矩阵 $C = \begin{pmatrix} 3 & 0 & 2 & 3 \\ 0 & 3 & 45 & 2 \\ 8 & 1 & 0 & 0 \\ 5 & 7 & 4 & 2 \end{pmatrix}$，求实数特征值。

```
>> A=[1 5 -3 4;9 -1 2 1;-2 6 8 5;7 1 0 1];
>> C=[3 0 2 3;0 3 45 2;8 1 0 0;5 7 4 2];
>> [V,D]=eig(A,B)
V =
1 至 3 列
  0.6757 + 0.0000i   0.2015 + 0.0000i  -0.3270 + 0.0307i
 -0.3138 + 0.0000i  -0.6079 + 0.0000i  -0.5205 - 0.3582i
 -1.0000 + 0.0000i   0.0404 + 0.0000i  -0.2238 + 0.0396i
 -0.5596 + 0.0000i   1.0000 + 0.0000i   0.7735 + 0.2265i
4 列
-0.3270 - 0.0307i
-0.5205 + 0.3582i
-0.2238 - 0.0396i
 0.7735 - 0.2265i
D =
```

例3

```
 1 至 3 列
  4.8133 + 0.0000i    0.0000 + 0.0000i    0.0000 + 0.0000i
  0.0000 + 0.0000i    0.3288 + 0.0000i    0.0000 + 0.0000i
  0.0000 + 0.0000i    0.0000 + 0.0000i   -0.3990 + 0.3116i
  0.0000 + 0.0000i    0.0000 + 0.0000i    0.0000 + 0.0000i
 4 列
  0.0000 + 0.0000i
  0.0000 + 0.0000i
  0.0000 + 0.0000i
 -0.3990 - 0.3116i
>> [V,D] = cdf2rdf(V,D)
V =
    0.6757    0.2015   -0.3270    0.0307
   -0.3138   -0.6079   -0.5205   -0.3582
   -1.0000    0.0404   -0.2238    0.0396
   -0.5596    1.0000    0.7735    0.2265
D =
    4.8133         0         0         0
         0    0.3288         0         0
         0         0   -0.3990    0.3116
         0         0   -0.3116   -0.3990
```

7.3 符号与数值

在 MATLAB 中，符号运算是为了得到更高精度的数值解，但数值的运算更容易让读者理解，因此在特定的情况下分别使用符号或数值表达式进行不同的运算。

7.3.1 符号与数值间的转换

符号表达式转换成数值表达式的转换主要通过函数 eva 和函数 sym 来实现。

eval 函数将符号表达式转换成数值表达式主要是通过来实现的，函数 sym 将数值表达式转换成符号表达式，调用格式见表 7-2。

表 7-2	符号与数值间的转换函数
eval(expression) [output1,...,outputN] = eval(expression)	expression 是指含有有效的 MATLAB 表达式的字符串，如果需要在表达式中包含数值，则需要使用函数 int2str、num2str 或者 sprintf 进行转换。output1,...,outputN 是表达式的输出
Sym(p)	p 是指数值表达式
Subs(S,old,new)	将 old 变量替换 new 变量，直接计算符号表达式与数值表达式的结果

7.3.2 操作实例

例 1：用 eval 函数来生成四阶的希尔伯特（Hilbert）矩阵。

```
>>n=4;
>>t='1/(i+j-1)'
 >>a=zero(n);
>>for i=1:n
```

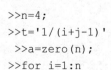

例 1

```
>>for j=1:n
>>a(i,j)=eval(t);          %将字符转换成数值结果
>>end
>>end
>>a
a=
1.0000    0.5000    0.3333    0.2500
0.5000    0.3333    0.2500    0.2000
0.3333    0.2500    0.2000    0.1667
0.2500    0.2000    0.1667    0.1429
```

例 2： 数值表达式与符号表达式的相互转换。

例 2

```
>> p=3.4;
>> q=sym(p)
q =
17/5
>> m=eval(q)
m =
3.4000
```

例 3： 魔方矩阵的字符转换。

例 3

```
>> a=rand(4)
a =
    0.8147    0.6324    0.9575    0.9572
    0.9058    0.0975    0.9649    0.4854
    0.1270    0.2785    0.1576    0.8003
    0.9134    0.5469    0.9706    0.1419
>> b=sym(a)
 b =
 [ 7338378580900475/9007199254740992, 1423946432832521/2251799813685248,
8624454854533211/9007199254740992, 8621393422876569/9007199254740992]
 [ 8158648460577917/9007199254740992,  109820732902227/1125899906842624,
8690943295155051/9007199254740992, 4371875181445801/9007199254740992]
 [ 1143795557080799/9007199254740992,  627122237356493/2251799813685248,
354913107955861/2251799813685248, 1802071410739743/2251799813685248]
 [ 8226958330713791/9007199254740992,  153933462881711/281474976710656,
2185580645132801/2251799813685248,  638999261770491/4503599627370496]
```

7.3.3　符号与数值间的精度设置

符号表达式与数值表达式分别使用函数 digit 和函数 vpa 来进行精度设置。函数调用格式如表 7-3 所示。

表 7-3　　　　　　　　　　　　　　　精度设置函数

Digits(D)	函数设置有效数字个数为 D 的近似解精度
vpa(S)	符号表达式 S 在 digits 函数设置下的精度的数值解
vpa(S,D)	符号表达式 S 在 digits 函数精度的数值解

7.3.4　符号矩阵

符号矩阵和符号向量中的元素都是符号表达式，符号表达式由符号变量与数值组成。

符号矩阵中的元素是任何不带等号的符号表达式，各符号表达式的长度可以不同。符号矩阵中以空格或逗号分隔的元素指的是不同列的元素，而以分号分隔的元素指的是不同行的元素。生成符号矩阵有以下三种方法。

（1）直接输入。

直接输入符号矩阵时，符号矩阵的每一行都要用方括号括起来，而且要保证同一列的各行元素字符串的长度相同，因此较短的字符串中要插入空格来补齐长度，否则程序将会报错。

（2）用 sym 函数创建符号矩阵。

用这种方法创建符号矩阵，矩阵元素可以是任何不带等号的符号表达式，各矩阵元素之间用逗号或空格分隔，各行之间用分号分隔，各元素字符串的长度可以不相等。常用的调用格式如表 7-4 所示。

表 7-4　　　　　　　　　　　　sym 命令常用格式

sym('x')	创建变量符号 x
sym('a', [n1 ... nM]	创建一个 n1-by -...-by-nM 符号数组，充满自动生成的元素
sym('A' n)	创建一个 $n \times n$ 符号矩阵，充满自动生成的元素
sym('a', n)	创建一个由 n 个自动生成的元素符号组成的数组
sym(___, set)	通过 set 设置符号表达式的格式

```
>> x = sym('x');                  %创建变量 x、y
>> y = sym('y');
>> a=[x+y,x;y,y+5]                 %创建符号矩阵
a =
 [ x + y,     x]
 [     y, y + 5]
>> a = sym('a', [1 4])            %用自动生成的元素创建符号向量
a =
[ a1, a2, a3, a4]
>> a = sym('x_%d', [1 4])     %用自动生成的元素创建符号向量，格式元素的名称使用格式字符串
作为第一个参数
a =
[ x_1, x_2, x_3, x_4]
>> a(1)                           %使用标准访问元素的索引方法
>> a(2:3)
ans =
x_1
ans =
[ x_2, x_3]
```

> **知识拓展**：创建符号表达式，首先创建符号变量，然后使用操作。表 7-5 中列出了符号表达式的常见格式与易错写法。

表 7-5   符号表达式的常见格式与易错写法

正确格式	错误格式
syms x; x + 1	sym('x + 1')
exp(sym(pi))	sym('exp(pi)')
syms f(var1,...varN)	f(var1,...varN) = sym('f(var1,...varN)')

（3）将数值矩阵转化为符号矩阵。

在 MATLAB 中，数值矩阵不能直接参与符号运算，所以必须先转化为符号矩阵。

7.3.5 操作实例

例 1：计算不同精度的 π 值。

```
>> pi
ans =
    3.1416
>> vpa(pi)
ans =
3.1415926535897932384626433832795
>> digits(10)
>> vpa(pi)
ans =
3.141592654
>>r = sym(pi)
>>f = sym(pi,'f')
>>d = sym(pi,'d')
>>e = sym(pi,'e')
r =
pi
 f =
884279719003555/281474976710656
 d =
3.1415926535897931159979634685442
 e =
pi - (198*eps)/359
```

例1

例 2：创建符号矩阵。

```
>> sm=['[1/(a+b),x^3   ,cos(x)]';'[log(y) ,abs(x),c        ]']
sm =
[1/(a+b),x^3   ,cos(x)]
[log(y) ,abs(x),c      ]
   >> a=['[   sin(x),      cos(x)]';'[exp(x^2),log(tanh(y))]']
 a =
[      sin(x),      cos(x)]
[    exp(x^2),  log(tanh(y))]
   >> A=[sin(pi/3),cos(pi/4);log(3),tanh(6)]
A =
0.8660    0.7071
1.0986    1.0000
```

例2

```
>> B=sym(A)
B =
[                                    3^(1/2)/2,                                    2^(1/2)/2]
[ 2473854946935173/2251799813685248, 2251772142782799/2251799813685248]
```

例 3：符号矩阵的赋值。

```
>> syms x
>> f=x+sin(x)
f =
 x + sin(x)
>> subs(f,x,6)
ans =
sin(6) + 6
```

例 3

7.3.6　课堂练习——符号方阵的运算

已知符号矩阵 $A = \begin{pmatrix} \dfrac{a^2-x^2}{a+x} & \sin^2 y & \dfrac{x-y}{a+x} & -4x+y \\ 1 & 0 & x^2+y^2 & y \\ e^x & 3 & a^2 & 0 \\ x+y^2-5 & 1 & x^2 & b+a \end{pmatrix}$，求该矩阵的

符号方阵的运算

特征值与特征向量、矩阵的转置、矩阵的逆、矩阵的因式分解。

操作提示。

（1）输入矩阵 A。

（2）利用特征值函数 eig。

（3）调用转置函数 transpose。

（4）利用因式分解函数 factor 求因式分解。

7.4　多元函数分析

本节讲解 MATLAB 中利用矩阵命令求解多元函数偏导问题，以及求解多元函数值的命令。

7.4.1　雅可比矩阵

雅可比矩阵是一阶偏导数以一定方式排列成的矩阵，MATLAB 中可以用来求解偏导数的命令是 jacobian。

jacobian 命令的调用格式见表 7-6。

表 7-6　　　　　　　　　　　　　　jacobian 调用格式

命　　令	说　　明
jacobian (f,v)	计算数量或向量 f 对向量 v 的雅可比（Jacobi）矩阵。当 f 是数量的时候，实际上计算的是 f 的梯度；当 v 是数量的时候，实际上计算的是 f 的偏导数

根据方向导数的定义，多元函数沿方向 v 的方向导数可表示为该多元函数的梯度点乘单位向量 v，即方向导数可以用 jacobian*v 来计算。

7.4.2 操作实例

例 1：计算 $f(x,y,z)=\begin{pmatrix} xyz \\ y \\ x+z \end{pmatrix}$ 的雅可比矩阵。

例 1

```
>> clear
>> syms x y z
>> f=[x*y*z;y;x+z];
>> v=[x,y,z];
>> jacobian(f,v)
ans =
[ y*z, x*z, x*y]
[   0,   1,   0]
[   1,   0,   1]
```

例 2：计算 $f(x,y,z)=x^2-81(y+1)^2+\sin z$ 的偏导数。

例 2

```
>> clear
>> syms x y z
>> f=x^2+81*(y+1)^2+sin(z);
>> v=[x,y,z];
>> jacobian(f,v)
ans =
 [     2*x, 162*y+162,    cosz]
```

例 3：计算 $f(x,y,z)=x^2+2y^2+3z^2+xy$ 在点（0，0，0）与点（1，3，4）的梯度大小。

例 3

```
>> clear
>> syms x y z
>> f=x^2+2*y^2+3*z^2+x*y;
>> v=[x,y,z];
>> j=jacobian(f,v);
>> j1=subs(subs(subs(j,x,0),y,0),z,0);
>> j2=subs(subs(subs(j,x,1),y,3),z,4);
j1 =
    0    0    0
j2 =
    5   13   24
```

7.5 综合实例——希尔伯特矩阵

希尔伯特矩阵

本节以希尔伯特矩阵为例，练习实数矩阵与符号矩阵的转换，以复习符号矩阵的运算。

1. 数值希尔伯特矩阵运算

（1）创建希尔伯特矩阵。

```
>> A=hilb(4)
```

```
A =
    1.0000    0.5000    0.3333    0.2500
    0.5000    0.3333    0.2500    0.2000
    0.3333    0.2500    0.2000    0.1667
    0.2500    0.2000    0.1667    0.1429
```

（2）矩阵运算。

```
>> B1=invhilb (4)                          %求逆运算
B1 =
        16       -120        240       -140
      -120       1200      -2700       1680
       240      -2700       6480      -4200
      -140       1680      -4200       2800
>> B2=inv(A)
B2 =
   1.0e+03 *
    0.0160   -0.1200    0.2400   -0.1400
   -0.1200    1.2000   -2.7000    1.6800
    0.2400   -2.7000    6.4800   -4.2000
   -0.1400    1.6800   -4.2000    2.8000
>> B3=A'                                    %转置运算
B3 =
    1.0000    0.5000    0.3333    0.2500
    0.5000    0.3333    0.2500    0.2000
    0.3333    0.2500    0.2000    0.1667
    0.2500    0.2000    0.1667    0.1429
>> [V,D]=eig(A)  %求广义特征值和广义特征向量
V =
  1 至 2 列
   0.029193323164783    0.179186290535455
  -0.328712055763171   -0.741917790628461
   0.791411145833123    0.100228136947212
  -0.514552749997169    0.638282528193603
  3 至 4 列
  -0.582075699497237    0.792608291163764
   0.370502185067093    0.451923120901600
   0.509578634501800    0.322416398581825
   0.514048272222163    0.252161169688242
D =
  1 至 2 列
   0.000096702304023                    0
                   0    0.006738273605761
                   0                    0
                   0                    0
  3 至 4 列
                   0                    0
                   0                    0
   0.169141220221450                    0
                   0    1.500214280059243
>> B4=rank(A)                %求秩运算
B4 =
     4
```

```
>> B5=eig(A)                    %特征值、特征向量运算
B5 =
    0.000096702304023
    0.006738273605761
    0.169141220221450
    1.500214280059243
>> B6=svd(A)                    %奇异值运算
B6 =
    1.500214280059243
    0.169141220221450
    0.006738273605761
    0.000096702304023
>> B7=jordan(A)                 %若尔当(Jordan)标准型运算
B7 =
  1 列
    0.000096702304023 - 0.000000000000000i
    0.000000000000000 + 0.000000000000000i
    0.000000000000000 + 0.000000000000000i
    0.000000000000000 + 0.000000000000000i
  2 列
    0.000000000000000 + 0.000000000000000i
    0.006738273605761 + 0.000000000000000i
    0.000000000000000 + 0.000000000000000i
    0.000000000000000 + 0.000000000000000i
  3 列
    0.000000000000000 + 0.000000000000000i
    0.000000000000000 + 0.000000000000000i
    0.169141220221450 - 0.000000000000000i
    0.000000000000000 + 0.000000000000000i
  4 列
    0.000000000000000 + 0.000000000000000i
    0.000000000000000 + 0.000000000000000i
    0.000000000000000 + 0.000000000000000i
    1.500214280059243 + 0.000000000000000i
```

2. 符号希尔伯特矩阵运算

（1）创建符号矩阵。

```
>>   y=@(x)(x*A)
y =
    @(x)(x*A)
>> a=sym(y)
a =
[   x, x/2, x/3, x/4]
[ x/2, x/3, x/4, x/5]
[ x/3, x/4, x/5, x/6]
[ x/4, x/5, x/6, x/7]
```

（2）提取符号矩阵的分子与分母。

```
>> [n,d]=numden(a)
n =
```

```
[ x, x, x, x]
[ x, x, x, x]
[ x, x, x, x]
[ x, x, x, x]
d =
[ 1, 2, 3, 4]
[ 2, 3, 4, 5]
[ 3, 4, 5, 6]
[ 4, 5, 6, 7]
```

（3）计算符号矩阵值。

```
>> a0= subs(y,x,5)
a0 =
[   x, x/2, x/3, x/4]
[ x/2, x/3, x/4, x/5]
[ x/3, x/4, x/5, x/6]
[ x/4, x/5, x/6, x/7]
```

3. 符号矩阵的一般运算

（1）计算符号矩阵的转置。

```
>> b1 = transpose(a)
b1 =
[   x, x/2, x/3, x/4]
[ x/2, x/3, x/4, x/5]
[ x/3, x/4, x/5, x/6]
[ x/4, x/5, x/6, x/7]
```

（2）计算符号矩阵的行列式。

```
>> b2 = det(a)
 b2 =
x^4/6048000
```

（3）计算符号矩阵的逆运算。

```
>> b3=inv(a)
b3 =
[   16/x,  -120/x,   240/x,  -140/x]
[ -120/x,  1200/x, -2700/x,  1680/x]
[  240/x, -2700/x,  6480/x, -4200/x]
[ -140/x,  1680/x, -4200/x,  2800/x]
```

（4）计算符号矩阵的秩。

```
>> b4=rank(a)
b4 =
     4
```

（5）符号矩阵的特征值、特征向量运算。

```
>> b5=eig(a)
b5 =
 (44*x)/105 - ((69541*x^2*((3^(1/2)*(-(4621318097*x^12)/15630875552250000)^
(1/2))/18 + (3805076179*x^6)/6751269000000)^(1/3))/14700+(349183*x^4)/5670000+
9*((3^(1/2)*(-(4621318097*x^12)/15630875552250000)^(1/2))/18+(3805076179*
```

x^6)/6751269000000)^(2/3))^(1/2)/(6*((3^(1/2)*(-(4621318097*x^12)/15630875552
250000)^(1/2))/18 + (3805076179*x^6)/6751269000000)^(1/6)) - ((69541*x^2*((3^
(1/2)*(-(4621318097*x^12)/15630875552250000)^(1/2))/18 + (3805076179*x^6)/
6751269000000)^(1/3)*((69541*x^2*((3^(1/2)*(-(4621318097*x^12)/15630875552250000)^
(1/2))/18 + (3805076179*x^6)/6751269000000)^(1/3))/14700 + (349183*x^4)/5670000
+ 9*((3^(1/2)*(-(4621318097*x^12)/15630875552250000)^(1/2))/18 + (3805076179*
x^6)/6751269000000)^(2/3))^(1/2))/7350 - 9*((3^(1/2)*(-(4621318097*x^12)/
15630875552250000)^(1/2))/18 + (3805076179*x^6)/6751269000000)^(2/3)*((69541*
x^2*((3^(1/2)*(-(4621318097*x^12)/15630875552250000)^(1/2))/18 + (3805076179*
x^6)/6751269000000)^(1/3))/14700 + (349183*x^4)/5670000 + 9*((3^(1/2)*(-(4621318097*
x^12)/15630875552250000)^(1/2))/18 + (3805076179*x^6)/6751269000000)^(2/3))^
(1/2) - (349183*x^4*((69541*x^2*((3^(1/2)*(-(4621318097*x^12)/15630875552250000)^
(1/2))/18 + (3805076179*x^6)/6751269000000)^(1/3))/14700 + (349183*x^4)/5670000
+ 9*((3^(1/2)*(-(4621318097*x^12)/15630875552250000)^(1/2))/18 + (3805076179*
x^6)/6751269000000)^(2/3))^(1/2))/5670000 - (426224*6^(1/2)*x^3*(3*3^(1/2)*
(-(4621318097*x^12)/15630875552250000)^(1/2) + (3805076179*x^6)/125023500000)
^(1/2))/385875)^(1/2)/(6*((3^(1/2)*(-(4621318097*x^12)/15630875552250000)^(1/2))/
18 + (3805076179*x^6)/6751269000000)^(1/6)*((69541*x^2*((3^(1/2)*(-(4621318097*
x^12)/15630875552250000)^(1/2))/18 + (3805076179*x^6)/6751269000000)^(1/3))/
14700 + (349183*x^4)/5670000 + 9*((3^(1/2)*(-(4621318097*x^12)/15630875552250000)^
(1/2))/18 + (3805076179*x^6)/6751269000000)^(2/3))^(1/4))
(44*x)/105 - ((69541*x^2*((3^(1/2)*(-(4621318097*x^12)/15630875552250000)^
(1/2))/18 + (3805076179*x^6)/6751269000000)^(1/3))/14700 + (349183*x^4)/5670000 +
9*((3^(1/2)*(-(4621318097*x^12)/15630875552250000)^(1/2))/18 + (3805076179*x^
6)/6751269000000)^(2/3))^(1/2)/(6*((3^(1/2)*(-(4621318097*x^12)/15630875552250000)^
(1/2))/18 + (3805076179*x^6)/6751269000000)^(1/6)) + ((69541*x^2*((3^(1/2)*
(-(4621318097*x^12)/15630875552250000)^(1/2))/18 + (3805076179*x^6)/6751269000000)^
(1/3)*((69541*x^2*((3^(1/2)*(-(4621318097*x^12)/15630875552250000)^(1/2))/18 +
(3805076179*x^6)/6751269000000)^(1/3))/14700 + (349183*x^4)/5670000 + 9*((3^
(1/2)*(-(4621318097*x^12)/15630875552250000)^(1/2))/18 + (3805076179*x^6)/
6751269000000)^(2/3))^(1/2))/7350-9*((3^(1/2)*(-(4621318097*x^12)/15630875552250000)^
(1/2))/18 + (3805076179*x^6)/6751269000000)^(2/3)*((69541*x^2*((3^(1/2)*(-
(4621318097*x^12)/15630875552250000)^(1/2))/18 + (3805076179*x^6)/6751269000000)^
(1/3))/14700 + (349183*x^4)/5670000 + 9*((3^(1/2)*(-(4621318097*x^12)/
15630875552250000)^(1/2))/18 + (3805076179*x^6)/6751269000000)^(2/3))^(1/2)
-(349183*x^4*((69541*x^2*((3^(1/2)*(-(4621318097*x^12)/15630875552250000)^
(1/2))/18 + (3805076179*x^6)/6751269000000)^(1/3))/14700 + (349183*x^4)/5670000 +
9*((3^(1/2)*(-(4621318097*x^12)/15630875552250000)^(1/2))/18 + (3805076179*x^6)/
6751269000000)^(2/3))^(1/2))/5670000 - (426224*6^(1/2)*x^3*(3*3^(1/2)*(-(4621318097*
x^12)/15630875552250000)^(1/2) + (3805076179*x^6)/125023500000)^(1/2))/385875)^
(1/2)/(6*((3^(1/2)*(-(4621318097*x^12)/15630875552250000)^(1/2))/18 + (3805076179*
x^6)/6751269000000)^(1/6)*((69541*x^2*((3^(1/2)*(-(4621318097*x^12)/15630875552250000)^
(1/2))/18 + (3805076179*x^6)/6751269000000)^(1/3))/14700 + (349183*x^4)/5670000 +
9*((3^(1/2)*(-(4621318097*x^12)/15630875552250000)^(1/2))/18 + (3805076179*x
^6)/6751269000000)^(2/3))^(1/4))
(44*x)/105 + ((69541*x^2*((3^(1/2)*(-(4621318097*x^12)/15630875552250000)^(1/
2))/18 + (3805076179*x^6)/6751269000000)^(1/3))/14700 + (349183*x^4)/5670000
+ 9*((3^(1/2)*(-(4621318097*x^12)/15630875552250000)^(1/2))/18 + (3805076179*
x^6)/6751269000000)^(2/3))^(1/2)/(6*((3^(1/2)*(-(4621318097*x^12)/15630875552
250000)^(1/2))/18 + (3805076179*x^6)/6751269000000)^(1/6)) - ((69541*x^2*((3^
(1/2)*(-(4621318097*x^12)/15630875552250000)^(1/2))/18 + (3805076179*x^6)/

6751269000000)^(1/3)*((69541*x^2*((3^(1/2)*(-(4621318097*x^12)/15630875552250000)^
(1/2))/18 + (3805076179*x^6)/6751269000000)^(1/3))/14700 + (349183*x^4)/5670000 +
9*((3^(1/2)*(-(4621318097*x^12)/15630875552250000)^(1/2))/18 + (3805076179*x^
6)/6751269000000)^(2/3))^(1/2))/7350 - 9*((3^(1/2)*(-(4621318097*x^12)/
15630875552250000)^(1/2))/18 + (3805076179*x^6)/6751269000000)^(2/3)*((69541*
x^2*((3^(1/2)*(-(4621318097*x^12)/15630875552250000)^(1/2))/18 + (3805076179*
x^6)/6751269000000)^(1/3))/14700 + (349183*x^4)/5670000 + 9*((3^(1/2)*(-
(4621318097*x^12)/15630875552250000)^(1/2))/18 + (3805076179*x^6)/6751269000000)^
(2/3))^(1/2) - (349183*x^4*((69541*x^2*((3^(1/2)*(-(4621318097*x^12)/15630875
552250000)^(1/2))/18 + (3805076179*x^6)/6751269000000)^(1/3))/14700 + (349183
x^4)/5670000 + 9((3^(1/2)*(-(4621318097*x^12)/15630875552250000)^(1/2))/18
+ (3805076179*x^6)/6751269000000)^(2/3))^(1/2)/5670000 + (426224*6^(1/2)*x^3
*(3*3^(1/2)*(-(4621318097*x^12)/15630875552250000)^(1/2) + (3805076179*x^6)/
125023500000)^(1/2))/385875)^(1/2)/(6*((3^(1/2)*(-(4621318097*x^12)/156308755
52250000)^(1/2))/18 + (3805076179*x^6)/6751269000000)^(1/6)*((69541*x^2*((3^
(1/2)*(-(4621318097*x^12)/15630875552250000)^(1/2))/18 + (3805076179*x^6)/
6751269000000)^(1/3))/14700 + (349183*x^4)/5670000 + 9*((3^(1/2)*(-(4621318097*
x^12)/15630875552250000)^(1/2))/18 + (3805076179*x^6)/6751269000000)^(2/3))^(1/4))
 (44*x)/105 + ((69541*x^2*((3^(1/2)*(-(4621318097*x^12)/15630875552250000)^
(1/2))/18 + (3805076179*x^6)/6751269000000)^(1/3))/14700 + (349183*x^4)/5670000 +
9*((3^(1/2)*(-(4621318097*x^12)/15630875552250000)^(1/2))/18 + (3805076179*x^6)/
6751269000000)^(2/3))^(1/2)/(6*((3^(1/2)*(-(4621318097*x^12)/15630875552250000)^
(1/2))/18 + (3805076179*x^6)/6751269000000)^(1/6)) + ((69541*x^2*((3^(1/2)*(-
(4621318097*x^12)/15630875552250000)^(1/2))/18 + (3805076179*x^6)/6751269000000)^
(1/3)*((69541*x^2*((3^(1/2)*(-(4621318097*x^12)/15630875552250000)^(1/2))/
18 + (3805076179*x^6)/6751269000000)^(1/3))/14700 + (349183*x^4)/5670000 + 9*
((3^(1/2)*(-(4621318097*x^12)/15630875552250000)^(1/2))/18 + (3805076179*x^6)
/6751269000000)^(2/3))^(1/2))/7350 - 9*((3^(1/2)*(-(4621318097*x^12)/15630875
552250000)^(1/2))/18 + (3805076179*x^6)/6751269000000)^(2/3)*((69541*x^2*((3^
(1/2)*(-(4621318097*x^12)/15630875552250000)^(1/2))/18 + (3805076179*x^6)/675
1269000000)^(1/3))/14700 + (349183*x^4)/5670000 + 9*((3^(1/2)*(-(4621318097*x
^12)/15630875552250000)^(1/2))/18 + (3805076179*x^6)/6751269000000)^(2/3))^(1
/2) - (349183*x^4*((69541*x^2*((3^(1/2)*(-(4621318097*x^12)/15630875552250000
)^(1/2))/18 + (3805076179*x^6)/6751269000000)^(1/3))/14700 + (349183*x^4)/567
0000 + 9*((3^(1/2)*(-(4621318097*x^12)/15630875552250000)^(1/2))/18 + (380507
6179*x^6)/6751269000000)^(2/3))^(1/2))/5670000 + (426224*6^(1/2)*x^3*(3*3^(1/
2)*(-(4621318097*x^12)/15630875552250000)^(1/2) + (3805076179*x^6)/1250235000
00)^(1/2))/385875)^(1/2)/(6*((3^(1/2)*(-(4621318097*x^12)/15630875552250000)^
(1/2))/18 + (3805076179*x^6)/6751269000000)^(1/6)*((69541*x^2*((3^(1/2)*(-(46
21318097*x^12)/15630875552250000)^(1/2))/18 + (3805076179*x^6)/6751269000000)
^(1/3))/14700 + (349183*x^4)/5670000 + 9*((3^(1/2)*(-(4621318097*x^12)/156308
75552250000)^(1/2))/18 + (3805076179*x^6)/6751269000000)^(2/3))^(1/4))

（6）符号矩阵的奇异值运算。

```
>> b6=svd(a)
 b6 =
   ((100517*x*conj(x))/176400 - ((326021*x^4*conj(x)^4)/78764805 + 9*((3^(1/2)
*(-(1183057432832*x^12*conj(x)^12)/6786785292497965068890625)^(1/2))/18 +
(2081228509*x^6*conj(x)^6)/211016819955375)^(2/3) + (457931417*x^2*conj(x)^2*
((3^(1/2)*(-(1183057432832*x^12*conj(x)^12)/6786785292497965068890625)^(1/2))
/18 + (2081228509*x^6*conj(x)^6)/211016819955375)^(1/3))/40516875)^(1/2)/(6*
```

```
((3^(1/2)*(-(1183057432832*x^12*conj(x)^12)/6786785292497965068890625)^(1/2))
/18 + (2081228509*x^6*conj(x)^6)/211016819955375)^(1/6)) - ((915862834*x^2*
conj(x)^2*((3^(1/2)*(-(1183057432832*x^12*conj(x)^12)/6786785292497965068890625)^
(1/2))/18 + (2081228509*x^6*conj(x)^6)/211016819955375)^(1/3)*((326021*x^4*
conj(x)^4)/78764805 + 9*((3^(1/2)*(-(1183057432832*x^12*conj(x)^12)/678678529
2497965068890625)^(1/2))/18 + (2081228509*x^6*conj(x)^6)/211016819955375)^(2/
3) + (457931417*x^2*conj(x)^2*((3^(1/2)*(-(1183057432832*x^12*conj(x)^12)/
6786785292497965068890625)^(1/2))/18 + (2081228509*x^6*conj(x)^6)/21101681995
5375)^(1/3))/40516875)^(1/2))/40516875 - (326021*x^4*conj(x)^4*((326021*x^4*
conj(x)^4)/78764805 + 9*((3^(1/2)*(-(1183057432832*x^12*conj(x)^12)/678678529
2497965068890625)^(1/2))/18 + (2081228509*x^6*conj(x)^6)/211016819955375)^(2/
3) + (457931417*x^2*conj(x)^2*((3^(1/2)*(-(1183057432832*x^12*conj(x)^12)/678
6785292497965068890625)^(1/2))/18 + (2081228509*x^6*conj(x)^6)/21101681995537
5)^(1/3))/40516875)^(1/2))/78764805 - 9*((3^(1/2)*(-(1183057432832*x^12*conj
(x)^12)/6786785292497965068890625)^(1/2))/18 + (2081228509*x^6*conj(x)^6)/
211016819955375)^(2/3)*((326021*x^4*conj(x)^4)/78764805 + 9*((3^(1/2)*(-(1183
057432832*x^12*conj(x)^12)/6786785292497965068890625)^(1/2))/18 + (2081228509
*x^6*conj(x)^6)/211016819955375)^(2/3) + (457931417*x^2*conj(x)^2*((3^(1/2)*(
-(1183057432832*x^12*conj(x)^12)/6786785292497965068890625)^(1/2))/18 + (2081
228509*x^6*conj(x)^6)/211016819955375)^(1/3))/40516875)^(1/2) - (628361585696
*6^(1/2)*x^3*conj(x)^3*(3*3^(1/2)*(-(1183057432832*x^12*conj(x)^12)/678678529
2497965068890625)^(1/2) + (4162457018*x^6*conj(x)^6)/7815437776125)^(1/2))/14
8899515625)^(1/2)/(6*((3^(1/2)*(-(1183057432832*x^12*conj(x)^12)/678678529249
7965068890625)^(1/2))/18 + (2081228509*x^6*conj(x)^6)/211016819955375)^(1/6)*
((326021*x^4*conj(x)^4)/78764805 + 9*((3^(1/2)*(-(1183057432832*x^12*conj(x)^
12)/6786785292497965068890625)^(1/2))/18 + (2081228509*x^6*conj(x)^6)/2110168
19955375)^(2/3) + (457931417*x^2*conj(x)^2*((3^(1/2)*(-(1183057432832*x^12*co
nj(x)^12)/6786785292497965068890625)^(1/2))/18 + (2081228509*x^6*conj(x)^6)/2
11016819955375)^(1/3))/40516875)^(1/4)))^(1/2) ((100517*x*conj(x))/176400 -
((326021*x^4*conj(x)^4)/78764805 + 9*((3^(1/2)*(-(1183057432832*x^12*conj(x)^12)/
6786785292497965068890625)^(1/2))/18 + (2081228509*x^6*conj(x)^6)/211016819955375)
^(2/3) + (457931417*x^2*conj(x)^2*((3^(1/2)*(-(1183057432832*x^12*conj(x)^12)/
6786785292497965068890625)^(1/2))/18 + (2081228509*x^6*conj(x)^6)/211016819955375)^
(1/3))/40516875)^(1/2)/(6*((3^(1/2)*(-(1183057432832*x^12*conj(x)^12)/678678529
2497965068890625)^(1/2))/18 + (2081228509*x^6*conj(x)^6)/211016819955375)^(1/
6)) + ((915862834*x^2*conj(x)^2*((3^(1/2)*(-(1183057432832*x^12*conj(x)^12)/
6786785292497965068890625)^(1/2))/18 + (2081228509*x^6*conj(x)^6)/211016819955375)^
(1/3)*((326021*x^4*conj(x)^4)/78764805 + 9*((3^(1/2)*(-(1183057432832*x^12*conj
(x)^12)/6786785292497965068890625)^(1/2))/18 + (2081228509*x^6*conj(x)^6)/
211016819955375)^(2/3) + (457931417*x^2*conj(x)^2*((3^(1/2)*(-(1183057432832*
x^12*conj(x)^12)/6786785292497965068890625)^(1/2))/18 + (2081228509*x^6*conj
(x)^6)/211016819955375)^(1/3))/40516875)^(1/2))/40516875 - (326021*x^4*conj
(x)^4*((326021*x^4*conj(x)^4)/78764805 + 9*((3^(1/2)*(-(1183057432832*x^12*
conj(x)^12)/6786785292497965068890625)^(1/2))/18 + (2081228509*x^6*conj(x)^6)
/211016819955375)^(2/3) + (457931417*x^2*conj(x)^2*((3^(1/2)*(-(1183057432832
*x^12*conj(x)^12)/6786785292497965068890625)^(1/2))/18 + (2081228509*x^6*conj(x)^6)/
211016819955375)^(1/3))/40516875)^(1/2))/78764805 - 9*((3^(1/2)*(-(1183057432832
*x^12*conj(x)^12)/6786785292497965068890625)^(1/2))/18 + (2081228509*x^6*conj
(x)^6)/211016819955375)^(2/3)*((326021*x^4*conj(x)^4)/78764805 + 9*((3^(1/2)*
(-(1183057432832*x^12*conj(x)^12)/6786785292497965068890625)^(1/2))/18 +
(2081228509*x^6*conj(x)^6)/211016819955375)^(2/3) + (457931417*x^2*conj(x)^2*
```

```
((3^(1/2)*(-(1183057432832*x^12*conj(x)^12)/678678529249797965068890625)^(1/2))
/18 + (2081228509*x^6*conj(x)^6)/211016819955375)^(1/3))/40516875)^(1/2) -
(628361585696*6^(1/2)*x^3*conj(x)^3*(3*3^(1/2)*(-(1183057432832*x^12*conj(x)^
12)/678678529249797965068890625)^(1/2) + (4162457018*x^6*conj(x)^6)/7815437776125)^
(1/2))/148899515625)^(1/2)/(6*((3^(1/2)*(-(1183057432832*x^12*conj(x)^12)/
678678529249797965068890625)^(1/2))/18 + (2081228509*x^6*conj(x)^6)/211016819955375)^
(1/6)*((326021*x^4*conj(x)^4)/78764805 + 9*((3^(1/2)*(-(1183057432832*x^12*conj
(x)^12)/678678529249797965068890625)^(1/2))/18 + (2081228509*x^6*conj(x)^6)/
211016819955375)^(2/3) + (457931417*x^2*conj(x)^2*((3^(1/2)*(-(1183057432832*
x^12*conj(x)^12)/678678529249797965068890625)^(1/2))/18 + (2081228509*x^6*conj
(x)^6)/211016819955375)^(1/3))/40516875)^(1/4)))^(1/2) (((326021*x^4*conj(x)^
4)/78764805 + 9*((3^(1/2)*(-(1183057432832*x^12*conj(x)^12)/678678529249797965068890625)
^(1/2))/18 + (2081228509*x^6*conj(x)^6)/211016819955375)^(2/3) + (457931417*x^2*
conj(x)^2*((3^(1/2)*(-(1183057432832*x^12*conj(x)^12)/678678529249797965068890625)
^(1/2))/18 + (2081228509*x^6*conj(x)^6)/211016819955375)^(1/3))/40516875)^(1/2)
/(6*((3^(1/2)*(-(1183057432832*x^12*conj(x)^12)/678678529249797965068890625)^
(1/2))/18 + (2081228509*x^6*conj(x)^6)/211016819955375)^(1/6)) + (100517*x*
conj(x))/176400 - ((915862834*x^2*conj(x)^2*(3^(1/2)*(-(1183057432832*x^12*conj
(x)^12)/678678529249797965068890625)^(1/2))/18 + (2081228509*x^6*conj(x)^6)/
211016819955375)^(1/3)*((326021*x^4*conj(x)^4)/78764805 + 9*((3^(1/2)*(-
(1183057432832*x^12*conj(x)^12)/678678529249797965068890625)^(1/2))/18 + (2081228509
*x^6*conj(x)^6)/211016819955375)^(2/3) + (457931417*x^2*conj(x)^2*((3^(1/2)*(-
(1183057432832*x^12*conj(x)^12)/678678529249797965068890625)^(1/2))/18 + (2081228509
*x^6*conj(x)^6)/211016819955375)^(1/3))/40516875)^(1/2))/40516875 - (326021*x^4
*conj(x)^4*((326021*x^4*conj(x)^4)/78764805 + 9*((3^(1/2)*(-(1183057432832*x^
12*conj(x)^12)/678678529249797965068890625)^(1/2))/18 + (2081228509*x^6*conj(x)
^6)/211016819955375)^(2/3) + (457931417*x^2*conj(x)^2*((3^(1/2)*(-(1183057432832
*x^12*conj(x)^12)/678678529249797965068890625)^(1/2))/18 + (2081228509*x^6*conj
(x)^6)/211016819955375)^(1/3))/40516875)^(1/2))/78764805 - 9*((3^(1/2)*(-
(1183057432832*x^12*conj(x)^12)/678678529249797965068890625)^(1/2))/18 + (2081228509*
x^6*conj(x)^6)/211016819955375)^(2/3)*((326021*x^4*conj(x)^4)/78764805 + 9*((3^
(1/2)*(-(1183057432832*x^12*conj(x)^12)/678678529249797965068890625)^(1/2))/18
+ (2081228509*x^6*conj(x)^6)/211016819955375)^(2/3) + (457931417*x^2*conj(x)^
2*((3^(1/2)*(-(1183057432832*x^12*conj(x)^12)/678678529249797965068890625)^(1/2))/
18 + (2081228509*x^6*conj(x)^6)/211016819955375)^(1/3))/40516875)^(1/2) +
(628361585696*6^(1/2)*x^3*conj(x)^3*(3*3^(1/2)*(-(1183057432832*x^12*conj(x)^
12)/678678529249797965068890625)^(1/2) + (4162457018*x^6*conj(x)^6)/7815437776125)
^(1/2))/148899515625)^(1/2)/(6*((3^(1/2)*(-(1183057432832*x^12*conj(x)^12)/
678678529249797965068890625)^(1/2))/18 + (2081228509*x^6*conj(x)^6)/211016819955375)^
(1/6)*((326021*x^4*conj(x)^4)/78764805 + 9*((3^(1/2)*(-(1183057432832*x^12*
conj(x)^12)/678678529249797965068890625)^(1/2))/18 + (2081228509*x^6*conj(x)^6)
/211016819955375)^(2/3) + (457931417*x^2*conj(x)^2*((3^(1/2)*(-(1183057432832
*x^12*conj(x)^12)/678678529249797965068890625)^(1/2))/18 + (2081228509*x^6*conj
(x)^6)/211016819955375)^(1/3))/40516875)^(1/4)))^(1/2) (((326021*x^4*conj(x)^
4)/78764805 + 9*((3^(1/2)*(-(1183057432832*x^12*conj(x)^12)/678678529249797965068890625)
^(1/2))/18 + (2081228509*x^6*conj(x)^6)/211016819955375)^(2/3) + (457931417*x^2*
conj(x)^2*((3^(1/2)*(-(1183057432832*x^12*conj(x)^12)/678678529249797965068890625)^
(1/2))/18 + (2081228509*x^6*conj(x)^6)/211016819955375)^(1/3))/40516875)^(1/2)/
(6*((3^(1/2)*(-(1183057432832*x^12*conj(x)^12)/678678529249797965068890625)^(1/
2))/18 + (2081228509*x^6*conj(x)^6)/211016819955375)^(1/6)) + (100517*x*conj
(x))/176400 + ((915862834*x^2*conj(x)^2*((3^(1/2)*(-(1183057432832*x^12*conj
```

```
(x)^12)/678678529249796506889 0625)^(1/2))/18 + (2081228509*x^6*conj(x)^6)/
211016819955375)^(1/3)*((326021*x^4*conj(x)^4)/78764805 + 9*((3^(1/2)*(-
(1183057432832*x^12*conj(x)^12)/678678529249796506889 0625)^(1/2))/18 + (2081228509*
x^6*conj(x)^6)/211016819955375)^(2/3) + (457931417*x^2*conj(x)^2*((3^(1/2)*(-
(1183057432832*x^12*conj(x)^12)/678678529249796506889 0625)^(1/2))/18 +
(2081228509*x^6*conj(x)^6)/211016819955375)^(1/3))/40516875)^(1/2))/40516875
- (326021*x^4*conj(x)^4*((326021*x^4*conj(x)^4)/78764805 + 9*((3^(1/2)*(-
(1183057432832*x^12*conj(x)^12)/678678529249796506889 0625)^(1/2))/18 + (2081228509
*x^6*conj(x)^6)/211016819955375)^(2/3) + (457931417*x^2*conj(x)^2*((3^(1/2)*(-
(1183057432832*x^12*conj(x)^12)/678678529249796506889 0625)^(1/2))/18 + (2081228509*
x^6*conj(x)^6)/211016819955375)^(1/3))/40516875)^(1/2))/78764805 - 9*((3^(1/2)*
(-(1183057432832*x^12*conj(x)^12)/678678529249796506889 0625)^(1/2))/18 +
(2081228509*x^6*conj(x)^6)/211016819955375)^(2/3)*((326021*x^4*conj(x)^4)/78764805 +
9*((3^(1/2)*(-(1183057432832*x^12*conj(x)^12)/678678529249796506889 0625)^(1/2))/
18 + (2081228509*x^6*conj(x)^6)/211016819955375)^(2/3) + (457931417*x^2*conj
(x)^2*((3^(1/2)*(-(1183057432832*x^12*conj(x)^12)/678678529249796506889 0625)^
(1/2))/18 + (2081228509*x^6*conj(x)^6)/211016819955375)^(1/3))/40516875)^(1/
2) + (628361585696*6^(1/2)*x^3*conj(x)^3*(3*3^(1/2)*(-(1183057432832*x^12*conj
(x)^12)/678678529249796506889 0625)^(1/2) + (4162457018*x^6*conj(x)^6)/7815437776125)^
(1/2))/148899515625)^(1/2)/(6*((3^(1/2)*(-(1183057432832*x^12*conj(x)^12)/67867852
924979650688900625)^(1/2))/18 + (2081228509*x^6*conj(x)^6)/211016819955375)^(1/
6)*((326021*x^4*conj(x)^4)/78764805 + 9*((3^(1/2)*(-(1183057432832*x^12*conj
(x)^12)/678678529249796506889 0625)^(1/2))/18 + (2081228509*x^6*conj(x)^6)/
211016819955375)^(2/3) + (457931417*x^2*conj(x)^2*((3^(1/2)*(-(1183057432832*
x^12*conj(x)^12)/678678529249796506889 0625)^(1/2))/18 + (2081228509*x^6*conj
(x)^6)/211016819955375)^(1/3))/40516875)^(1/4)))^(1/2)
```

（7）符号矩阵的若尔当（Jordan）标准型运算。

```
>> b7=jordan(a)
b7 =
[ (44*x)/105 - ((69541*x^2*((3^(1/2)*(-(4621318097*x^12)/15630875552250000)^
(1/2))/18 + (3805076179*x^6)/6751269000000)^(1/3))/14700 + (349183*x^4)/5670000
+ 9*((3^(1/2)*(-(4621318097*x^12)/15630875552250000)^(1/2))/18 + (3805076179*
x^6)/6751269000000)^(2/3))^(1/2)/(6*((3^(1/2)*(-(4621318097*x^12)/15630875552
250000)^(1/2))/18 + (3805076179*x^6)/6751269000000)^(1/6)) - ((69541*x^2*((3^
(1/2)*(-(4621318097*x^12)/15630875552250000)^(1/2))/18 + (3805076179*x^6)/675
1269000000)^(1/3)*((69541*x^2*((3^(1/2)*(-(4621318097*x^12)/15630875552250000)^
(1/2))/18 + (3805076179*x^6)/6751269000000)^(1/3))/14700 + (349183*x^4)/5670000
+ 9*((3^(1/2)*(-(4621318097*x^12)/15630875552250000)^(1/2))/18 + (3805076179*
x^6)/6751269000000)^(2/3))^(1/2))/7350 - 9*((3^(1/2)*(-(4621318097*x^12)/1563
0875552250000)^(1/2))/18 + (3805076179*x^6)/6751269000000)^(2/3)*((69541*x^2*
((3^(1/2)*(-(4621318097*x^12)/15630875552250000)^(1/2))/18 + (3805076179*x^6)
/6751269000000)^(1/3))/14700 + (349183*x^4)/5670000 + 9*((3^(1/2)*(-(4621318097
*x^12)/15630875552250000)^(1/2))/18 + (3805076179*x^6)/6751269000000)^(2/3))^
(1/2) - (349183*x^4*((69541*x^2*((3^(1/2)*(-(4621318097*x^12)/15630875552250000)
^(1/2))/18 + (3805076179*x^6)/6751269000000)^(1/3))/14700 + (349183*x^4)/5670000
+ 9*((3^(1/2)*(-(4621318097*x^12)/15630875552250000)^(1/2))/18 + (3805076179
*x^6)/6751269000000)^(2/3))^(1/2)/5670000 - (426224*6^(1/2)*x^3*(3*3^(1/2)*
(-(4621318097*x^12)/15630875552250000)^(1/2) + (3805076179*x^6)/125023500000)
^(1/2))/385875)^(1/2)/(6*((3^(1/2)*(-(4621318097*x^12)/15630875552250000)^
(1/2))/18 + (3805076179*x^6)/6751269000000)^(1/6)*((69541*x^2*((3^(1/2)*(-
```

(4621318097*x^12)/15630875552250000)^(1/2))/18 + (3805076179*x^6)/6751269000000)
^(1/3))/14700 + (349183*x^4)/5670000 + 9*((3^(1/2)*(-(4621318097*x^12)/
15630875552250000)^(1/2))/18 + (3805076179*x^6)/6751269000000)^(2/3))^(1/4)),
0,0,0] [0, (44*x)/105 - ((69541*x^2*((3^(1/2)*(-(4621318097*x^12)/15630875552250000)^
(1/2))/18 + (3805076179*x^6)/6751269000000)^(1/3))/14700 + (349183*x^4)/5670000
+ 9*((3^(1/2)*(-(4621318097*x^12)/15630875552250000)^(1/2))/18 + (3805076179*
x^6)/6751269000000)^(2/3))^(1/2)/(6*((3^(1/2)*(-(4621318097*x^12)/15630875552
250000)^(1/2))/18 + (3805076179*x^6)/6751269000000)^(1/6)) + ((69541*x^2*((3^
(1/2)*(-(4621318097*x^12)/15630875552250000)^(1/2))/18 + (3805076179*x^6)/675
1269000000)^(1/3)*((69541*x^2*((3^(1/2)*(-(4621318097*x^12)/15630875552250000)^
(1/2))/18 + (3805076179*x^6)/6751269000000)^(1/3))/14700 + (349183*x^4)/5670000
+ 9*((3^(1/2)*(-(4621318097*x^12)/15630875552250000)^(1/2))/18 + (3805076179*
x^6)/6751269000000)^(2/3))^(1/2))/7350 - 9*((3^(1/2)*(-(4621318097*x^12)/
15630875552250000)^(1/2))/18 + (3805076179*x^6)/6751269000000)^(2/3)*((69541*
x^2*((3^(1/2)*(-(4621318097*x^12)/15630875552250000)^(1/2))/18 + (3805076179*
x^6)/6751269000000)^(1/3))/14700 + (349183*x^4)/5670000 + 9*((3^(1/2)*(-
(4621318097*x^12)/15630875552250000)^(1/2))/18 + (3805076179*x^6)/6751269000000)
^(2/3))^(1/2) - (349183*x^4*((69541*x^2*((3^(1/2)*(-(4621318097*x^12)/1563087
5552250000)^(1/2))/18 + (3805076179*x^6)/6751269000000)^(1/3))/14700 + (349183
x^4)/5670000 + 9((3^(1/2)*(-(4621318097*x^12)/15630875552250000)^(1/2))/
18 + (3805076179*x^6)/6751269000000)^(2/3))^(1/2))/5670000 - (426224*6^(1/2)*
x^3*(3*3^(1/2)*(-(4621318097*x^12)/15630875552250000)^(1/2) + (3805076179*x^
6)/125023500000)^(1/2))/385875)^(1/2)/(6*((3^(1/2)*(-(4621318097*x^12)/156308
75552250000)^(1/2))/18 + (3805076179*x^6)/6751269000000)^(1/6)*((69541*x^2*
((3^(1/2)*(-(4621318097*x^12)/15630875552250000)^(1/2))/18 + (3805076179*x^6)
/6751269000000)^(1/3))/14700 + (349183*x^4)/5670000 + 9*((3^(1/2)*(-(4621318097
*x^12)/15630875552250000)^(1/2))/18 + (3805076179*x^6)/6751269000000)^(2/3))^(1/4)),
0,0] [0,0, (44*x)/105 + ((69541*x^2*((3^(1/2)*(-(4621318097*x^12)/15630875552250000)^
(1/2))/18 + (3805076179*x^6)/6751269000000)^(1/3))/14700 + (349183*x^4)/5670000
+ 9*((3^(1/2)*(-(4621318097*x^12)/15630875552250000)^(1/2))/18 + (3805076179*
x^6)/6751269000000)^(2/3))^(1/2)/(6*((3^(1/2)*(-(4621318097*x^12)/15630875552
250000)^(1/2))/18 + (3805076179*x^6)/6751269000000)^(1/6)) - ((69541*x^2*((3^
(1/2)*(-(4621318097*x^12)/15630875552250000)^(1/2))/18 + (3805076179*x^6)/
6751269000000)^(1/3)*((69541*x^2*((3^(1/2)*(-(4621318097*x^12)/15630875552250000)^
(1/2))/18 + (3805076179*x^6)/6751269000000)^(1/3))/14700 + (349183*x^4)/5670000 +
9*((3^(1/2)*(-(4621318097*x^12)/15630875552250000)^(1/2))/18 + (3805076179*x
^6)/6751269000000)^(2/3))^(1/2))/7350 - 9*((3^(1/2)*(-(4621318097*x^12)/15630
875552250000)^(1/2))/18 + (3805076179*x^6)/6751269000000)^(2/3)*((69541*x^2*
((3^(1/2)*(-(4621318097*x^12)/15630875552250000)^(1/2))/18 + (3805076179*x^6)
/6751269000000)^(1/3))/14700 + (349183*x^4)/5670000 + 9*((3^(1/2)*(-(4621318097*
x^12)/15630875552250000)^(1/2))/18 + (3805076179*x^6)/6751269000000)^(2/3))^
(1/2) - (349183*x^4*((69541*x^2*((3^(1/2)*(-(4621318097*x^12)/15630875552250000)
^(1/2))/18 + (3805076179*x^6)/6751269000000)^(1/3))/14700 + (349183*x^4)/5670000 +
 9*((3^(1/2)*(-(4621318097*x^12)/15630875552250000)^(1/2))/18 + (3805076179*
x^6)/6751269000000)^(2/3))^(1/2))/5670000 + (426224*6^(1/2)*x^3*(3*3^(1/2)*
(-(4621318097*x^12)/15630875552250000)^(1/2) + (3805076179*x^6)/125023500000)
^(1/2))/385875)^(1/2)/(6*((3^(1/2)*(-(4621318097*x^12)/15630875552250000)^(1/
2))/18 + (3805076179*x^6)/6751269000000)^(1/6)*((69541*x^2*((3^(1/2)*(-(46213
18097*x^12)/15630875552250000)^(1/2))/18 + (3805076179*x^6)/6751269000000)^
(1/3))/14700 + (349183*x^4)/5670000 + 9*((3^(1/2)*(-(4621318097*x^12)/1563087
5552250000)^(1/2))/18 + (3805076179*x^6)/6751269000000)^(2/3))^(1/4)),0][0,0,

```
0, (44*x)/105 + ((69541*x^2*((3^(1/2)*(-(4621318097*x^12)/15630875552250000)^
(1/2))/18 + (3805076179*x^6)/6751269000000)^(1/3))/14700 + (349183*x^4)/5670000 +
 9*((3^(1/2)*(-(4621318097*x^12)/15630875552250000)^(1/2))/18 + (3805076179*
x^6)/6751269000000)^(2/3))^(1/2)/(6*((3^(1/2)*(-(4621318097*x^12)/15630875552
250000)^(1/2))/18 + (3805076179*x^6)/6751269000000)^(1/6)) + ((69541*x^2*((3^
(1/2)*(-(4621318097*x^12)/15630875552250000)^(1/2))/18 + (3805076179*x^6)/
6751269000000)^(1/3)*((69541*x^2*((3^(1/2)*(-(4621318097*x^12)/15630875552250000)^
(1/2))/18 + (3805076179*x^6)/6751269000000)^(1/3))/14700 + (349183*x^4)/5670000
+ 9*((3^(1/2)*(-(4621318097*x^12)/15630875552250000)^(1/2))/18 + (3805076179*
x^6)/6751269000000)^(2/3))^(1/2))/7350 - 9*((3^(1/2)*(-(4621318097*x^12)/
15630875552250000)^(1/2))/18 + (3805076179*x^6)/6751269000000)^(2/3)*((69541*
x^2*((3^(1/2)*(-(4621318097*x^12)/15630875552250000)^(1/2))/18 + (3805076179*
x^6)/6751269000000)^(1/3))/14700 + (349183*x^4)/5670000 + 9*((3^(1/2)*(-
(4621318097*x^12)/15630875552250000)^(1/2))/18 + (3805076179*x^6)/6751269000000)^
(2/3))^(1/2) - (349183*x^4*((69541*x^2*((3^(1/2)*(-(4621318097*x^12)/15630875
552250000)^(1/2))/18 + (3805076179*x^6)/6751269000000)^(1/3))/14700 + (349183
*x^4)/5670000 + 9*((3^(1/2)*(-(4621318097*x^12)/15630875552250000)^(1/2))/18
+ (3805076179*x^6)/6751269000000)^(2/3))^(1/2))/5670000 + (426224*6^(1/2)*x^
3*(3*3^(1/2)*(-(4621318097*x^12)/15630875552250000)^(1/2) + (3805076179*x^6)/
125023500000)^(1/2))/385875)^(1/2)/(6*((3^(1/2)*(-(4621318097*x^12)/156308755
52250000)^(1/2))/18 + (3805076179*x^6)/6751269000000)^(1/6)*((69541*x^2*((3^
(1/2)*(-(4621318097*x^12)/15630875552250000)^(1/2))/18 + (3805076179*x^6)/
6751269000000)^(1/3))/14700 + (349183*x^4)/5670000 + 9*((3^(1/2)*(-(4621318097*
x^12)/15630875552250000)^(1/2))/18 + (3805076179*x^6)/6751269000000)^(2/3))^(1/4))]
```

7.6 课后习题

1. 简述字符计算与数值计算结果有什么不同。
2. 简述特征值与特征向量。
3. 判断随机矩阵是否可以对角化，若可以，求对角矩阵。
4. 对比下面的命令执行后，输出值 x、y 有何不同。
5. 计算 $f(x,y,z) = x^2 + 2y^2 + 3z^2 + xy$ 沿 $v = (1, 2, 3)$ 的方向导数。
6. 计算 $z = xe^{-x^2-y^2+y}$ 的数值梯度。
7. 求矩阵 $\begin{pmatrix} 17 & 7 & 11 & 21 \\ 15 & 9 & 13 & 19 \\ 18 & 8 & 15 & 19 \\ 13 & 20 & 50 & 14 \end{pmatrix}$ 的按模最大与最小特征值。
8. 求矩阵 $\begin{pmatrix} 17 & 7 & 11 & 21 \\ 15 & 9 & 13 & 19 \\ 18 & 8 & 15 & 19 \\ 13 & 20 & 50 & 14 \end{pmatrix}$ 的梯度。
9. 创建符号矩阵 $A = \begin{pmatrix} a_1b_1 & a_1b_2 & a_1b_3 \\ a_2b_1 & a_2b_2 & a_2b_3 \\ a_3b_1 & a_3b_2 & a_3b_3 \end{pmatrix}$，并进行下面的运算。

（1）求解 $A^2 - 2A$。

（2）求矩阵的转置。

（3）求矩阵的秩。

（4）求矩阵的行列式。

（5）求矩阵的 Jordan 标准型。

（6）求矩阵的奇异值。

10．创建符号矩阵 $A = \begin{pmatrix} 1 & x & x^2 \\ y & 2 & xy \\ z & \sin(x)+\cos(y) & e^{x+y} \end{pmatrix}$

（1）求矩阵的行列式 B。

（2）对 B 进行因式分解。

（3）对函数 $f(x, y, z) = A$ 的雅克比矩阵。

第 8 章 多项式与方程组

内容提南

MATLAB 提供了一些处理多项式与方程组的函数，用户使用这些函数可以很方便地求解多项式的根，进行四则运算，对方程组进行求解。

知识重点

📖 多项式的运算
📖 函数的运算
📖 方程的运算
📖 线性方程组求解

8.1 多项式的运算

多项式指的是代数式，由数字和字母组成，如 1，5a，sdef, $ax^n + b$。代数式又分为单项式和多项式。

- 单项式是数字与字母的积，单独的一个数字或一个字母也是单项式，如 3ab。
- 几个单项式的和叫作多项式，如 3ab+5cd。

在高等代数中，多项式一般可表示为：$a_0 x^n + a_1 x^{n-1} + ... + a_{n-1} x + a_n$，这是一个 n（>0）次多项式，a_0，a_1 等是多项式的系数。在 MATLAB 中，多项式的系数组成的向量来表示为 $p = [a_0, a_1, ..., a_{n-1}, a_n]$，$2x^3 - x^2 + 3 \leftrightarrow [2, -1, 0, 3]$ 系数中的零不能省略。

将对多项式运算转化为对向量的运算，是数学中最基本的运算之一。

8.1.1 多项式的创建

构造带字符多项式的基本方法是直接输入，主要由 26 个英文字母及空格等一些特殊符号组成。下面显示输入符号多项式 $ax^n + bx^{n-1}$ 的程序。

```
>> 'a*x.^n+b*x.^(n-1)'
ans =
a*x.^n+b*x.^(n-1)
```

构造带数值多项式的最简单的方法就是直接输入向量，通过函数 poly2sym 来实现。其调用格式如下：

```
poly2sym(p)
```

其中，p 为多项式的系数向量。

```
>> p=[3 -2 4 6 8];
>> poly2sym(p)
ans =
3*x^4 - 2*x^3 + 4*x^2 + 6*x + 8
```

即利用向量 $p=[3,-2,4,6,8]$ 构建多项式 $3x^4-2x^3+4x^2+6x+8$。

8.1.2 数值多项式四则运算

MATLAB 没有提供专门的针对多项式的加减运算的函数，多项式的四则运算实际上是多项式对应的系数的四则运算。

多项式的四则运算是指多项式的加、减、乘、除运算。需要注意的是，相加、减的两个向量必须大小相等。阶次不同时，低阶多项式必须用零填补，使其与高阶多项式有相同的阶次。多项式的加、减运算直接用"+""-"来实现。

1. 乘法运算

多项式的乘法用函数 conv(p1,p2) 来实现，相当于执行两个数组的卷积。

```
>> p1=(1:5);
>> p2=(2:6);
>> p1+p2
ans =
     3     5     7     9    11
>> conv(p1,p2)
ans =
     2     7    16    30    50    58    58    49    30
```

2. 除法运算

多项式的除法用函数 deconv(p1,p2) 来实现，相当于执行两个数组的解卷。

调用格式如下：

$$[k,r]=deconv(p,q)$$

其中，k 返回的是多项式 p 除以 q 的商，r 是余式。

$$[k,r]=deconv(p,q) \Leftrightarrow p=conv(q,k)+r$$

```
>> deconv(p1,p2)
ans =
    0.5000
```

8.1.3 操作实例

例 1：计算多项式 $2x^3-x^2+3$ 和 $2x+1$ 的加减乘除。

```
>> p=[1 -2 5 6];
>> poly2sym(p)
```

例1

```
 ans =
x^3-2*x^2+5*x+6
```

例 2：由根构造多项式。

```
>> root=[-5 3+2i 3-2i];
>> p=poly(root)
p =
     1    -1   -17    65
>> poly2sym(p)
 ans =
x^3-x^2-17*x+65
```

例 2

例 3：多项式的四则运算示例。

```
>> p1=[2 3 4 0 -2];
>> p2=[0 0 8 -5 6];
>> p=p1+p2;
>> poly2sym(p)
ans =
2*x^4+3*x^3+12*x^2-5*x+4
>> q=conv(p1,p2)
q =
     0     0    16    14    29    -2     8    10   -12
>> poly2sym(q)
ans =
16*x^6+14*x^5+29*x^4-2*x^3+8*x^2+10*x-12
```

例 3

8.1.4 多项式导数运算

多项式导数运算用函数 polyder 来实现。其调用格式为：

$$polyder(p)$$

其中 p 为多项式的系数向量。

```
>> p=[2 3 8 -5 6];
>> a=poly2sym(p)
a =
2*x^4 + 3*x^3 + 8*x^2 - 5*x + 6
>> q=polyder(p)          %导数系数
q =
     8     9    16    -5
>> b=poly2sym(q)          %导数多项式
b =
 8*x^3 + 9*x^2 + 16*x - 5
```

8.1.5 课堂练习——创建导数多项式

利用向量（1:6）创建多项式，并求解多项式的 1 阶导数、2 阶导数、3 阶导数组成的多项式。

操作提示。

（1）利用冒号生成向量。

（2）利用 poly2sym 生成多项式。

创建导数多项式

（3）利用 polyder 求 1 阶导数的系数向量。

（4）利用 poly2sym 生成 1 阶导数多项式。

（5）同样的方法创建 2 阶导数、3 阶导数组成的多项式。

8.2 函数运算

函数是数学中的一个基本概念，也是代数学里面最重要的概念之一。首先要理解，函数是发生在非空数集之间的一种对应关系。有类似 $f(x) = a_0 x^n + a_1 x^{n-1} + ... + a_{n-1} x + a_n$ 的多项式函数，有类似 $f(x) = \sin(x)$ 的三角函数，有类似 $y = e^x$ 的指数函数等。

8.2.1 函数的求值运算

函数 $y = f(x)$ 中有两个变量 x、y，如果给定一个 x 值都有唯一的一个 y 和它对应，那么称 y 是 x 的函数，x 是自变量，y 是因变量。

对于多项式函数 $y = a_0 x^n + a_1 x^{n-1} + ... + a_{n-1} x + a_n$，给自变量 x 一个数值，求因变量 y 的值运算使用函数 polyval 和 polyvalm 来实现，调用格式见表 8-1。

表 8-1 方程求函数

调用格式	说　明
polyval(p,s)	p 为多项式，s 为矩阵，按数组运算规则来求多项式的值
polyvalm(p,s)	p 为多项式，s 为方阵，按矩阵运算规则来求多项式的值

8.2.2 课堂练习——求函数的定点值

求函数 $f(x) = 2x^5 - 3x^4 + 5x^2 + 8x - 10$ 在 $x=-2$、2、5 处的值。

操作提示。

（1）输入函数稀疏，创建向量 p1。

（2）利用 polyval 函数求 $f(x)$ 对应的值。

求函数的定点值

8.3 方程的运算

方程是表示两个数学式（如两个数、函数、量、运算）之间相等关系的一种等式，通常在两者之间有等号 "=" 连接。同时，方程是含有未知数的等式。多项式的一侧添加等号则转化为方程，如 $x-2=5$，$x+8=y-3$。

不定元只有一个的方程式称为一元方程式；不定元不止一个的方程式称为多元方程式。类似 $f(x) = a_0 x^n + a_1 x^{n-1} + ... + a_{n-1} x + a_n$ 的函数中，若 $f(x) = 0$，即可转化为 $a_0 x^n + a_1 x^{n-1} + ... + a_{n-1} x + a_n = 0$ 称为一元 n 次方程，$x_1 - 2x_2 + 3x_3 - x_4 = 0$ 是多元方程。

8.3.1 方程式的解

方程的解是指所有未知数的总称，方程的根是指一元方程的解，两者通常可以通用。

对于一元方程展开后的形式 $x^n + a_1 x^{n-1} + ... + a_{n-1}x + a_n = 0$，$a_1$、$a_2$ 等叫作方程的系数；若方程有解，则可以转化为因式形式 $(x - b_0)(x - b_1)(x - b_2)...(b - a_n) = 0$。其中，$a_0$、$a_1$ 等叫作方程的解，也叫作方程的根。

在 MATLAB 中，使用 poly 和 roots 函数求解系数与方程根，调用格式见表 8-2。再调用 poly2sym 函数生成多项式。

表 8-2   方程求函数

调用格式	说　明
poly (r)	R 是向量或矩阵，是方程的解，返回方程的系数向量
roots (p)	p 为向量，是方程的根

8.3.2　操作实例

例 1：通过构造多项式创建方程。

```
>> p1=[2 -1 0 4 0 4];
>> poly2sym(p1)
ans =
2*x^5 - x^4 + 4*x^2 + 4
```

例1

例 2：对方程求解。

```
>> p1=[2 -1 0 4 0 4];
>> r=roots(p1)
r =
 -1.3172 + 0.0000i
  1.0000 + 1.0000i
  1.0000 - 1.0000i
 -0.0914 + 0.8665i
 -0.0914 - 0.8665i
```

例2

例 3：根据方程的根求解方程。

```
>> p2= poly(roots(p1));
>> poly2sym(p2)
ans =
x^5 - x^4/2 + (9*x^3)/9007199254740992 + 2*x^2 - (43*x)/36028797018963968 + 2
```

例3

8.3.3　线性方程有解

线性方程是指一次方程，类似 $2x_1 - x_2 - x_3 + 1 = 0$，在方程等式两边乘以任何相同的非零函数，方程的本质不变。在本小节中，我们给出一个判断线性方程组 **Ax=b** 解的存在性的函数 isexist.m 如下。

```
function y=isexist(A,b)
% 该函数用来判断线性方程组 Ax=b 的解的存在性
% 若方程组无解则返回 0,若有唯一解则返回 1,若有无穷多解则返回 Inf
 [m,n]=size(A);
[mb,nb]=size(b);
if m~=mb
    error('输入有误! ');
```

```
    return;
end
r=rank(A);
s=rank([A,b]);
if r==s &&r==n
    y=1;
elseif r==s&&r<n
    y=Inf;
else
    y=0;
end
```

8.4 线性方程组求解

在线性代数中，求解线性方程组是一个基本内容。在实际应用中，许多工程问题都可以化为线性方程组的求解问题。本节首先简单介绍线性方程组的基础知识，最后讲述如何用MATLAB来求解各种线性方程组。

8.4.1 线性方程组定义

多个一次方程组成的组合叫作线性方程组，线性方程组

$$\begin{cases} a_{11}x_1 + a_{12}x_2 + \cdots + a_{1n}x_n = b_1 \\ a_{21}x_1 + a_{22}x_2 + \cdots + a_{2n}x_n = b_2 \\ \vdots \\ a_{n1}x_1 + a_{n2}x_2 + \cdots + a_{nn}x_n = b_n \end{cases} \ \text{中} \ A = \begin{pmatrix} a_{11} & a_{12} & \cdots & a_{1n} \\ a_{21} & a_{22} & \cdots & a_{2n} \\ \vdots & \vdots & \ddots & \vdots \\ a_{m1} & a_{m2} & \cdots & a_{mn} \end{pmatrix}, \ b = \begin{pmatrix} b_1 \\ b_2 \\ \vdots \\ b_m \end{pmatrix}$$

则有 $Ax=b$，其中 $A \in R^{m \times n}$，$b \in R^m$。

若 $m=n$，我们称之为恰定方程组；若 $m>n$，我们称之为超定方程组；若 $m<n$，我们称之为欠定方程组。

若常数 b_1，b_2，$\cdots$，b_n 全为 0，即 $b=0$，则相应的方程组称为齐次线性方程组，否则称为非齐次线性方程组。

对于齐次线性方程组解的个数有下面的定理。

定理 1：设方程组系数矩阵 A 的秩为 r，则

（1）若 $r=n$，则齐次线性方程组有唯一解；

（2）若 $r<n$，则齐次线性方程组有无穷解。

对于非齐次线性方程组，解的存在性有下面的定理。

定理 2：设方程组系数矩阵 A 的秩为 r，增广矩阵 $[A\ b]$ 的秩为 s，则

（1）若 $r=s=n$，则非齐次线性方程组有唯一解；

（2）若 $r=s<n$，则非齐次线性方程组有无穷解；

（3）若 $r \neq s$，则非齐次线性方程组无解。

关于齐次线性方程组与非齐次线性方程组之间的关系有下面的定理。

定理 3：非齐次线性方程组的通解等于其一个特解与对应齐次方程组的通解之和。

若线性方程组有无穷多解，我们希望找到一个基础解系 $\boldsymbol{\eta}_1, \boldsymbol{\eta}_2, \cdots, \boldsymbol{\eta}_r$，以此来表示相应齐次方程组的通解：$k_1\boldsymbol{\eta}_1 + k_2\boldsymbol{\eta}_2 + \cdots + k_r\boldsymbol{\eta}_r (k_i \in R)$。

8.4.2 利用矩阵的基本运算

1. 利用除法运算

对于线性方程组 $\boldsymbol{Ax=b}$，系数矩阵 $\boldsymbol{A}$ 非奇异，最简单的求解方法是利用矩阵的左除 "\" 来求解方程组的解，即 $x=A\backslash b$，这种方法采用高斯（Gauss）消去法，可以提高计算精度且能够节省计算时间。

2. 利用矩阵的逆（伪逆）求解

对于线性方程组 $\boldsymbol{Ax=b}$，若其为恰定方程组且 $\boldsymbol{A}$ 是非奇异的，则求 x 的最简便的方法便是利用矩阵的逆，即 $x = A^{-1}b$，使用 inv 函数求解；若不是恰定方程组，则可利用伪逆函数 pinv 函数来求其一个特解，即 x=pinv(A)*b。

pinv 命令的使用格式见表 8-3。

表 8-3   pinv 命令的使用格式

调用格式	说　明
Z= pinv (A)	返回矩阵 A 伪逆矩阵 Z
Z= pinv (A,tol)	Z 是矩阵 A 伪逆矩阵，tol 是公差值

除法求解与伪逆求解关系如下。

- A\B=pinv(A)*B
- A/B=A*pinv(B)

这两种方法与上面的方法都采用高斯（Gauss）消去法，下面来比较上面两种方法求解线性方程组在时间与精度上的区别。

编写 M 文件 compare.m 文件如下。

```
% 该 M 文件用来演示求逆法与除法求解线性方程组在时间与精度上的区别
A=1000*rand(1000,1000);    %随机生成一个 1000 维的系数矩阵
x=ones(1000,1);
b=A*x;
disp('利用矩阵的逆求解所用时间及误差为：');
tic
y=inv(A)*b;
t1=toc
error1=norm(y-x)        %利用 2-范数来刻画结果与精确解的误差

disp('利用除法求解所用时间及误差为：')
tic
y=A\b;
t2=toc
error2=norm(y-x)
```

该 M 文件的运行结果如下。

```
>> compare
利用矩阵的逆求解所用时间及误差为:
t1 =
    1.5140
error1 =
  3.1653e-010
利用除法求解所用时间及误差为:
t2 =
    0.5650
error2 =
  8.4552e-011
```

可以看出，利用除法来解线性方程组所用时间仅为求逆法的约 1/3，其精度也要比求逆法高出一个数量级左右，因此在实际应用中尽量不要使用求逆法。

1. 核空间矩阵求解

对于基础解系，我们可以通过求矩阵 *A* 的核空间矩阵得到。在 MATLAB 中，可以用 null 命令得到 *A* 的核空间矩阵。

null 命令的使用格式见表 8-4。

表 8-4   null 命令的使用格式

调用格式	说　明
Z= null(A)	返回矩阵 A 的核空间矩阵 Z，即其列向量为方程组 Ax=0 的一个基础解系，Z 还满足 Z′Z = I
Z= null(A,'r')	Z 的列向量是方程 Ax=0 的有理基，与上面的命令不同的是 Z 不满足 $Z^T Z = I$

2. 行阶梯形求解

这种方法只适用于恰定方程组，且系数矩阵非奇异，不然这种方法只能简化方程组的形式，若想将其解出还需进一步编程实现，因此本小节内容都假设系数矩阵非奇异。

将一个矩阵化为行阶梯形的命令是 rref，具体调用格式前面已经讲解，这里不再赘述。

当系数矩阵非奇异时，我们可以利用这个命令将增广矩阵[*A b*]化为行阶梯形，那么 *R* 的最后一列即为方程组的解。

8.4.3　课堂练习——求方程组的解

用矩形的基本运算方法求线性方程组 $\begin{cases} x_1 + 2x_2 + 2x_3 = 1 \\ x_2 - 2x_3 - 2x_4 = 2 \\ x_1 + 3x_2 - 2x_4 = 3 \end{cases}$ 的通解。

求方程组的解

操作提示。

（1）将方程组的系数转换为矩阵 *A*、*b*。

（2）利用除法求方程组的解。

（3）利用伪逆函数 pinv 求方程组的解。

（4）利用核空间矩阵函数 null 求方程组的解。

（5）利用行阶梯形矩阵函数 rref 求方程组的解。

8.4.4 利用矩阵分解法求解

利用矩阵分解来求解线性方程组，可以节省内存，节省计算时间，因此它也是在工程计算中最常用的技术。本小节将讲述如何利用 LU 分解、QR 分解与楚列斯基（Cholesky）分解来求解线性方程组。

1. LU 分解法

这种方法的思路是先将系数矩阵 A 进行 LU 分解，得到 $LU=PA$，然后解 $Ly=Pb$，最后再解 $Ux=y$ 得到原方程组的解。因为矩阵 L、U 的特殊结构，使得上面两个方程组可以很容易地求解出来。下面我们给出一个利用 LU 分解法求解线性方程组 $Ax=b$ 的函数 solvebyLU.m。

```
function x=solvebyLU(A,b)
% 该函数利用 LU 分解法求线性方程组 Ax=b 的解
flag=isexist(A,b);  %调用第一小节中的 isexist 函数判断方程组解的情况
if flag==0
    disp('该方程组无解! ');
    x=[];
    return;
else
    r=rank(A);
    [m,n]=size(A);
    [L,U,P]=lu(A);
    b=P*b;
        % 解 Ly=b
    y(1)=b(1);
    if m>1
        for i=2:m
            y(i)=b(i)-L(i,1:i-1)*y(1:i-1)';
        end
    end
    y=y';
        % 解 Ux=y 得到原方程组的一个特解
    x0(r)=y(r)/U(r,r);
    if r>1
        for i=r-1:-1:1
            x0(i)=(y(i)-U(i,i+1:r)*x0(i+1:r)')/U(i,i);
        end
    end
    x0=x0';
        if flag==1                  %若方程组有唯一解
        x=x0;
        return;
        else                        %若方程组有无穷多解
        format rat;
        Z=null(A,'r');              %求出对应齐次方程组的基础解系
        [mZ,nZ]=size(Z);
        x0(r+1:n)=0;
```

```
        for i=1:nZ
            t=sym(char([107 48+i]));
            k(i)=t;                    %取 k=[k1,k2...,];
        end
        x=x0;
        for i=1:nZ
            x=x+k(i)*Z(:,i);          %将方程组的通解表示为特解加对应齐次通解形式
        end
    end
end
```

2. QR 分解法

利用 QR 分解法解方程组的思路与上面的 LU 分解法是一样的，也是先将系数矩阵 A 进行 QR 分解：$A=QR$，然后解 $Qy=b$，最后解 $Rx=y$ 得到原方程组的解。对于这种方法，我们需要注意 Q 是正交矩阵，因此 $Qy=b$ 的解即 $y=Q^{-1}b$。下面我们给出一个利用 QR 分解法求解线性方程组 $Ax=b$ 的函数 solvebyQR.m。

```
function x=solvebyQR(A,b)
% 该函数利用 QR 分解法求线性方程组 Ax=b 的解
flag=isexist(A,b);                     %调用第一小节中的 isexist 函数判断方程组解的情况
if flag==0
    disp('该方程组无解！');
    x=[];
    return;
else
    r=rank(A);
    [m,n]=size(A);
    [Q,R]=qr(A);
    b=Q'*b;
                                       % 解 Rx=b 得原方程组的一个特解
    x0(r)=b(r)/R(r,r);
    if r>1
        for i=r-1:-1:1
            x0(i)=(b(i)-R(i,i+1:r)*x0(i+1:r)')/R(i,i);
        end
    end
    x0=x0';
    if flag==1                         %若方程组有唯一解
        x=x0;
        return;
    else                               %若方程组有无穷多解
        format rat;
        Z=null(A,'r');                 %求出对应齐次方程组的基础解系
        [mZ,nZ]=size(Z);
        x0(r+1:n)=0;
        for i=1:nZ
            t=sym(char([107 48+i]));
            k(i)=t;                    %取 k=[k1,...,kr];
        end
        x=x0;
```

```
        for i=1:nZ
            x=x+k(i)*Z(:,i);              %将方程组的通解表示为特解加对应齐次通解形式
        end
    end
end
```

3. 楚列斯基分解法

与上面两种矩阵分解法不同的是,楚列斯基分解法只适用于系数矩阵 A 是对称正定矩阵的情况。

它的求解方程思路是先将矩阵 A 进行楚列斯基分解: $A=R'R$,然后解 $R'y=b$,最后再解 $Rx=y$ 得到原方程组的解。下面我们给出一个利用楚列斯基分解法求解线性方程组 $Ax=b$ 的函数 solvebyCHOL.m。

```
function x=solvebyCHOL(A,b)
%  该函数利用楚列斯基分解法求线性方程组 Ax=b 的解
lambda=eig(A);
if lambda>eps&isequal(A,A')
    [n,n]=size(A);
    R=chol(A);
     %解 R'y=b
    y(1)=b(1)/R(1,1);
    if n>1
        for i=2:n
            y(i)=(b(i)-R(1:i-1,i)'*y(1:i-1)')/R(i,i);
        end
    end
    %解 Rx=y
    x(n)=y(n)/R(n,n);
    if n>1
        for i=n-1:-1:1
            x(i)=(y(i)-R(i,i+1:n)*x(i+1:n)')/R(i,i);
        end
    end
    x=x';
else
    x=[];
    disp('该方法只适用于对称正定的系数矩阵! ');
end
```

在本小节的最后,再给出一个函数 solvelineq.m。对于这个函数,读者可以通过输入参数来选择用上面的哪种矩阵分解法求解线性方程组。

```
function x=solvelineq(A,b,flag)
%  该函数是矩阵分解法汇总,通过 flag 的取值来调用不同的矩阵分解
%  若 flag='LU',则调用 LU 分解法;
%  若 flag='QR',则调用 QR 分解法;
%  若 flag='CHOL';则调用 CHOL 分解法;
if strcmp(flag,'LU')
    x=solvebyLU(A,b);
elseif strcmp(flag,'QR')
```

```
    x=solvebyQR(A,b);
elseif strcmp(flag,'CHOL')
    x=solvebyCHOL(A,b);
else
    error('flag 的值只能为 LU,QR,CHOL!');
end
```

8.4.5 操作实例

例 1：利用 LU 分解法求方程组 $\begin{cases} 2x_1 - 3x_2 - 5x_3 - x_4 = 1 \\ 3x_1 - 5x_2 + 3x_3 + 4x_4 = 4 \\ x_1 - 2x_2 - 4x_3 - 8x_4 = 0 \\ 5x_1 + 6x_2 + 7x_4 = 0 \end{cases}$ 的唯一解。

例 1

```
>> clear
>> A=[2 -3 -5 -1;3 -5 -3 4;1 -2 -4 -8;5 6 0 7];
>> b=[1 4 0 0]';
>> x=solvebyLU(A,b)
x =
    0.7330
   -0.6285
    0.4673
    0.0151
```

> **提示**：进行 LU 分解时用到 M 函数文件 isexist.m、solvebyLU.m，需要将该文件保存到
> 目录文件夹下，否则程序运行错误。
>
> ```
> >> x=solvebyLU(A,b)
> ```
>
> 未定义函数或变量 'solvebyLU'。

例 2：利用 QR 分解法求方程组 $\begin{cases} x_1 - 8x_2 + 6x_3 + 4x_4 = 0 \\ 3x_1 - 5x_2 - 2x_3 - 3x_4 = 5 \\ 5x_1 + 3x_2 + 2x_3 - 5x_4 = 3 \end{cases}$ 的通解。

例 2

```
>> clear
>> A=[1 -8 6 4;3 -5 -2 -3;5 3 2 -5];
>> b=[4 -3 3]';
>> x=solvebyQR(A,b)
x =
      (87*k1)/82 + 5/82
     (10*k1)/41 + 10/41
  161/164 - (85*k1)/164
                     k1
```

例 3：利用楚列斯基分解求 $\begin{cases} 3x_1 + 3x_2 - 3x_3 = 1 \\ 3x_1 + 5x_2 - 2x_3 = 2 \\ -3x_1 - 2x_2 + 5x_3 = 3 \end{cases}$ 的解。

例 3

```
>> clear
>> A=[3 3 -3;3 5 -2;-3 -2 5];
>> b=[1 2 3]';
>> x=solvebyCHOL(A,b)
```

```
x =
    3.3333
   -0.6667
    2.3333
>> A*x      %验证解的正确性
ans =
    1.0000
    2.0000
    3.0000
```

知识拓展：所有使用到 M 函数文件的情况下，均需要将 M 文件赋值到目录文件夹下，或者切换目录到 M 文件所在文件夹。

8.4.6 非负最小二乘解

在实际问题中，用户往往会要求线性方程组的解是非负的，若此时方程组没有精确解，则希望找到一个能够尽量满足方程的非负解。对于这种情况，可以利用 MATLAB 中求非负最小二乘解的命令 lsqnonneg 来实现。

$$\min \| \boldsymbol{A}\boldsymbol{x} - \boldsymbol{b} \|_2$$

$$\text{s.t. } x_i \geq 0, \ i = 1, 2, \cdots, n$$

以此来得到线性方程组 $\boldsymbol{A}\boldsymbol{x}=\boldsymbol{b}$ 的非负最小二乘解。

lsqnonneg 命令常用的使用格式见表 8-5。

表 8-5　　　　　　　　　　　　　lsqnonneg 命令的使用格式

调用格式	说　明
x=lsqnonneg(A,b)	利用高斯消去法得到矩阵 A 的行阶梯形 R
x=lsqnonneg(A,b,x0)	返回矩阵 A 的行阶梯形 R 以及向量 j_b

8.4.7 操作实例

例 1：求方程组 $\begin{cases} x_1 + x_2 - x_3 = 1 \\ 4x_2 - 3x_3 + 2x_4 = 1 \\ x_1 - x_3 + x_4 = 1 \\ 2x_1 + 8x_2 + x_3 + 7x_4 = 1 \end{cases}$ 的最小二乘解。

例 1

```
>> clear
>> A=[1 2 -1 0;0 4 -3 2;1 0 -1 1;2 8 1 7];
>> b=[1 1 1 1]';
>> x=lsqnonneg(A,b)
x =
         7/15
         1/15
         0
         0
>> A*x      %验证解的正确性
ans =
```

```
        3/5
        4/15
        7/15
        22/15
```

例 2：求方程组 $\begin{cases} x_1 + 2x_2 + 2x_3 + x_4 = 0 \\ 2x_1 + x_2 - 2x_3 - 2x_4 = 0 \\ x_1 - x_2 - 4x_3 - 3x_4 = 0 \end{cases}$ 的通解。

例2

```
>> clear
>> A=[1 2 2 1;2 1 -2 -2;1 -1 -4 -3];    %输入系数矩阵A
>> format rat            %指定以有理形式输出
>> Z=null(A,'r')
Z =
       2              5/3
      -2             -4/3
       1              0
              0              1
```

该方程组的通解如下。

$$x = k_1 \begin{pmatrix} 2 \\ -2 \\ 1 \\ 0 \end{pmatrix} + k_2 \begin{pmatrix} 5/3 \\ -4/3 \\ 0 \\ 1 \end{pmatrix}$$

例 3：求方程组 $\begin{cases} 2x_1 + 6x_2 & = 1 \\ 3x_1 + 8x_2 + 6x_3 & = 1 \\ x_2 + 2x_3 + 6x_4 & = 0 \\ x_3 - 6x_4 + 6x_5 & = 1 \\ x_4 + 3x_5 & = 0 \end{cases}$ 的解。

例3

```
>> clear
>> A=[2 6 0 0 0;3 8 6 0 0;0 1 2 6 0;0 0 1 -6 6;0 0 0 1 3];
>> b=[1 1 0 1 0]';
>> r=rank(A)    %求A的秩看其是否非奇异
r =
     5
>> B=[A,b];        %B为增广矩阵
>> R=rref(B)       %将增广矩阵化为阶梯形
R =
  1 至 3 列
       1              0              0
       0              1              0
       0              0              1
       0              0              0
       0              0              0
  4 至 6 列
       0              0           -53/35
       0              0            47/70
       0              0             1/35
       1              0          -17/140
```

```
             0              1              17/420
>> x=R(:,6)          %R 的最后一列即为解
x =
    -53/35
     47/70
      1/35
    -17/140
     17/420
>> A*x      %验证解的正确性
ans =
     1
     1
     0
     1
     1/72057594037927936
```

8.5 综合实例——求解电路中的电流

求解电路中的电流

图 8-1 为某个电路的网格图，其中，$R_1 = 1$、$R_2 = 2$、$R_3 = 4$、$R_4 = 3$、$R_5 = 1$、$R_6 = 5$、$E_1 = 41$、$E_2 = 38$，利用基尔霍夫定律求解电路中的电流 I_1、I_2、I_3。

具体操作步骤如下。

1. 创建线性方程组

基尔霍夫定律说明电路网格中，任意单向闭路的电压和为零，由此分析可得如下线性方程组。

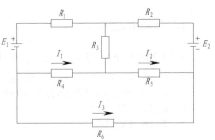

图 8-1　电路网格图

$$\begin{cases} (R_1 + R_3 + R_4)I_1 + R_3 I_2 + R_4 I_3 = E_1 \\ R_3 I_1 + (R_2 + R_3 + R_5)I_2 - R_5 I_3 = E_2 \\ R_4 I_1 - R_5 I_2 + (R_4 + R_5 + R_6)I_3 = 0 \end{cases}$$

将电阻及电压相应的取值代入，可得该线性方程组的系数矩阵及右端项分别为

$$A = \begin{pmatrix} 8 & 4 & 3 \\ 4 & 7 & -1 \\ 3 & -1 & 9 \end{pmatrix}, \quad b = \begin{pmatrix} 41 \\ 38 \\ 0 \end{pmatrix}$$

2. 求方程组的解

事实上，系数矩阵 A 是一个对称正定矩阵（可以通过 eig 命令来验证），因此可以利用楚列斯基（Cholesky）分解求这个线性方程组的解，具体操作如下。

（1）创建名为 solvelineq.m 的函数文件，具体程序如下。

```
function x=solvelineq(A,b,flag)
% 该函数是矩阵分解法汇总，通过 flag 的取值来调用不同的矩阵分解
% 若 flag='LU',则调用 LU 分解法;
% 若 flag='QR',则调用 QR 分解法;
% 若 flag='CHOL',则调用 CHOL 分解法;
if strcmp(flag,'LU')
```

```
    x=solvebyLU(A,b);
elseif strcmp(flag,'QR')
    x=solvebyQR(A,b);
elseif strcmp(flag,'CHOL')
    x=solvebyCHOL(A,b);
else
    error('flag 的值只能为 LU,QR,CHOL!');
end
```

（2）在命令行窗口中调用该函数，具体程序如下。

```
>> A=[8 4 3;4 7 -1;3 -1 9];
>> b=[41 38 0]';
>> I=solvelineq(A,b,'CHOL')    %调用求解线性方程组的函数 solvelieq
I =
    4.0000
    3.0000
   -1.0000
```

3．分析结果

从运行结果发现其中的 I_3 是负值，这说明电流的方向与图中箭头方向相反。

4．书写表达式

利用 MATLAB 将 I_1、I_2、I_3 的具体表达式写出来，具体的操作步骤如下。

```
>> syms R1 R2 R3 R4 R5 R6 E1 E2
>> A=[R1+R3+R4 R3 R4;R3 R2+R3+R5 -R5;R4 -R5 R4+R5+R6];
>> b=[E1 E2 0]';
>> I=inv(A)*b
I =

(R2*R4+R2*R5+R2*R6+R4*R3+R3*R5+R3*R6+R5*R4+R5*R6)/(R4*R2*R5+R3*R2*R5+R3*R5*
R6+R1*R3*R6+R1*R2*R4+R1*R2*R5+R1*R2*R6+R1*R4*R3+R1*R3*R5+R1*R5*R4+R1*R5*R6+
R3*R2*R4+R3*R2*R6+R4*R2*R6+R4*R3*R6+R4*R5*R6)*conj(E1)-(R4*R3+R3*R5+R3*R6+R5*
R4)/(R4*R2*R5+R3*R2*R5+R3*R5*R6+R1*R3*R6+R1*R2*R4+R1*R2*R5+R1*R2*R6+R1*R4*R3+
R1*R3*R5+R1*R5*R4+R1*R5*R6+R3*R2*R4+R3*R2*R6+R4*R2*R6+R4*R3*R6+R4*R5*R6)*conj(E2)


-(R4*R3+R3*R5+R3*R6+R5*R4)/(R4*R2*R5+R3*R2*R5+R3*R5*R6+R1*R3*R6+R1*R2*R4+R1*
R2*R5+R1*R2*R6+R1*R4*R3+R1*R3*R5+R1*R5*R4+R1*R5*R6+R3*R2*R4+R3*R2*R6+R4*R2*R6
+R4*R3*R6+R4*R5*R6)*conj(E1)+(R4*R1+R1*R5+R1*R6+R4*R3+R3*R5+R3*R6+R5*R4+R4*
R6)/(R4*R2*R5+R3*R2*R5+R3*R5*R6+R1*R3*R6+R1*R2*R4+R1*R2*R5+R1*R2*R6+R1*R4*R3+
R1*R3*R5+R1*R5*R4+R1*R5*R6+R3*R2*R4+R3*R2*R6+R4*R2*R6+R4*R3*R6+R4*R5*R6)*conj(E2)


-(R3*R5+R2*R4+R4*R3+R5*R4)/(R4*R2*R5+R3*R2*R5+R3*R5*R6+R1*R3*R6+R1*R2*R4+R1*
R2*R5+R1*R2*R6+R1*R4*R3+R1*R3*R5+R1*R5*R4+R1*R5*R6+R3*R2*R4+R3*R2*R6+R4*R2*
R6+R4*R3*R6+R4*R5*R6)*conj(E1)+(R1*R5+R3*R5+R5*R4+R4*R3)/(R4*R2*R5+R3*R2*R5+
R3*R5*R6+R1*R3*R6+R1*R2*R4+R1*R2*R5+R1*R2*R6+R1*R4*R3+R1*R3*R5+R1*R5*R4+R1*
R5*R6+R3*R2*R4+R3*R2*R6+R4*R2*R6+R4*R3*R6+R4*R5*R6)*conj(E2)
```

8.6　课后习题

1．在 MATLAB 中创建多项式有几种方法？如何创建？

2. 通过向量 a=[3 3 −3; 3 5 −2; −3 −2 5]创建多项式。

3. 计算上题创建的多项式在自变量为 5,9,20 处的值。

4. 线性方程组如何求解，有几种方法？

5. 如何判断方程组有解？

6. 对下面的方程组进行求解。

(1) $\begin{cases} x_1 + 2x_2 + 2x_3 = 1 \\ x_2 - 2x_3 - 2x_4 = 2 \\ x_1 + 3x_2 - 2x_4 = 3 \end{cases}$

(2) $\begin{cases} x_1 + x_2 - 3x_3 - x_4 = 1 \\ 3x_1 - x_2 - 3x_3 + 4x_4 = 4 \\ x_1 + 5x_2 - 9x_3 - 8x_4 = 0 \end{cases}$ 的通解。

(3) $\begin{cases} x_1 - 2x_2 + 3x_3 + x_4 = 1 \\ 3x_1 - x_2 + x_3 - 3x_4 = 2 \\ 2x_1 + x_2 + 2x_3 - 2x_4 = 3 \end{cases}$ 的通解。

(4) $\begin{cases} x_2 - x_3 + 2x_4 = 1 \\ x_1 - x_3 + x_4 = 0 \\ -2x_1 + x_2 + x_4 = 1 \end{cases}$ 的解。

7. 求方程组 $\begin{cases} 5x_1 + 6x_2 = 1 \\ x_1 + 5x_2 + 6x_3 = 0 \\ x_2 + 5x_3 + 6x_4 = 0 \\ x_3 + 5x_4 + 6x_5 = 0 \\ x_4 + 5x_5 = 1 \end{cases}$ 的解并进行验证。

第 9 章 图形用户界面设计

内容提南

MATLAB 提供了图形用户界面（Graph User Interface，GUI）的设计功能，用户可以自行设计人机交互界面，以显示各种计算信息、图形、声音等，或提示输入计算所需要的各种参数。

知识重点

📕 用户界面概述

📕 图形用户界面设计

📕 控件设计

📕 控件编程

9.1 用户界面概述

用户界面是计算机系统中实现用户与计算机信息交换的软件、硬件部分，计算机在屏幕显示图形和文本，用户通过输入设备与计算机进行通信，设定如何观看和感知计算机、操作系统或应用程序。

图形用户界面 GUI 是由窗口、菜单、图标、按钮、对话框和文本等各种图形对象组成的用户界面。

9.1.1 用户界面对象

1. 控件

控件是显示数据或接收数据输入的相对独立的用户界面元素，常用控件介绍如下。

（1）按钮（Push BuRon）。按钮是对话框中最常用的控件对象，一个按钮代表一种操作，所以有时也称为命令按钮。

（2）双位按钮（Toggle Button）。在矩形框上加上文字说明。这种按钮有两个状态，即按下状态和弹起状态。每单击一次其状态将改变一次。

（3）单选按钮（Radio Button）。单选按钮是一个圆圈加上文字说明。它是一种选择性按钮，当被选中时，圆圈的中心有一个实心的黑点，否则圆圈为空白。在一组单选按钮中，通常只能有一个被选中，如果选中了其中一个，则原来被选中的就不再处于被选中状态，这就像收音机一次只能选中一个电台一样，故称作单选按钮。在有些文献中，也称作无线电按钮或收音机按钮。

（4）复选框（Check Box）。复选框是一个小方框加上文字说明。它的作用和单选按钮相似，也是一组选择项，被选中的项其小方框中有√。与单选按钮不同的是，复选框一次可以选择多项，这也是"复选框"名字的来由。

（5）列表框（List Box）。列表框列出可供选择的一些选项，当选项很多而列表框装不下时，可使用列表框右端的滚动条进行选择。

（6）弹出框（Pop up Menu）。弹出框平时只显示当前选项，单击其右端的向下箭头即弹出一个列表框，列出全部选项。其作用与列表框类似。

（7）编辑框（Edit Box）。编辑框可供用户输入数据。在编辑框内可提供默认的输入值，随后用户可以进行修改。

（8）滑动条（Slider）。滑动条可以用图示的方式输入指定范围内的一个数量值。用户可以移动滑动条中间的游标来改变它对应的参数。

（9）静态文本（Stmic Text）。静态文本是在对话框中显示的说明性文字，一般用来给用户做必要的提示。因为用户不能在程序执行过程中改变文字说明，所以将其称为静态文本。

2．菜单（Uimenu）

在 Windows 程序中，菜单是一个必不可少的程序元素。通过菜单可以把对程序的各种操作命令非常规范有效地表示给用户，单击菜单项程序将执行相应的功能。菜单对象是图形窗口的子对象，所以菜单子级总在某一个图形窗口中进行。MATLAB 的各个图形窗口有自己的菜单栏，包括 File、Edit、View、Insert、Tools、Windows 和 Help 共 7 个菜单项。

3．快捷菜单（Uicontextmenu）

快捷菜单是用鼠标右键单击某对象时在屏幕上弹出的菜单。这种菜单出现的位置是不固定的，而且总是和某个图形对象相联系。

4．按钮组（Uibuttongroup）

按钮组是一种容器，用于对图形窗口中的单选按钮和双位按钮集合进行逻辑分组。例如，要分出若干组单选铵钮，在一组单选按钮内部选中一个按钮后不影响在其他组内继续选择。按钮中的所有控件，其控制代码必须写在按钮组的 SelectionChangeFcn 响应函数中，而不是控件的回调函数中。按钮组会忽略其中控件的原有属性。

5．面板（Uipanel）

面板对象用于对图形窗口中的控件和坐标轴进行分组，便于用户对一组相关的控件和坐标轴进行管理。面板可以包含各种控件，如按钮、坐标系及其他面板等。面板中的控件与面板之间的位置为相对位置，当移动面板时，这些控件在面板中的位置不改变。

6. 工具栏（Uitoolbar）

通常情况下，工具栏包含的按钮和窗体菜单中的菜单项相对应，以便提供对应用程序的常用功能和命令进行快速访问。

7. 表（Uitable）

用表格的形式显示数据。

9.1.2 图形用户界面

MATLAB 本身提供了很多的图形用户界面。这些图形用户界面提供了新的设计分析工具，体现了新的设计分析理念。

1. 单输入单输出控制系统设计工具

在命令窗口输入 sisotool，弹出如图 9-1 所示的图形用户界面。

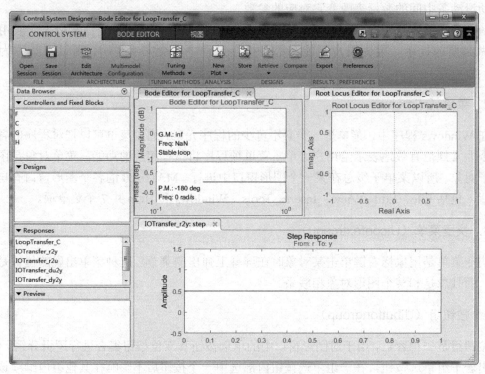

图 9-1　单输入单输出控制系统设计环境

2. 滤波器设计和分析工具

在命令窗口输入 fdatool，弹出如图 9-2 所示的图形用户界面。

这些工具的出现不仅提高了设计和分析效率，而且改变了原有的设计模式，引发了新的设计思想，改变和正在改变着人们的设计、分析理念。

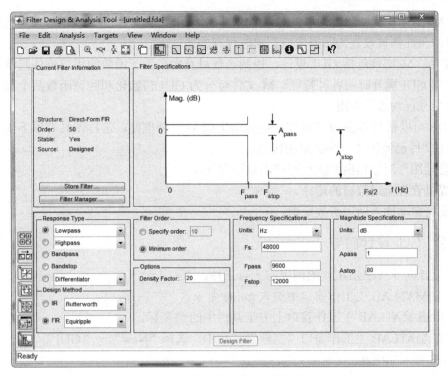

图 9-2　滤波器设计和分析环境

9.2　图形用户界面设计

本节先简单介绍图形用户界面（GUI）的基本概念，然后说明 GUI 开发环境 GUIDE 及其组成部分的用途和使用方法。

GUI 创建包括界面设计和控件编程两部分，主要步骤如下。

（1）通过设置 GUIDE 应用程序的选项来运行 GUIDE。

（2）使用界面设计编辑器进行界面设计。

（3）编写控件行为相应控制代码（回调函数）。

9.2.1　GUI 概述

对于 GUI 的应用程序，用户只要通过与界面交互就可以正确执行指定的行为，而无需知道程序是如何执行的。

在 MATLAB 中，GUI 是一种包含多种对象的图形窗口，GUIDE 为 GUI 开发提供一个方便高效的集成开发环境。GUIDE 是一个界面设计工具集，MATLAB 将所有 GUI 支持的控件都集成在这个环境中，并提供界面外观、属性和行为响应方式的设置方法。GUIDE 将设计好的 GUI 保存在一个 FIG 文件中，同时还生成 M 文件框架。

FIG 文件：FIG 文件包括 GUI 图形窗口及其所有后裔的完全描述，包括所有对象的属性值。FIG 文件是一个二进制文件，调用命令 hgsave 或选择界面设计编辑器"文件"菜单下的"保存"选项，保存图形窗口时生成该文件。FIG 文件包含序列化的图形窗口对象，在打开

GUI 时，MATLAB 能够通过读取 FIG 文件重新构造图形窗口及其所有后裔。需要说明的是，所有对象的属性都被设置为图形窗口创建时保存的属性。

M 文件：M 文件包括 GUI 设计、控制函数以及定义为子函数的用户控件回调函数，主要用于控制 GUI 展开时的各种特征。M 文件可分为 GUI 初始化和回调函数两个部分，回调函数根据交互行为进行调用。

GUIDE 可以根据 GUI 设计过程直接自动生成 M 文件框架，这样做具有以下优点。

- M 文件已经包含一些必要的代码。
- 管理图形对象句柄并执行回调函数子程序。
- 提供管理全局数据的途径。
- 支持自动插入回调函数原型。

9.2.2　GUI 设计向导

GUI 设计向导（GUIDE）的调用方式有三种。

（1）在 MATLAB 主工作窗口中键入 guide 命令。

（2）单击 MATLAB 主工作窗口上方工具栏中的 图标。

（3）在 MATLAB 主工作窗口"文件"菜单中，选择"New"→"GUI"。

GUIDE 界面如图 9-3 所示。

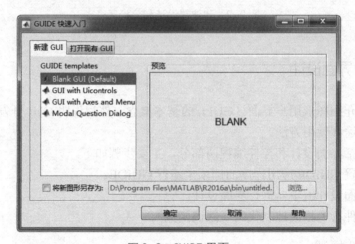

图 9-3　GUIDE 界面

GUIDE 界面主要有两种功能：一是创建新的 GUI，二是打开已有的 GUI（如图 9-4 所示）。

从图 9-3 可以看到，GUIDE 提供了四种图形用户界面，分别是：

- 空白 GUI（Blank GUI）；
- 控制 GUI（GUI with Uicontrols）；
- 图像与菜单 GUI（GUI with Axes and Menu）；
- 对话框 GUI（Modal Question Dialog）。

其中，后三种 GUI 是在空白 GUI 基础上预置了相应的功能供用户直接选用。

GUIDE 界面的下方是"将新图形另存为"工具条，用来选择 GUI 文件的保存路径。

图 9-4　打开已有的 GUI

9.2.3　GUI 设计工具

在 GUI 设计的过程中需要进行一系列的属性、样式等设置，需要用到相应的设计工具。下面对如下几种设计工具进行介绍：

- 属性编辑器（Properties Inspector）；
- 控件布置编辑器（Alignment Objects）；
- 网格标尺编辑器（Grid and Rulers）；
- 菜单编辑器（Menu Editor）；
- 工具栏编辑器（Toolbar Editor）；
- 对象浏览器（Object Browser）；
- GUI 属性编辑器（GUI Options）。

1. 属性编辑器（Properties Inspector）

在 GUIDE 界面中选择 "Blank GUI"，进入 GUI 的编辑界面，如图 9-5 所示。

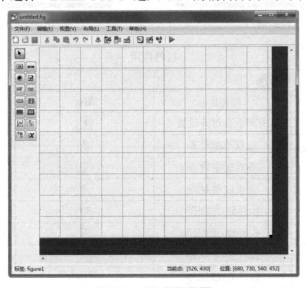

图 9-5　GUI 编辑界面

GUI 编辑界面的左侧是控件区，右侧是编辑区。

进入属性编辑器有以下两种途径。

（1）在编辑区单击右键，选择"属性检查器"。

（2）在工具条中单击按钮。

属性编辑器如图 9-6 所示，在此工具中可以设置所选图形对象或者 GUI 控件各属性的值，比如名称、颜色等。

2. 控件布置编辑器（Alignment Objects）

在工具条中单击 按钮即可调用控件布置编辑器，其功能是设置编辑区中使用的各种控件的布局，包括水平布局、垂直布局、对齐方式、间距等，如图 9-7 所示。

该编辑器中的各个控件作用见表 9-1。

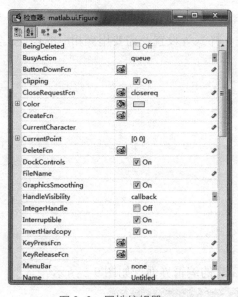

图 9-6　属性编辑器

图 9-7　控件布置编辑器

表 9-1　　　　　　　　　　　　　　　　控件作用

垂直方向布局		水平方向布局	
图标	作用	图标	作用
	关闭垂直对齐设置		关闭水平对齐设置
	垂直顶端对齐		水平左对齐
	垂直居中对齐		水平中对齐
	垂直底端对齐		水平右对齐
	控件底-顶间距		控件右-左间距
	控件顶-顶间距		控件左-左间距
	控件中-中间距		控件中-中间距
	控件底-底间距		控件右-右间距

在设置间距时，需要先选中需要设置的控件，然后设置间距值（单位为像素）。

3．网格标尺编辑器（Grid and Rulers）

在 GUI 编辑界面的菜单栏中，选择"工具"→"网格和标尺"
菜单项，即可进入网格标尺编辑器，如图 9-8 所示。

利用该编辑器可以设置是否显示标尺、向导线和网格线等。

图 9-8　网格标尺编辑器

4．菜单编辑器（Menu Editor）

在工具条中单击 按钮即可打开菜单编辑器，如图 9-9 左图所示。

图 9-9　菜单编辑器

单击该编辑器工具栏上的 按钮，或在左图左侧的空白处单击，即可添加一个菜单项，
如图 9-9 右图所示。利用该编辑器可以设置所选菜单项的属性，包括菜单名称（Label）、标
签（Tag）等。"分隔符位于此菜单项上"是定义是否在该菜单项上显示一条分隔线，以区分
不同类型的菜单操作；"在此菜单项前添加选中标记"是定义是否在菜单被选中时给出标识；
"回调"定义的是菜单项对应的反应事件。

5．工具栏编辑器（Toolbar Editor）

在 GUI 编辑窗口的工具条中单击 按钮，即可打开工具栏编辑器，如图 9-10（a）所示。

（a）　　　　　　　　　　　　　　　（b）

图 9-10　工具栏编辑器

该编辑器用于定制工具栏。将界面左侧的工具图标拖放到其顶端的工具条中，或选中某个工具图标后单击"添加"按钮，即可在图 9-10（b）所示的界面中定制工具项图标、名称、在工具栏中的位置及工具栏名称等属性。

6. 对象浏览器（Object Browser）

在 GUI 编辑窗口的工具条中单击🐾按钮，即可打开对象浏览器，如图 9-11 所示。

在此设计工具中可以显示所有的图形对象，单击该对象就可以打开相应的属性编辑器。

7. GUI 属性编辑器（GUI Options）

在 GUI 编辑界面的菜单栏中，选择"工具"→"GUI 选项（O）"菜单项，即可打开 GUI 属性编辑器，如图 9-12 所示。

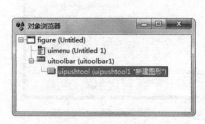

图 9-11 对象浏览器　　　　　　　　　　图 9-12 GUI 属性编辑器

其中，"调整行为大小"用于设置 GUI 的缩放形式，包括固定界面、比例缩放、用户自定义缩放等形式；"命令行辅助功能"用于设置 GUI 对命令窗口句柄操作的响应方式，包括屏蔽、响应、用户自定义响应等；中间的复选框用于设置 GUI 保存形式。

9.2.4 GUI 控件

GUIDE 提供了多种控件，用于实现用户界面的创建工作，通过不同组合形成界面设计，如图 9-13 所示。

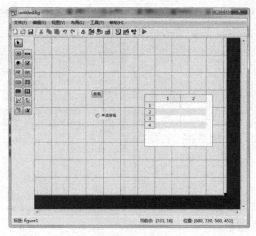

图 9-13 界面设计

用户界面控件分布在 GUI 界面编辑器左侧，其作用见表 9-2。

表 9-2 GUI 控件

图 标	作 用	图 标	作 用
	选择模式控件		按钮控件
	滚动条控件		单选按钮
	复选框控件		文本框控件
	文本信息控件		弹出菜单控件
	列表框控件		开关按钮控件
	表格控件		坐标轴控件
	组合框控件		按钮组控件
	ActiveX 控件		

下面简要介绍其中几种控件的功能和特点。

- 按钮：通过鼠标单击可以实现某种行为，并调用相应的回调子函数。
- 滚动条：通过移动滚动条改变指定范围内的数值输入，滚动条的位置代表用户输入的数值。
- 单选按钮：执行方式与按钮相同，通常以组为单位，且组中各按钮是一种互斥关系，即任何时候一组单选按钮中只能有一个有效。
- 复选框：与单选按钮类似，不同的是同一时刻可以有多个复选框有效。
- 文本框：该控件是用于控制用户编辑或修改字符串的文本域。
- 文本信息控件：通常用作其他控件的标签，且用户不能采用交互方式修改其属性值或调用其响应的回调函数。
- 弹出菜单：用于打开并显示一个由 String 属性定义的选项列表，通常用于提供一些相互排斥的选项，与单选按钮组类似。
- 列表框：与弹出菜单类似，不同的是该控件允许用户选择其中的一项或多项。
- 开关按钮：该控件能产生一个二进制状态的行为（on 或 off）。单击该按钮可以使按钮在下陷或弹起状态间进行切换，同时调用相应的回调函数。
- 坐标轴：该控件可以设置许多关于外观和行为的参数，使用户的 GUI 可以显示图片。
- 组合框：是图形窗口中的一个封闭区域，用于把相关联的控件组合在一起。该控件可以有自己的标题和边框。
- 按钮组：作用类似于组合框，但它可以响应单选按钮及开关。

9.2.5 课堂练习——设计响应曲线界面

设计如图 9-14 所示的二阶系统阶跃相应曲线界面。
操作提示。
（1）启动 GUI。
（2）放置面板、坐标轴、按钮与复选框。
（3）利用对象属性编辑器设置组件属性。

设计响应曲线界面

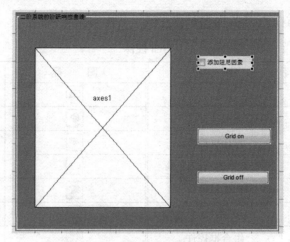

图 9-14   二阶系统阶跃相应曲线界面

9.3   控件设计

本节介绍的用户界面设计包括控件设计与菜单设计，下面进行详细介绍。

9.3.1   创建控件

在用户界面上有各种各样的控件，利用这些控件可以实现有关的控制。MATLAB 提供了用于建立控件对象的函数 uicontrol，其调用格式如下。

- c = uicontrol
- c = uicontrol(Name,Value,...)
- c = uicontrol(parent)
- c = uicontrol(parent,Name,Value,...)
- uicontrol(c)

在命令行输入 uicontrol，弹出如图 9-15 所示的图形界面。同样的，在命令行输入 figure，弹出如图 9-16 所示的图形编辑窗口。

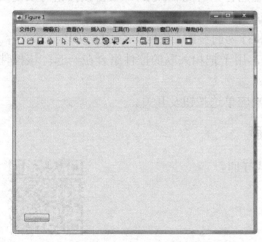

图 9-15   图形界面

图 9-16   图形编辑窗口

9.3.2　控件属性

用户可以在创建对象时设定其属性，未指定时将其系统值设置为缺省。

```
>> c = uicontrol
c =
  UIControl (具有属性):
              Style: 'pushbutton'
             String: ''
    BackgroundColor: [0.9400 0.9400 0.9400]
           Callback: ''
              Value: 0
           Position: [20 20 60 20]
              Units: 'pixels'
  显示 所有属性
        BackgroundColor: [0.9400 0.9400 0.9400]
           BeingDeleted: 'off'
             BusyAction: 'queue'
          ButtonDownFcn: ''
                  CData: []
               Callback: ''
               Children: [0x0 handle]
              CreateFcn: ''
              DeleteFcn: ''
                 Enable: 'on'
                 Extent: [0 0 4 4]
              FontAngle: 'normal'
               FontName: 'MS Sans Serif'
               FontSize: 8
              FontUnits: 'points'
             FontWeight: 'normal'
        ForegroundColor: [0 0 0]
       HandleVisibility: 'on'
    HorizontalAlignment: 'center'
          Interruptible: 'on'
            KeyPressFcn: ''
          KeyReleaseFcn: ''
             ListboxTop: 1
                    Max: 1
                    Min: 0
                 Parent: [1x1 Figure]
               Position: [20 20 60 20]
              SliderStep: [0.0100 0.1000]
                 String: ''
                  Style: 'pushbutton'
                    Tag: ''
          TooltipString: ''
                   Type: 'uicontrol'
            UIContextMenu: [0x0 GraphicsPlaceholder]
                  Units: 'pixels'
               UserData: []
```

```
                 Value: 0
               Visible: 'on'
       BackgroundColor: [0.9400 0.9400 0.9400]
          BeingDeleted: 'off'
            BusyAction: 'queue'
         ButtonDownFcn: ''
                 CData: []
              Callback: ''
              Children: [0x0 handle]
             CreateFcn: ''
             DeleteFcn: ''
                Enable: 'on'
                Extent: [0 0 4 4]
             FontAngle: 'normal'
              FontName: 'MS Sans Serif'
              FontSize: 8
             FontUnits: 'points'
            FontWeight: 'normal'
       ForegroundColor: [0 0 0]
      HandleVisibility: 'on'
  HorizontalAlignment: 'center'
         Interruptible: 'on'
           KeyPressFcn: ''
         KeyReleaseFcn: ''
            ListboxTop: 1
                   Max: 1
                   Min: 0
                Parent: [1x1 Figure]
              Position: [20 20 60 20]
            SliderStep: [0.0100 0.1000]
                String: ''
                 Style: 'pushbutton'
                   Tag: ''
         TooltipString: ''
                  Type: 'uicontrol'
         UIContextMenu: [0x0 GraphicsPlaceholder]
                 Units: 'pixels'
              UserData: []
                 Value: 0
               Visible: 'on'
```

在上面的程序中显示属性集对应的可取值。控件属性包括以下两大类。

1. 基本控件属性

（1）Style 属性。该属性用于定义控件对象的类型。

（2）Tag 属性。该属性取值为字符串。它定义控件的标识值，在程序中可以通过这个标识值控制该控件对象。每个控件在创建时都会由开发环境自动创建一个标识，在程序设计中为了编辑、记忆和维护的方便，一般为控件设置一个新的标识。

（3）String 属性。该属性的取值是字符串。它定义控件对象的说明文字，如按钮上的说明文字以及单选按钮或复选按钮后面的说明文字等。

（4）Type 属性。该属性的取值表明图形对象的类型。

（5）Background、ForegroundColor 属性。该属性的取值代表某种颜色的字符或 RGB 三元组。ForegroundColor 属性定义控件对象区域的背景色，它的默认颜色是浅灰色。

Background 属性定义控件对象说明文字的颜色，其默认颜色是黑色。

（6）Position 属性。该属性的取值是一个由 4 个元素构成的向量，其形式为 $[n_1, n_2, n_3, n_4]$。这个向量定义了控件对象在屏幕上的位置和大小，其中 n_1 和 n_2 分别为控件对象左下角相对于图形窗口的横纵坐标值，n_3 和 n_4 分别为控件对象的宽度和高度。它们的单位由 units 属性决定。

（7）LJnits 属性。该属性的取值可以是 pixel（像素，为默认值）、normalized（相对单位）、inches（英寸）、centimeters（厘米）或 points（磅）。除了 normalized 以外，其他单位都是绝对度量单位。所有单位的度量都是从图形窗口的左下角处开始，在相对单位下，图形窗口的左下角对应为（0，0），而右上角对应为（1.0，1.0）。该属性将影响一切定义大小的属性项，如前面的 Position 属性。

（8）字体属性。

- FontAngle 属性。该属性的取值是 normalized（默认值）、italic 和 oblique。这个属性值定义控件对象标题等的字体形态。其值为 nolmalized 时，选用系统默认的正字体，而其值为 italic 或 oblique 时，使用方头斜字体。

- FontName 属性。该属性的取值是控件对象标题等使用字体的字库名，必须是系统支持的各种字库。

- FontSize 属性。该属性的取值是数值，它定义控件对象标题等字体的字号。字号单位由 FontUnits 属性值定义。默认值与系统有关。

- FontUnits 属性。该属性的取值是 points（磅，默认值）、normalized（相对单位）、inches（英寸）、centimeters（厘米）或 pixels（像素），该属性定义字号单位。相对单位将 FontSize 属性值解释为控件对象图标高度百分比，其他单位都是绝对单位。

- FontWeight 属性。该属性的取值是 normalized（默认值）、light、demi 或 bold，它定义字体字符的粗细。

（9）HorizontalAlignment 属性。该属性的取值是 left、center（默认值）或 right。用来决定控件对象说明文字在水平方向上的对齐方式，即说明文字在控件对象图标上居左（left）、居中（center）、居右（right）。

（10）Max、Min 属性。属性的取值都是数值，其默认值分别是 1 和 0。这两个属性值对于不同的控件对象类型，其意义是不同的。

- 当单选按钮被激活时，它的 Value 属性值为 Max 属性定义的值。当单选按钮处于非激活状态时，它的 Value 属性值为 Min 属性定义的值。

- 当复选框被激活时，它的 Value 属性值为 Max 属性定义的值。当复选框处于非激活状态时，它的 Value 属性值为 Min 属性定义的值。

- 对于滑动条对象，Max 属性值必须比 Min 属性值大，Max 定义滑动条的最大值，Min 定义滑动条的最小值。

- 对于编辑框，如果 Max-Min>l，那么对应的编辑框接受多行字符输入。如果 Max-Min

≤1，那么编辑框仅接收单行字符输入。

- 对于列表框，如果 Max−Min>1，那么在列表框中允许多项选择；如果 Max−Min≤1，那么在列表框中只允许单项选择。
- 弹出框和静态文本等控件对象不使用 Max 和 Min 属性。

（11）Value 属性。该属性的取值可以是向量值，也可以是数值，它的含义依赖于控件对象的类型。对于单选按钮和复选框，当它们处于激活状态时，Value 属性值由 Max 属性定义，反之由 Min 属性定义。对于弹出框，Value 属性值是被选项的序号，所以由 Value 的值可知弹出框的选项。同样，对于列表框，Value 属性值定义了列表框中高亮度选项的序号。对于滑动条对象，Value 属值处于 Min 与 Max 属性值之间，由滑动条标尺位置对应的值定义。其他的控件对象不使用这个属性值。

2．事件响应属性

（1）Callback 属性。该属性是连接程序界面整个程序系统的实质性功能的纽带。对控件执行默认操作时，MATLAB 自动执行控件的 Callback 下的代码。Callback 属性允许用户建立起在控件对象被选中后的响应命令。不同的控件可以响应不同的事件，尽管有相同的属性名，但是其实现的功能却因控件的不同而不同。例如，按钮的 Callback 是由于鼠标的一次单击引起的，而 Pop-up Menu 则是鼠标单击下拉按钮，然后在列表中单击一个条目之后发生的。

（2）BusyAction 属性：处理回调函数的中断。该属性有两种选项，即 Cancel（取消中断事件）和 queue（排队，默认设置）。

（3）ButtonownFcn 属性：按钮按下时的处理函数。

（4）CreateFcn 属性：在对象产生过程中执行的回调函数。

（5）DeleteFcn 属性：删除对象过程中执行的回调函数。

（6）Interruptible 属性：指定当前的回调函数在执行时是否允许中断，去执行其他的函数。图形窗口对象还有一些特殊的事件属性。

- closeRequestFcn 属性：图形窗口关闭时执行。
- KeyPressFcn 属性：有按键按下。
- ResizeFcn 属性：用户调整 Figure 的大小。
- WindowButtonDownFcn 属性：在图形窗口的空白处单击。
- WindowButtonMotionFcn 属性：鼠标在图形窗口上方移动时。
- WindowButtonUpFcn 属性：在图形窗口上单击鼠标又抬起之后。

9.3.3 菜单设计

建立自定义的用户菜单的函数为 uimenu，其调用格式如下。

- m = uimenu：创建一个现有的用户界面的菜单栏。
- m = uimenu(Name,Value,...)：创建一个菜单并指定一个或多个菜单属性名称和值。
- m = uimenu(parent)：创建一个菜单并指定特定的对象。
- m = uimenu(parent,Name,Value,...)：创建了一个特定的对象并指定一个或多个菜单属性和值。

```
>> uimenu
```

执行上面的命令后，弹出如图 9-17 所示的图形界面。

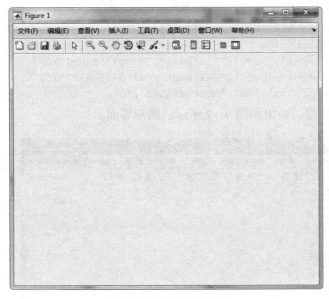

图 9-17　图形界面显示

创建图形窗口。

```
H_fig=figure                %显示如图 9-17 所示的图形窗口
```

隐去标准菜单使用命令。

```
set(H_fig, 'MenuBar', 'none')    %t 显示如图 9-18 所示的图形窗口
```

恢复标准菜单使用命令。

```
set(gcf, 'MenuBar', ' figure')    %显示如图 9-17 所示的图形窗口
```

图 9-18　隐藏菜单栏显示

9.3.4 操作实例

例1：添加菜单栏。

例1

```
>> f = uimenu('Label','Workspace');
   uimenu(f,'Label','New Figure','Callback','disp(''figure'')');
   uimenu(f,'Label','Save','Callback','disp(''save'')');
   uimenu(f,'Label','Quit','Callback','disp(''exit'')',...
          'Separator','on','Accelerator','Q');
```

执行上面的命令后，弹出如图9-19所示的图形界面。

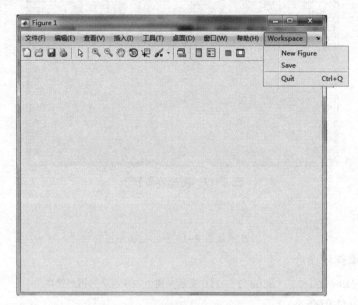

图9-19 添加菜单栏后的图形窗口

例2：重建菜单栏。

例2

```
>> f = uimenu('Label','Workspace');
   uimenu(f,'Label','New Figure','Callback','disp(''figure'')');
   uimenu(f,'Label','Save','Callback','disp(''save'')');
   uimenu(f,'Label','Quit','Callback','disp(''exit'')',...
          'Separator','on','Accelerator','Q');
>> f = figure('MenuBar','None');
mh = uimenu(f,'Label','Find');
frh = uimenu(mh,'Label','Find and Replace ...',...
            'Callback','disp(''goto'')');
frh = uimenu(mh,'Label','Variable');
uimenu(frh,'Label','Name...', ...
          'Callback','disp(''variable'')');

uimenu(frh,'Label','Value...', ...
          'Callback','disp(''value'')');
```

执行上面的命令后，弹出如图9-20所示的图形界面。

例3：创建一个上下文菜单。

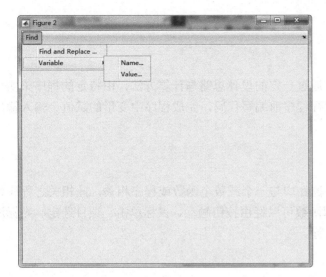

图 9-20　重建菜单栏后的图形窗口

```
>> f = figure;
% Create the UICONTEXTMENU
cmenu = uicontextmenu;

% Create the parent menu
fontmenu = uimenu(cmenu,'label','Font');

% Create the submenus
font1 = uimenu(fontmenu,'label','Helvetica',...
                'Callback','disp(''HelvFont'')');
font2 = uimenu(fontmenu,'label',...
                'Monospace','Callback','disp(''MonoFont'')');
f.UIContextMenu = cmenu;
```

执行上面的命令后，弹出如图 9-21 所示的图形界面。

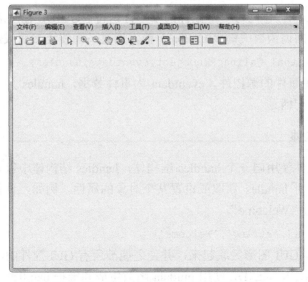

图 9-21　添加上下文菜单后的图形窗口

9.4 控件编程

GUI 图形界面的功能主要通过一定的设计思路与计算方法，由特定的程序来实现。为了实现程序的功能，还需要在运行程序前编写代码，完成程序中变量的赋值、输入输出、计算及绘图功能。

9.4.1 回调函数

在图形用户界面中，每一控件均与一个或数个函数或程序相关，此相关之程序称为回调函数（callbacks）。每一个回调函数可以经由按钮触动、鼠标单击、项目选定、光标滑过特定控件等动作后产生的事件下执行。

1. 事件驱动机制

面向对象的程序设计是以对象感知事件的过程为编程单位，这种程序设计的方法称为事件驱动编程机制。每一个对象都能感知和接受多个不同的事件，并对事件作出响应（动作）。当事件发生时，相应的程序段才会运行。

事件是由用户或操作系统引发的动作。事件发生在用户与应用程序交互时，例如，单击控件、键盘输入、移动鼠标等都是一些事件。每一种对象能够"感受"的事件是不同的。

2. 回调函数

回调函数就是处理该事件的程序，它定义对象怎样处理信息并响应某事件，该函数不会主动运行，是由主控程序调用的。主控程序一直处于前台操作，它对各种消息进行分析、排队和处理，当控件被触发时去调用指定的回调函数，执行完毕之后控制权又回到主控程序。gcbo 为正在执行回调的对象句柄，可以使用它来查询该对象的属性。例如：

```
get(gcbo,'Value')        % 获取回调对象的状态
```

MATLAB 将 Tag 属性作为每一个控件的唯一标识符。GUIDE 在生成 M 文件时，将 Tag 属性作为前缀，放在回调函数关键字 Callback 前，通过下画线连接而成函数名。例如：

```
function pushbuttonl Callback(hObject,eventdata,handles)
```

其中，hObject 为发生事件的源控件，eventdata 为事件数据，handles 为一个结构体，保存图形窗口中所有对象的句柄。

3. handles 结构体

GUI 中的所有控件使用同一个 handles 结构体，handles 结构体中保存了图形窗口中所有对象的句柄，可以使用 handles 获取或设置某个对象的属性。例如，设置图形窗口中静态文本控件 textl 的文字为"Welcome"。

```
set(handles·textl,'strlng','Welcome')
```

GUIDE 将数据与 GUI 图形关联起来，并使之能被所有 GUI 控件的回调使用。GUI 数据常被定义为 handles 结构，GUIDE 使用 guidata 函数生成和维护 handles 结构体，设计者可以

根据需要添加字段，将数据保存到 handles 结构的指定字段中，可以实现回调间的数据共享。

例如，要将向量 X 中的数据保存到 handles 结构体中，按照下面的步骤进行操作。

（1）给 handles 结构体添加新字段并赋值，即

```
handles. mydata=X;
```

（2）用 guidata 函数保存数据，即

```
guidata(hObject,handles)
```

其中，hObject 是执行回调的控件对象的句柄。

要在另一个回调中提取数据，使用下面的命令：

```
X= handles. mydata;
```

9.4.2　操作实例

例1

例 1： 显示提示对话框。

在命令行窗口中输入下面的命令。

```
>> guide
```

弹出如图 9-22 所示的 GUI 模板选择对话框，选择空白文档，单击"确定"按钮，进入 GUI 图形窗口，进行界面设计。

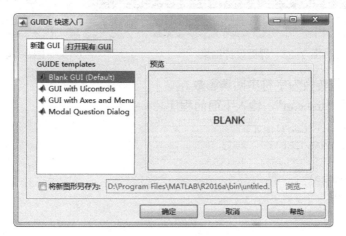

图 9-22　GUIDE 快速入门

在弹出的图形窗口中选择"按钮"，放置到设计界面，选择该控件，单击鼠标右键，选择"属性检查器"命令，在弹出的对话框中设置"string"栏为"关闭"，结果如图 9-23 所示。

在命令行窗口中输入下面的程序。

```
>> choice=questdlg('是否需要关闭对话框? ', '关闭对话框', 'Yes ', 'No ', 'No ');
%   弹出如图 9-24 所示的图形界面
switch choice,
    case 'Yes '
        delete(handle.figure1);
        return
    case 'No '
        return
```

```
end
%  编写变量对应关系代码
```

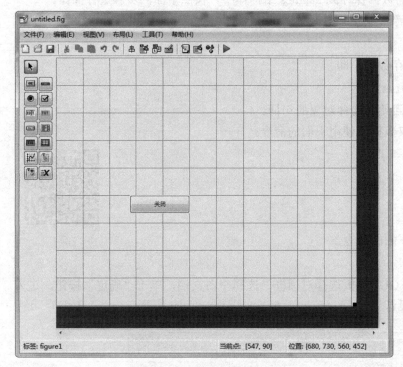

图 9-23　界面设计结果

图 9-24　创建提示对话框

例2：编写整数转换为字符串回调函数。

创建函数文件"trdec.m"，输入下面的程序。

```
function dec = trdec( n,a )
ch1='0123456789ABCDEF';    k=1;
while n~=0
    p(k)=rem(n,a);
    n=fix(n/a);
    k=k+1
end
k=k-1;
strdec='';
while k>=1
    kb=p(k);
    strdec=strcat(strdec,ch1(kb+1:kb+1));
    k=k-1;
end
dec=strdec;
```

例2

例3：绘制函数曲线 $x = \sin(t)\cos(t), (-\pi, \pi)$ 并控制曲线颜色。

创建 M 文件"quxianyanse.m"，输入下面的程序。

```
t=(-pi:pi/100:pi)+eps;
y=sin(t).*cos(t);
hline=plot(t,y);    %绘制曲线
```

例3

```
cm=uicontextmenu;      %创建快捷菜单
uimenu(cm,'label','Red','callback','set(hline,''color'',''r''),')
uimenu(cm,'label','Blue','callback','set(hline,''color'',''b''),')
uimenu(cm,'label','Green','callback','set(hline,''color'',''g''),')
set(hline,'uicontextmenu',cm)
```

执行命令后，弹出如图 9-25 所示的图形窗口，同时单击右键可弹出右键菜单，显示曲线颜色。

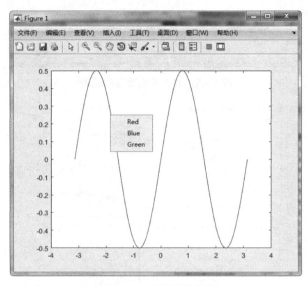

图 9-25　绘制函数曲线

9.5　综合实例——频谱图的绘制

本节设计一个简单的信号 FFT 频谱分析的程序，要求根据输入的两个频率和时间间隔，计算函数 $x = \sin\left(\dfrac{\pi}{2} f_1 t\right) + \cos(2\pi f_2 t)$ 的值，并对函数进行傅里叶变换，最后分别绘制时域与频域曲线。

具体操作步骤如下。

1. 界面布置

频谱图的绘制

（1）在命令行窗口中输入下面的命令。

```
>> guide
```

弹出如图 9-26 所示的 GUI 模板选择对话框，选择空白文档，单击"确定"按钮，进入 GUI 图形窗口，进行界面设计。

（2）在弹出的图形窗口中选择 3 个坐标轴、3 个文本编辑框、一个按钮和 3 个静态文本框，放置到设计界面，如图 9-27 所示。

（3）单击工具栏中的"属性检查器"按钮 ，根据需要修改控件名称与字体大小，如图 9-28 所示。

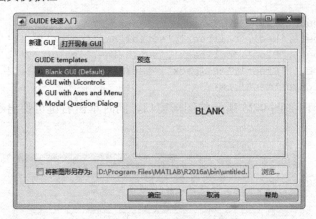

图 9-26 GUI 模板选择对话框

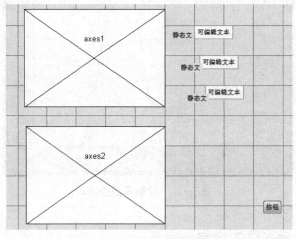

图 9-27 控件放置结果

（4）单击"对齐对象"按钮 ⊞，对界面中的控件进行布局操作，结果如图 9-29 所示。

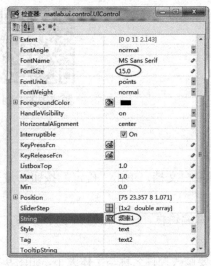

图 9-28 控件属性设置

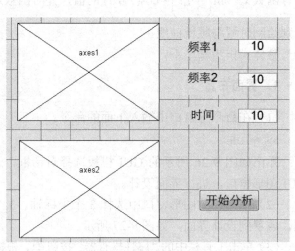

图 9-29 界面设计结果

（5）单击工具栏中的"属性检查器"按钮![icon]，弹出如图 9-30 所示的"检查器"对话框，按照要求修改属性。

（6）单击工具栏中的"属性检查器"按钮![icon]和"对象浏览器"按钮![icon]，在对话框中修改控件"Tag"属性，结果如图 9-31 所示。

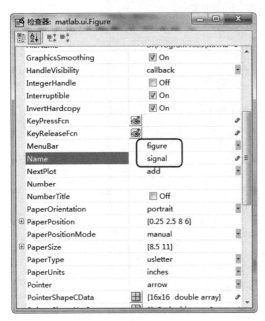

图 9-30　"检查器"对话框

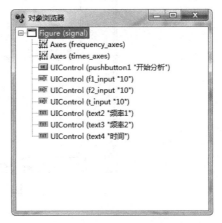

图 9-31　对象浏览器

本例设置第一个坐标轴的标识为 frequency_axes，用于显示频域图形；第二个坐标轴的标识为 time_axes，用于显示时域图形。三个文本编辑框的标识为 f1_input、f2_input、t_input，分别用于输入两个频率和自变量时间的间隔。由于不需要返回 3 个静态文本框和按钮的值，这些控件的标识可以使用缺省值。

图形界面设置结果如图 9-32 所示。

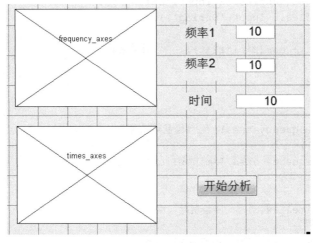

图 9-32　完成编辑的图形界面

单击"运行"按钮 ▷，系统自动生成以".flg"、".m"为后缀的文件，如图 9-33 所示的"signal.flg"图形显示图形运行界面。

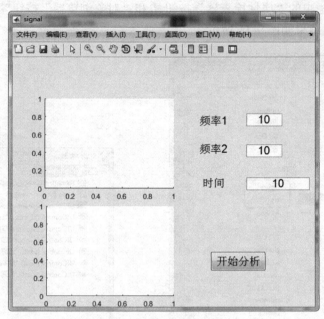

图 9-33　图形运行结果

2. 程序编辑

在"signal.flg"图形界面中，单击工具栏中的"编辑器"按钮，打开"signal.m"文件，在程序代码中找到下面的程序。

```
function pushbutton1_Callback
```

在回调函数程序下面添加下面的程序。

```
f1=str2double(get(handles.f1_input,'String'));      %获得用户输入数据
f2=str2double(get(handles.f2_input,'String'));
t=eval(get(handles.t_input,'String'));

x=sin(pi/2*f1*t)+ cos(2*pi*f2*t);      %计算函数
y=fft(x,512);
m=y.conj(y)/512;
f=1000*(0:256)/512

axes(handles.frequency_axes)      %绘制频域曲线
plot(f,m(1:257))
set(handles.frequency_axes,'XminorTick','on')
grid on

axes(handles.times_axes)      %绘制时域曲线
plot(t,x)
set(handles.times_axes,'XminorTick','on' )
grid on
```

3. 程序运行

设置三个文本编辑器的初始值。

频率 1：f1_input=20;

频率 2：f2_input=50;

时间：t_input=0:0.001:0.5;

单击"开始分析"按钮，在运行界面显示如图 9-34 所示的频谱分析结果。

分别修改 3 个编辑框中的数值，观察不同因素对频谱图形的影响，结果如图 9-35、图 9-36、图 9-37 所示。

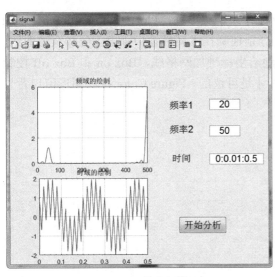

图 9-34 频谱分析结果

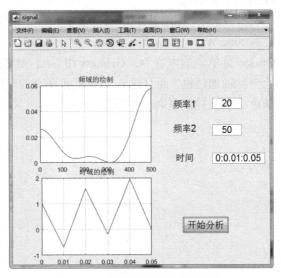

图 9-35 频谱因素影响分析图（一）

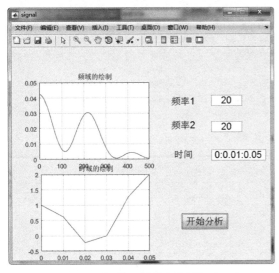

图 9-36 频谱因素影响分析图（二）

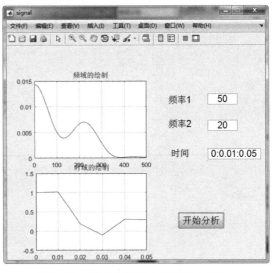

图 9-37 频谱因素影响分析图（三）

9.6 课后习题

1. 什么是图形用户界面，它有什么特点？

2. 在 MATLAB 中图形用户界面有哪些控件，各有什么作用？

3. GUI 设计有哪几种设计方法？

4. GUI 设计的步骤是什么？

5. 绘制曲线 $x = \sin\left(\dfrac{\pi}{2}t\right)\sin(t) + \cos(2\pi t)$，并建立一个与之相连的快捷菜单，用于控制曲线的线型和线宽。

6. 建立"图形演示系统"菜单。菜单条中含有 3 个菜单项：Plot、Option 和 Quit。Plot 中有 Sine Wave 和 Cosine Wave 两个子菜单项，分别控制在本属性窗口画出正弦和余弦曲线。Option 菜单项的内容为：Grid on 和 Grid off 控制给坐标轴加网格线，Box on 和 Box off 控制给坐标轴加边框，而且这 4 项只有在画有曲线时才是可选的。Figure Color 控制图形窗口背景颜色。Quit 控制是否退出系统。

第 **10** 章 三维动画演示

内容提南

在实际的工程设计中，二维绘图功能在某些场合往往无法更直观地表达数据的分析结果，常常需要将结果表示成三维图形。MATLAB 为此提供了相应的三维绘图功能，三维绘图与二维绘图功能有异曲同工之效。本章详细讲解了三维绘图与三维修饰绘图及动画演示功能。

知识重点

📖 三维绘图
📖 三维图形修饰处理
📖 特殊图形

10.1 三维绘图

MATLAB 三维绘图涉及的问题比二维绘图多，例如，是三维曲线绘图还是三维曲面绘图；在三维曲面绘图中，是曲面网线绘图还是曲面色图；绘图坐标数据是如何构造的；什么是三维曲面的观察角度等。三维绘图的 MATLAB 高级绘图函数中，对于上述许多问题都设置了默认值，应尽量使用默认值，必要时认真阅读联机帮助。

为了显示三维图形，MATLAB 提供了各种各样的函数。有一些函数可在三维空间中画线，而另一些可以画曲面与线格框架。另外，颜色可以用来代表第四维。当颜色以这种方式使用时，它不但不再具有像照片中那样显示色彩的自然属性. 而且也不具有基本数据的内在属性，所以把它称作为彩色。本章主要介绍三维图形的作图方法和效果。

10.1.1 三维曲线绘图命令

1．plot3 命令

plot3 命令是二维绘图 plot 命令的扩展，因此它们的使用格式也基本相同，只是在参数中增加了一个第三维的信息。例如，plot(x,y,s)与 plot3(x,y,z,s)的意义是一样的，前者绘制的是二维图，后者绘制的是三维图，后面的参数 s 也是用来控制曲线的类型、粗细、颜色等。因此，这里我们就不给出它的具体使用格式了，读者可以参照 plot 命令的格式来学习。

```
>> x=1:0.1:10;          %定义 x
>> y=sin(x);            %定义 y
>> z=cos(x);            %定义 z
>> plot(y,z)            %绘制二维图形，如图 10-1 所示
>> plot3(x,y,z)         %绘制三维图形，如图 10-2 所示
```

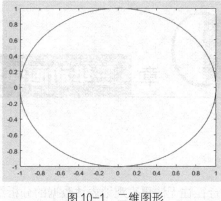 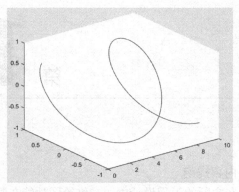

图 10-1 二维图形   图 10-2 三维图形

2. ezplot3 命令

与二维绘图相同，三维绘图里也有一个专门绘制符号函数的命令 ezplot3，该命令的使用格式见表 10-1。

表 10-1   ezplot3 命令的使用格式

调用格式	说　　明
ezplot3(x,y,z)	在系统默认的区域 $x \in (-2\pi, 2\pi), y \in (-2\pi, 2\pi)$ 上画出空间曲线 $x = x(t)$，$y = y(t), z = z(t)$ 的图形
zplot3 (x,y,z,[a,b])	绘制上述参数曲线在区域 $x \in (a,b), y \in (a,b)$ 上的三维网格图
ezplot3 (…,'animate')	产生空间曲线的一个动画轨迹

10.1.2　操作实例

例 1：绘制空间直线。

```
>> x=0:0.1:10;
>> y=0:0.2:20;
>> z=0:pi/100:pi;
>> plot3(x,y,z)
```

运行上述命令后会在图形窗口出现如图 10-3 所示的图形。

例 1

例 2：绘制三维图形。

$$\begin{cases} x = \sin\theta \\ y = \cos\theta \qquad \theta \in [0, 10\pi] \\ z = \theta \end{cases}$$

例 2

下面我们用 MATLAB 来画这个三维曲线。

```
>> t=0:pi/100:10*pi;
>> plot3(sin(t),cos(t),t)
>> title('螺旋曲线')
>> xlabel('sint'),ylabel('cost'),zlabel('t')
```

运行上述命令后会在图形窗口出现如图10-4所示的图形。

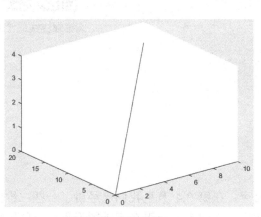

图10-3 空间直线

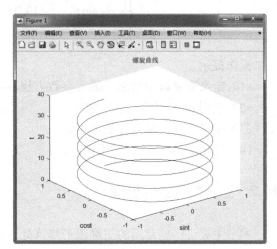

图10-4 螺旋曲线

例3：绘制三维曲线的图像。

$$\begin{cases} x = \cos^3 t \\ y = \sin^3 t \\ z = t \end{cases} \quad t \in [0, 2\pi]$$

例3

```
>> close all
>> t=linspace(0.2*pi,800);
>> x=cos(t).^3;
>> y=sin(t).^3;
>> z=t;
>> plot3(x,y,z,'r')
>> title('三维曲线')
```

运行结果如图10-5所示。

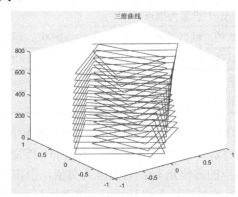

图10-5 三维作图

10.1.3　课堂练习——圆锥螺旋线的绘制

画出下面的圆锥螺旋线的图像。

$$\begin{cases} x = t\cos t \\ y = t\sin t \\ z = t \end{cases} \quad t \in [0, 2\pi]$$

圆锥螺旋线的绘制

操作提示。

（1）定义变量取值范围，输入参数方程。

（2）使用 plot3 绘制三维曲线。

（3）定义变量，输入参数方程。

（4）使用 ezplot3 绘制三维曲线。

10.2　三维图形修饰处理

本节主要讲一些常用的三维图形修饰处理命令，在第 3.4 节里我们已经讲了一些二维图形修饰处理命令，这些命令在三维图形里同样适用。下面来看一下在三维图形里特有的图形修饰处理命令。

10.2.1　视角处理

在现实空间中，从不同角度或位置观察某一事物就会有不同的效果，即会有"横看成岭侧成峰"的感觉。三维图形表现的正是一个空间内的图形，因此在不同视角及位置观察都会有不同的效果，这在工程实际中也是经常遇到的。MATLAB 提供的 view 命令能够很好地满足这种需要。

view 命令用来控制三维图形的观察点和视角，它的使用格式见表 10-2。

表 10-2　　　　　　　　　　　　　　view 命令的使用格式

调用格式	说　　明
view(az,el)	给三维空间图形设置观察点的方位角 az 与仰角 el
view([az,el])	同上
view([x,y,z])	将点（x,y,z）设置为视点
view(2)	设置默认的二维形式视点，其中 az=0，el=90°，即从 z 轴上方观看
view(3)	设置默认的三维形式视点，其中 az=−37.5°，el=30°
[az,el] = view	返回当前的方位角 az 与仰角 el
T = view	返回当前的 4×4 的转换矩阵 T

对于这个命令需要说明的是，方位角 az 与仰角 el 为两个旋转角度。做一通过视点和 z 轴平行的平面，与 xy 平面有一交线，该交线与 y 轴的反方向的、按逆时针方向（从 z 轴的方向观察）计算的夹角，就是观察点的方位角 az；若角度为负值，则按顺时针方向计算。在通过视点与 z 轴的平面上，用一直线连接视点与坐标原点，该直线与 xy 平面的夹角就是观察点的仰角 el；若仰角为负值，则观察点转移到曲面下方。

10.2.2　操作实例

例 1： 在同一窗口中绘制下面函数的各种视图。

$$z = \frac{\sin\sqrt{x^2 + y^2}}{\sqrt{x^2 + y^2}} \quad -5 \leqslant x, y \leqslant 5$$

例 1

```
>> [X,Y]=meshgrid(-5:0.25:5);
>> Z=sin(sqrt(X.^2+Y.^2))./sqrt(X.^2+Y.^2);
>> subplot(2,2,1)
>> surf(X,Y,Z),title('三维视图')
>> subplot(2,2,2)
>> surf(X,Y,Z),view(90,0)
>> title('侧视图')
>> subplot(2,2,3)
>> surf(X,Y,Z),view(0,0)
>> title('正视图')
>> subplot(2,2,4)
>> surf(X,Y,Z),view(0,90)
>> title('俯视图')
```

运行结果如图 10-6 所示。

例 2： 在同一窗口中绘制马鞍面 $z=-x^4+y^4-x^2-y^2-2xy$ 函数的各种视图。

```
>> [X,Y]=meshgrid(-5:0.25:5);
>> Z=-X.^4+Y.^4-X.^2-Y.^2-2*X*Y;
>> subplot(2,2,1)
>> surf(X,Y,Z),title('三维视图')
>> subplot(2,2,2)
>> surf(X,Y,Z),view(90,0)
>> title('侧视图')
>> subplot(2,2,3)
>> surf(X,Y,Z),view(0,0)
>> title('正视图')
>> subplot(2,2,4)
>> surf(X,Y,Z),view(0,90)
>> title('俯视图')
```

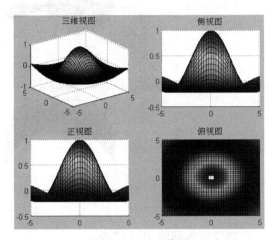
图 10-6　view 作图

例 2

运行结果如图 10-7 所示。

例 3： 在区域 $x \in [-\pi, \pi], y \in [-\pi, \pi]$ 上绘制下面函数的带等值线的三维表面图。

$$f(x, y) = \frac{e^{\sin(x+y)}}{x^2 + y^2}$$

例 3

```
>> close all
>> [X,Y]=meshgrid(-5:0.25:5);
>> Z=exp(sin(X+Y)).\(X^2+Y^2);
>> subplot(2,2,1)
>> surf(X,Y,Z),title('三维视图')
>> subplot(2,2,2)
```

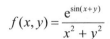

```
>> surf(X,Y,Z),view(90,0)
>> title('侧视图')
>> subplot(2,2,3)
>> surf(X,Y,Z),view(0,0)
>> title('正视图')
>> subplot(2,2,4)
>> surf(X,Y,Z),view(0,90)
>> title('俯视图')
```

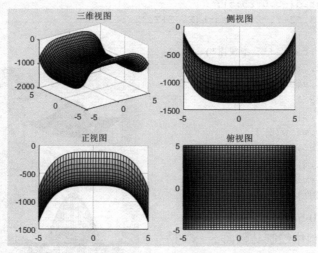

图 10-7 视图转换

运行结果如图 10-8 所示。

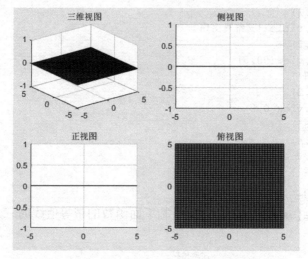

图 10-8 带等值线的三维表面图

10.3 特殊图形

为了满足用户的各种需求，MATLAB 还提供了绘制条形图、面积图、饼图、阶梯图、火柴图等特殊图形的命令。本节将介绍这些命令的具体用法。

10.3.1 向量图形

由于物理等学科的需要，在实际中有时需要绘制一些带方向的图形，即向量图。对于这种图形的绘制，MATLAB 中也有相关的命令，本小节我们就来学习几个常用的命令。

1. 罗盘图

罗盘图即起点为坐标原点的二维或三维向量，同时还在坐标系中显示圆形的分隔线。实现这种作图的命令是 compass，它的使用格式见表 10-3。

表 10-3　　　　　　　　　　　compass 命令的使用格式

调用格式	说　明
compass(X,Y)	参量 X 与 Y 为 n 维向量，显示 n 个箭头，箭头的起点为原点，箭头的位置为[X(i),Y(i)]
compass(Z)	参量 Z 为 n 维复数向量，命令显示 n 个箭头，箭头起点为原点，箭头的位置为[real(Z), imag(Z)]
compass(…,LineSpec)	用参量 LineSpec 指定箭头图的线型、标记符号、颜色等属性
h = compass(…)	返回 line 对象的句柄给 h

2. 羽毛图

羽毛图是在横坐标上等距地显示向量的图形，看起来就像鸟的羽毛一样。它的绘制命令是 feather，该命令的使用格式见表 10-4。

表 10-4　　　　　　　　　　　feather 命令的使用格式

调用格式	说　明
feather(U,V)	显示由参数向量 U 与 V 确定的向量，其中 U 包含作为相对坐标系中的 x 成分，y 包含作为相对坐标系中的 y 成分
feather(Z)	显示复数参量向量 Z 确定的向量，等价于 feather(real(Z),imag(Z))
feather(…,LineSpec)	用参数 LineSpec 指定的线型、标记符号、颜色等属性画出羽毛图

3. 箭头图

上面两个命令绘制的图也可以叫作箭头图，但即将要讲的箭头图比上面两个箭头图更像数学中的向量，即它的箭头方向为向量方向，箭头的长短表示向量的大小。这种图的绘制命令是 quiver 与 quiver3，前者绘制的是二维图形，后者绘制是三维图形。它们的使用格式也十分相似，只是后者比前者多一个坐标参数，因此我们只介绍 quiver 的使用格式见表 10-5。

表 10-5　　　　　　　　　　　quiver 命令的使用格式

调用格式	说　明
quiver(U,V)	其中 U、V 为 $m \times n$ 矩阵，绘出在范围为 $x=1{:}n$ 和 $y=1{:}m$ 的坐标系中由 U 和 V 定义的向量
quiver(X,Y,U,V)	若 X 为 n 维向量，Y 为 m 维向量，U、V 为 $m \times n$ 矩阵，则画出由 X、Y 确定的每一个点处由 U 和 V 定义的向量
quiver(…,scale)	自动对向量的长度进行处理，使之不会重叠。可以对 scale 进行取值，若 scale=2，则向量长度伸长 2 倍，若 scale=0，则如实画出向量图

续表

调用格式	说　明
quiver(…,LineSpec)	用 LineSpec 指定的线型、符号、颜色等画向量图
quiver(…,LineSpec,'filled')	对用 LineSpec 指定的记号进行填充
h = quiver(…)	返回每个向量图的句柄

quiver 与 quiver3 这两个命令经常与其他的绘图命令配合使用。

10.3.2　操作实例

例 1：绘制正弦函数的罗盘图与羽毛图。

```
>> clear
>> close all
>> x=-pi:pi/10:pi;
>> y=sin(x);
>> subplot(1,2,1)
>> compass(x,y)
>> title('罗盘图')
>> subplot(1,2,2)
>> feather(x,y)
>> title('羽毛图')
```

例 1

运行结果如图 10-9 所示。

例 2：绘制马鞍面 $z=-x^4+y^4-x^2-y^2-2xy$ 上的法线方向向量。

```
>> close all
>> x=-4:0.25:4;
>> y=x;
>> [X,Y]=meshgrid(x,y);
>> Z=-X.^4+Y.^4-X.^2-Y.^2-2*X*Y;
>> surf(X,Y,Z)
>> hold on
>> [U,V,W]=surfnorm(X,Y,Z);
>> quiver3(X,Y,Z,U,V,W,1)
>> title('马鞍面的法向量图')
```

例 2

运行结果如图 10-10 所示。

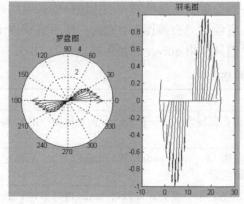

图 10-9　罗盘图与羽毛图

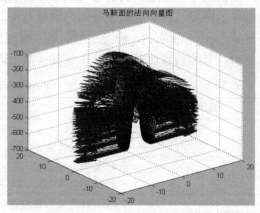

图 10-10　法向向量图

例 3：绘制下面的函数罗盘与羽毛图形的不同。

$$y = \frac{\sin\sqrt{x^2+x^3}}{\sqrt{x^2+x}} \quad -7.5 \leqslant x,y \leqslant 7.5$$

例 3

```
>> [x,y]=meshgrid(-7.5:0.5:7.5);
>> Z=sin(sqrt(x.^2+x.^3))./sqrt(x.^2+x);
>> subplot(1,2,1)
>> compass(x,y)
>> title('罗盘图')
>> subplot(1,2,2)
>> feather(x,y)
>> title('羽毛图')
```

运行结果如图 10-11 所示。

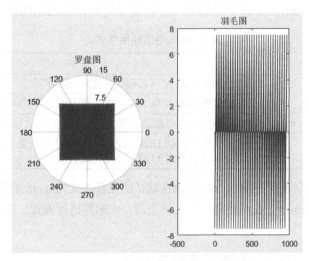

图 10-11　罗盘图与羽毛图

10.4　图像处理及动画演示

MATLAB 还可以进行一些简单的图像处理与动画制作，本节将为读者介绍这些方面的基本操作，关于这些功能的详细介绍，感兴趣的读者可以参考其他相关书籍。

10.4.1　图像的读写

MATLAB 支持的图像格式有*.bmp、*.cur、*.gif、*.hdf、*.ico、*.jpg、*.pbm、*.pcx、*.pgm、*.png、*.ppm、*.ras、*.tiff 以及*.xwd。对于这些格式的图像文件，MATLAB 提供了相应的读写命令，下面简单介绍这些命令的基本用法。

1. 图像读入命令

在 MATLAB 中，imread 命令用来读入各种图像文件，它的使用格式见表 10-6。

表 10-6 imread 命令的使用格式

命令格式	说　　明
A = imread(filename)	读取指定的图像文件文件名，格式的文件从它推断。如果文件名是多图像文件，imread 读取文件中的第一个图像
A=imread(filename, fmt)	其中参数 fmt 用来指定图像的格式，图像格式可以与文件名写在一起，默认的文件目录为当前工作目录
A=imread(…, idx)	读取多帧 TIFF 文件中的一帧，idx 为帧号
A=imread(…, Name,Value)	指定特定格式选项，使用一个或多个名称/值
[A, map]=imread(…)	其中 map 为颜色映像矩阵读取多帧 TIFF 文件中的一帧
[A, map, transparency]=imread(…)	传回的图像透明度，仅适用于 png 文件

2. 图像写入命令

在 MATLAB 中，imwrite 命令用来写入各种图像文件，它的使用格式见表 10-7。

表 10-7 imwrite 命令的使用格式

命令格式	说　　明
imwrite(A, filename)	将图像的数据 A 写入到文件 filename 中
imwrite(A, filename, fmt)	将图像的数据 A 以 fmt 的格式写入到文件 filename 中
imwrite(X, map, filename, fmt)	将图像矩阵以及颜色映像矩阵以 fmt 的格式写入到文件 filename 中
imwrite(…, Name,Value, …)	可以让用户控制 HDF、JPEG、TIFF 3 种图像文件的输出，其中参数说明读者可以参考 MATLAB 的帮助文档

当利用 imwrite 命令保存图像时，MATLAB 默认的保存方式为 unit8 的数据类型，如果图像矩阵是 double 型的，则 imwrite 在将矩阵写入文件之前，先对其进行偏置，即写入的是 unit8(X−1)。

10.4.2 课堂练习——图片的读取与保存

读取图 10-12 所示的图片信息并保存转换图片格式。
操作提示。
（1）读取一个 24 位 PNG 图像。
（2）读取图像文件 car.gif 的第 2 帧。
（3）将图像.png 保存成.bmp 格式。
（4）将图像转换为灰度图像格式。
（5）将图像转换为索引图像。

图片的读取与保存

图 10−12　图片信息

10.4.3 图像的显示及信息查询

通过 MATLAB 窗口可以将图像显示出来，并可以对图像的一些基本信息进行查询，下面将具体介绍这些命令及相应用法。

1. 图像显示命令

MATLAB 中常用的图像显示命令有 image 命令、imagesc 命令以及 imshow 命令。Image

命令有两种调用格式：一种是通过调用 newplot 命令来确定在什么位置绘制图像，并设置相应轴对象的属性；另一种是不调用任何命令，直接在当前窗口中绘制图像，这种用法的参数列表只能包括属性名称及值对。该命令的使用格式见表 10-8。

表 10-8 image 命令的使用格式

命令格式	说　　明
image(C)	将矩阵 C 中的值以图像形式显示出来
image(x,y,C)	其中 x、y 为二维向量，分别定义了 x 轴与 y 轴的范围
image(…, 'PropertyName', PropertyValue)	在绘制图像前需要调用 newplot 命令，后面的参数定义了属性名称及相应的值
image('PropertyName', PropertyValue, …)	输入参数只有属性名称及相应的值
handle = image(…)	返回所生成的图像对象的柄

imagesc 命令与 image 命令非常相似，主要的不同是前者可以自动调整值域范围。它的使用格式见表 10-9。

表 10-9 imagesc 命令的使用格式

命令格式	说　　明
imagesc(C)	将矩阵 C 中的值以图像形式显示出来
imagesc(x,y,C)	其中 x、y 为二维向量，分别定义了 x 轴与 y 轴的范围
imagesc(…, clims)	其中 clims 为二维向量，它限制了 C 中元素的取值范围
h = imagesc(…)	返回所生成的图像对象的柄

在实际应用中，另一个经常用到的图像显示命令是 imshow 命令，其常用的使用格式见表 10-10。

表 10-10 imshow 命令的使用格式

命令格式	说　　明
imshow(I)	显示灰度图像 I
imshow(I, [low high])	显示灰度图像 I，其值域为[low　high]
imshow(RGB)	显示真彩色图像
imshow(BW)	显示二进制图像
imshow(X,map)	显示索引色图像，X 为图像矩阵，map 为调色板
imshow(filename)	显示 filename 文件中的图像
himage = imshow(…)	返回所生成的图像对象的柄
imshow(…,param1, val1, param2, val2,…)	根据参数及相应的值来显示图像，对于其中参数及相应的取值，读者可以参考 MATLAB 的帮助文档

2. 图像信息查询

在利用 MATLAB 进行图像处理时，可以利用 imfinfo 命令查询图像文件的相关信息。这些信息包括文件名、文件最后一次修改的时间、文件大小、文件格式、文件格式的版本号、图像的宽度与高度、每个像素的位数以及图像类型等等。该命令具体的使用格式见表 10-11。

表 10-11 imfinfo 命令的使用格式

命令格式	说　　明
info=imfinfo(filename,fmt)	查询图像文件 filename 的信息，fmt 为文件格式
info=imfinfo(filename)	查询图像文件 filename 的信息
info=imfinfo(URL,…)	查询网络上的图像信息

10.4.4　操作实例

例 1：盆景图片的颜色转换。

例 1

```
>> figure
>> ax(1)=subplot(1,2,1);
>> rgb=imread('E:\tu\flower.jpg');
>> image(rgb);
>> title('RGB image')
>> ax(2)=subplot(1,2,2);
>> im=mean(rgb,3);
>> image(im);
>> title('Intensity Heat Map')
>> colormap(hot(256))
>> linkaxes(ax,'xy')
>> axis(ax,'image')
>> info=imfinfo(' E:\tu\flower.jpg')
info =
          Filename: 'E:\tu\flower.jpg'
       FileModDate: '03-Jan-2017 17:28:50'
          FileSize: 70820
            Format: 'jpg'
     FormatVersion: ''
             Width: 530
            Height: 260
          BitDepth: 24
         ColorType: 'truecolor'
   FormatSignature: ''
   NumberOfSamples: 3
      CodingMethod: 'Huffman'
     CodingProcess: 'Sequential'
           Comment: {}
```

运行结果如图 10-13 所示。

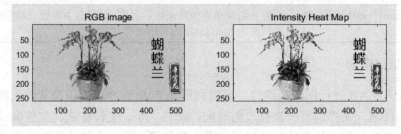

图 10-13　图形颜色变化

> **注意：** 演示该实例之前将源文件中的 flower.jpg 保存到'E:\tu\'目录下，或直接将图片路径修改为源文件位置。否则图片无法读取。

例 2： 图片的读取与灰度转换。

```
>> load clown    % clown 为 MATLAB 预存的一个 mat 文件，里面包含一个矩阵 X 和一个调色板 map
>> subplot(1,2,1)
>> imagesc(X)
>> colormap(gray)
>> subplot(1,2,2)
>> clims=[10 60];
>> imagesc(X,clims)
>> colormap(gray)
```

例 2

运行结果如图 10-14 所示。

例 3： 盆景图片的排列。

```
>> subplot(1,2,1)
>> I=imread('E:\tu\flower.jpg ');
>> imshow(I,[0 80])
>> subplot(1,2,2)
>> imshow('E:\tu\flower.jpg')
```

例 3

运行结果如图 10-15 所示。

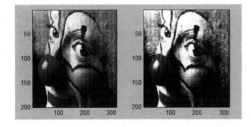

图 10-14　调整图片灰度

图 10-15　图片排列

10.4.5　课堂练习——办公中心图像的处理

读取如图 10-16 所示的图片信息并保存转换图片格式。

图 10-16　办公中心图像

办公中心图像的
处理

操作提示。

（1）查看图像文件信息。

（2）读取彩色图像。

（3）将图像转换为灰度图像格式。

（4）读取灰度图像。

（5）将灰度图像保存到图像文件。

10.4.6　动画演示

MATLAB 还可以进行一些简单的动画演示，实现这种操作的主要命令为 moviein 命令、getframe 命令以及 movie 命令。动画演示的步骤如下。

（1）利用 moviein 命令对内存进行初始化，创建一个足够大的矩阵，使其能够容纳基于当前坐标轴大小的一系列指定的图形（帧）；moviein(n)可以创建一个足够大的 n 列矩阵。

（2）利用 getframe 命令生成每个帧。

（3）利用 movie 命令按照指定的速度和次数运行该动画，movie(M, n)可以播放由矩阵 M 所定义的画面 n 次，默认 n 时只播放一次。

10.4.7　操作实例

例1：演示山峰函数绕 z 轴旋转的动画。

```
>> [X,Y,Z]=peaks(30);
>> surf(X,Y,Z)
>> axis([-3,3,-3,3,-10,10])
>> axis off
>> shading interp
>> colormap(hot)
>> M=moviein(20);              %建立一个 20 列的大矩阵
>> for i=1:20
view(-37.5+24*(i-1),30)        %改变视点
M(:,i)=getframe;               %将图形保存到 M 矩阵
end
>> movie(M,2)                  %播放画面 2 次
```

例 1

图 10-17 所示为动画的一帧。

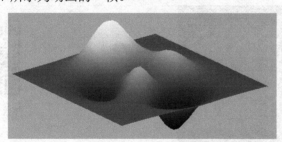

图 10-17　动画演示

例 2

例2：循环记录帧的峰函数的振动动画。

```
>> figure
>> Z = peaks;
```

```
>> surf(Z)
>> axis tight manual
>> ax = gca;
>> ax.NextPlot = 'replaceChildren';
>> loops = 40;
>> F(loops) = struct('cdata',[],'colormap',[]);
>> for j = 1:loops
      X = sin(j*pi/10)*Z;
      surf(X,Z)
drawnow
F(j) = getframe;
end
```

图 10-18 动画演示

图 10-18 所示为动画的一帧。

例 3：演示正弦波的传递动画。

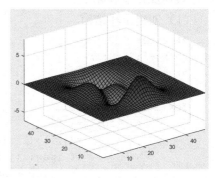

例 3

```
>> x =linspace(0,2*pi,201);
>> k = linspace(1,20,20);
>> for idx = 1:length(k)
plot(x,sin(k(idx)*x),'r','LineWidth',2);
grid on
ylim([-1 1]); %固定 x，y 范围，这样动画显示坐标轴不变化，只有曲线在变化
xlim([0 2*pi]); %固定 x，y 范围，这样动画显示坐标轴不变化，只有曲线在变化
xlabel('x'); %x 轴坐标标签
ylabel('sin(kx)'); % y 轴坐标标签
title(['k =' num2str(k(idx))]); % 显示出当前的 k 的值，num2str 为数字转成字符串，[]用来连接字符串
M(idx) = getframe(gcf); %保存当前绘制
end
>> movie(M,2)            %播放画面 2 次
```

图 10-19 所示为动画的一帧。

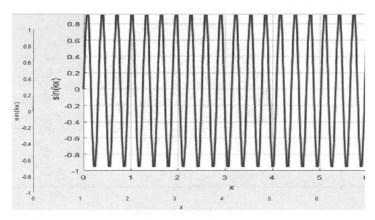

图 10-19 动画演示

10.5 综合实例——椭球体积分计算图形

计算 $\iiint\limits_{V}(x^2+y^2+z^2)\mathrm{d}x\mathrm{d}y\mathrm{d}z$，其中 V 是由椭球体 $x^2+\dfrac{y^2}{4}+\dfrac{z^2}{9}=1$ 围成的内部区域。

具体操作步骤如下。

（1）创建循环结构。

```
>> clear
>> x=-1:2/50:1;
>> y=-2:4/50:2;
>> z=-3;
for i=1:51
          for j=1:51
                  z(j,i)=(1-x(i)^2-y(j)^2/4)^0.5;
                  if imag(z(j,i))<0
                      z(j,i)=nan;
                  end
                  if imag(z(j,i))>0;
                      z(j,i)=nan;
                  end
          end
end
```

椭球体积分
计算图形

（2）绘制椭球体函数的马鞍面。

```
>> surf(x,y,z)
>> hold on
>> [U,V,W]=surfnorm(x,y,z);
>> quiver3(x,y,z,U,V,W,1)
>> title('马鞍面的法向向量图')
```

运行结果如图 10-20 所示。

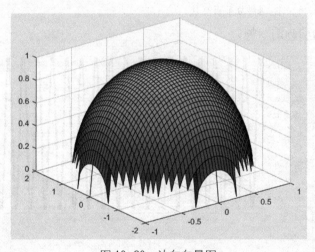

图 10-20　法向向量图

（3）绘制积分函数。

```
>>mesh(x,y,z)
>>hold on
>>mesh(x,y,-z)
>>mesh(x,-y,z)
>>mesh(x,-y,-z)
```

```
>>mesh(-x,y,z)
>>mesh(-x,y,-z)
>>mesh(-x,-y,-z)
>>mesh(-x,-y,z)
```

积分区域如图 10-21 所示。

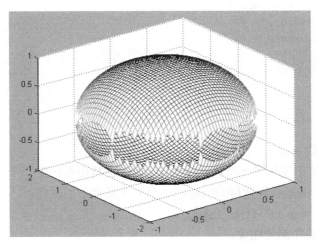

图 10-21　三维积分区域

（4）确定积分限。

```
>>view(0,90)
>>title('沿 x 轴侧视')
>>view(90,0)
>>title('沿 y 轴侧视')
```

积分限如图 10-22 和图 10-23 所示。

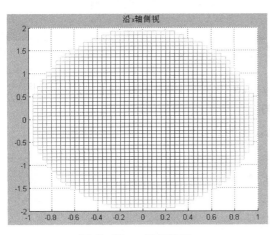

图 10-22　x 轴侧视图

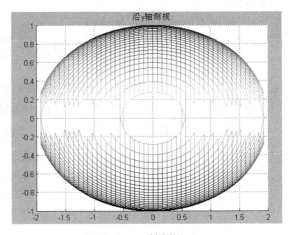

图 10-23　y 轴侧视图

由图 10-22 和图 10-23 以及椭球面的性质，可得：

```
>> syms x y z
```

```
>> f=x^2+y^2+z^3;
>> a1=-sqrt(1-(x^2));
>> a2=sqrt(1-(x^2));
>> b1=-3*sqrt(1-x^2-(y/2)^2);
>> b2=3*sqrt(1-x^2-(y/2)^2);
>> fdz=int(f,z,b1,b2) ;
>> fdzdy=int(fdz,y,a1,a2) ;
>> fdzdydx=int(fdzdy,1,2) ;
>> simplify(fdzdydx)
 ans =
-77/5*3^(1/2)-8/3*pi
```

10.6 课后习题

1. 绘制山峰函数 peaks 的等值线图。

2. 在 MATLAB 中提供了一个演示函数 peaks，它是用来产生一个山峰曲面的函数，利用它画两个图，一个不显示其背后的网格，一个显示其背后的网格。

3. 绘制马鞍面 $z=-x^4+x^4-x^2-y^2-2xy$。

4. 画出下面参数曲面的图像。

$$\begin{cases} x = \sin(s+t) \\ y = \cos(s+t) \qquad -\pi < s,t < \pi \\ z = \sin s + \cos t \end{cases}$$

5. 利用 MATLAB 内部函数 peaks 绘制山峰表面图。

6. 画出一个半径变化的柱面。

7. 绘制具有 5 个等值线的山峰函数 peaks，然后对各个等值线进行标注，并给所画的图加上标题。

8. 画出下面函数的等值线图。

$$f(x,y) = \frac{\sin(x^2+y^2)}{x^2+y^2} \quad (-\pi < x, y < \pi)$$

9. 画出曲面 $z = xe^{-\cos x - \sin y}$ 在 $x \in [-2\pi, 2\pi]$ $y \in [-2\pi, 2\pi]$ 的图像及其在 xy 面的等值线图。

10. 绘出山峰函数在有光照情况下的三维图形。

11. 创建一个球面，并将其顶端映射为颜色表里的最高值。

第 **11** 章　SimuLink 仿真设计

内容提南

Simulink 是 MATILAB 的重要组成部分，可以非常容易地实现可视化建模，并把理论研究和工程实践有机地结合在一起，不需要书写大量的程序，只需要使用鼠标对已有模块进行简单的操作，以及使用键盘设置模块的属性。

本章着重讲解 Simulink 的概念及组成、Simulink 搭建系统模型的模块及参数设置，以及 Simulink 环境中的仿真及调试。

知识重点

📖 Simulink 简介

📖 Simulink 编辑环境

📖 Simulink 模块库

📖 模块的创建

📖 仿真分析

11.1　Simulink 简介

Simulink 是 MATLAB 软件的扩展，它提供了集动态系统建模、仿真和综合分析于一体的图形用户环境，是实现动态系统建模和仿真的一个软件包，它与 MATLAB 语言的主要区别在于，其与用户交互接口是基于 Windows 的模型化图形输入，其结果是使得用户可以把更多的精力投入到系统模型的构建，而非语言的编程上。

Simulink 提供了大量的系统模块，包括信号、运算、显示和系统等多方面的功能，可以创建各种类型的仿真系统，实现丰富的仿真功能。用户也可以定义自己的模块，进一步扩展模型的范围和功能，以满足不同的需求。为了创建大型系统，Simulink 提供了系统分层排列的功能，类似于系统的设计，在 Simulink 中可以将系统分为从高级到低级的几个层次，每层又可以细分为几个部分，每层系统构建完成后，将各层连接起来构成一个完整的系统。模型创建完成之后，可以启动系统的仿真功能分析系统的动态特性，Simulink 内置的分析工具包括各种仿真算法、系统线性化、寻求平衡点等，仿真结果可以以图形的方式显示在示波器窗口，以便于用户观察系统的输出结果；Simulink 也可以将输出结果以变量的形式保存起来，并输入到 MATLAB 工作空间中以完成进一步的分析。

Simulink 可以支持多采样频率系统，即不同的系统能够以不同的采样频率进行组合，可以仿真较大、较复杂的系统。

11.2　Simulink 编辑环境

11.2.1　Simulink 的启动与退出

1．Simulink 的启动

启动 Simulink 有如下 3 种方式。

- 单击"主页"选项卡中的 按钮。
- 在命令行窗口中输入"Simulink"。
- 在"主页"选项卡下选择"新建"→"Simulink Model"命令。

执行上述命令后，弹出名为"Simulink Start Page"窗口，如图 11-1 所示。

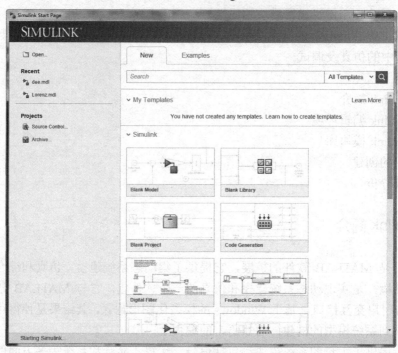

图 11-1　"Simulink Start Page"窗口

该窗口列出了当前 MATLAB 系统中安装的所有 Simulink 模块，单击相应模块，会在该模块下方显示该模块信息，如图 11-2 所示。也可以在右上角的输入栏中直接键入模块名并单击 按钮进行查询。

2．Simulink 的退出

单击窗口右上角的按钮 即可退出。

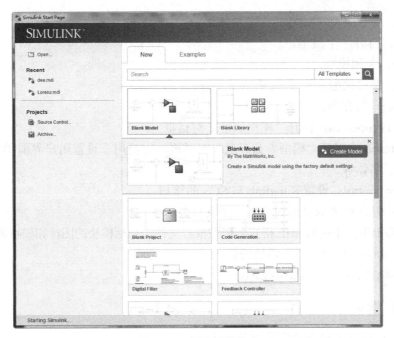

图 11-2　显示模块信息

11.2.2　Simulink 的工作环境

Simulink 模块库浏览器如图 11-3 所示。

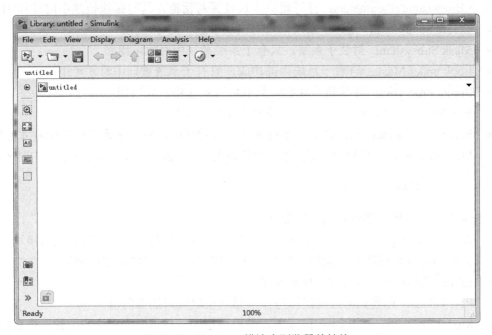

图 11-3　Simulink 模块库浏览器的结构

1. "File" 菜单

"File" 菜单中主要选项的功能如下。

- New：新建模型（Model）或库（Library）。
- Open：打开一个模型。
- Close：关闭模型。
- Save：保存模型。
- Save as：另存为。
- Model Properties：打开"模型属性"对话框。
- Preferences：打开"模型参数设置"对话框，主要用于设置用户界面的显示形式，如颜色、字体等。
- Source control：设置 Simulink 与 SCS 的接口。
- Prillt：打印模型或打印输出到一个文件。
- Print Details：生成 HTML 格式的模型报告文件，包括模块的图标和模块参数的设置等。
- Print Setup：打印模型或模块图标。
- Exit MATLAB：退出 MATLAB。

2．"Edit"菜单

"Edit"菜单中主要选项的功能如下。

- Copy Model to Clipboard：把模型拷贝到粘贴板。
- Explore：打开模型浏览器，只有模块被选中时才可用。
- Block Properties：打开模块属性对话框，只有模块被选中时才可用。
- <Blockname>Parameters：打开模块参数设置对话框，只有模块被选中时才可用。
- Create Subsystem：创建子系统，只有模块被选中时才可用。
- Mask Subsystem：封装子系统，只有子系统被选中时才可用。
- Look under Mask：查看子系统内部构成，只有子系统被选中时才可用。
- Signal Properties：设置信号属性，只有信号被选中时才可用。
- Edit Mask：编辑封装，只有子系统被选中时才可用。
- Subsystem Parameters：打开子系统参数设置对话框，只有子系统被选中时才可用。
- Mask Parameters：设置封装好的子系统的参数，只有被封装过的子系统被选中时才可用。

3．"View"菜单

"View"菜单中的主要选项的功能如下。

- Block Data Tips Options：用于设定在鼠标指针移动到某一模块时是否显示模块的相关提示信息（如模块名、模块参数名及其值和用户自定义描述字符串）。
- Library Browser：打开模型库浏览器。
- Pott Values：设置如何通过鼠标操作来显示模块端口的当前值。
- Model Explorer：打开如图 11-4 所示的模型资源管理器，将模块的参数、仿真参数以及解法器选择、模块的各种信息等集成到一个界面来设置。

4．"Simulation"菜单

"Simulation"菜单选项的功能如下。

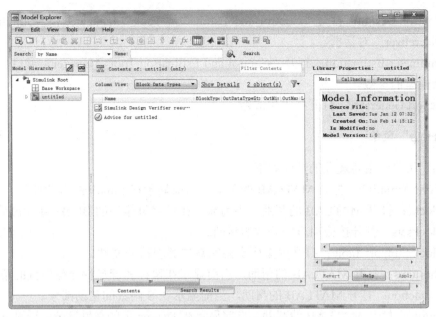

图 11-4 模型资源管理器

- Run：开始运行仿真。
- Step Forward：单步运行。
- Model Configuration Parameters：设置仿真参数和选择解法器。
- Normal、Accelerator、External：分别表示正常工作模式、加速仿真和外部工作模式。

5. "Tools" 菜单

"Tools" 菜单中主要选项的功能如下。

- Simulink Debugger：打开调试器。
- Fixed-Point Settings：打开定点设置对话框。
- M[odel Advisor：打开模型分析器对话框，帮助用户检查和分析模型的配置。
- Lookup Table Editor：打开查表编辑器，帮助用户检查和修改模型中的 lookup table(LUT)模块的参数。
- Data Class Designer：打开数据类设计器，帮助用户创建 Simulink 类的子类，即创建自定义数据类。
- BuS Editor：打开 Bus 编辑器，帮助用户修改模型中 Bus 类型对象的属性。
- Profiler：选中此选项后，当仿真运行结束后会自动生成并弹出一个仿真报告文件（HTML 格式）。
- Coverage Settings：打开 "Coverage Settings" 对话框，可以通过该对话框设置在仿真结束后给出仿真过程中有关 coverage data 的一个 HTML 格式报告文件。
- Signal&Scope Manager：打开信号和示波器的管理器，帮助用户创建各种类型的信号生成模块和示波器模块。
- Real-Time WorkShop：用于将模块转换为实时可执行的 C 代码。
- External Mode Contr01 Panel：打开外部模式控制板，用于设置外部模式的各种特性。

- Control Design：打开 "Control and Estimation Tools Manager" 和 "Simulink Model Discretizer" 对话框。
- Parameter Estimation：打开 "Control and Estimation Tools Manager" 窗口，可用于分析模型的参数。
- Report Generator：打开报告生成器。

6. "Help" 菜单

"Help" 菜单中主要选项的功能如下。

- Using Simulink：打开 MATLAB 的帮助，当前显示在 Simulink 帮助部分。
- Blocks：打开 MATLAB 的帮助，当前显示在按字母排序的 Blocks 帮助部分。
- Blocksets：打开按应用方向分类的帮助。
- Block Support Table：打开模型所支持的数据类型帮助文件。
- Shortcuts：打开 MATLAB 的帮助，当前显示在鼠标和键盘快捷键设置的帮助部分。
- S-function：打开 MATLAB 的帮助，当前显示在 S 函数的帮助部分。
- Demos：打开 MATLAB 的帮助，当前显示在 Demos 页的帮助部分，通过它可以打开许多有用的演示示例。
- About Simulink：显示 Simulink 的版本。

11.3 Simulink 模块库

Simulink 模块库提供了各种基本模块，它按应用领域以及功能组成划分为若干子库，大量封装子系统模块按照功能分门别类地存储，以方便查找，每一类即为一个模块库。在图 11-5 中显示的 "Simulink Library Browser" 窗口按树状结构显示，以方便查找模块。本节介绍 Simulink 常用子库中的常用模块库中模块的功能。

图 11-5 "Simulink Library Browser" 窗口

11.3.1　Commonly Used Blocks 库

双击 Simulink 模块库窗口中的"Commonly Used Blocks"，即可打开常用模块库，如图 11-6 所示，常用模块库中的各子模块功能如表 11-1 所示。

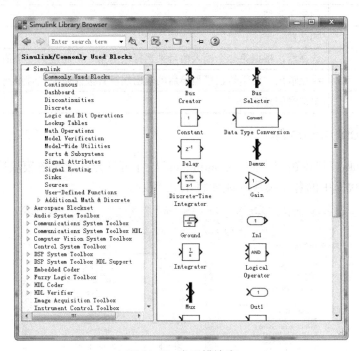

图 11-6　常用模块库

表 11-1　　　　　　　　　　　　　　　　　Commonly Used Blocks 子库

模块名	功　　能
Bus Creator	将输入信号合并成向量信号
Bus Selector	将输入向量分解成多个信号，输入只接收从 Mux 和 Bus Creator 输出的信号
Constant	输出常量信号
Data Type Conversion	数据类型的转换
Demux	将输入向量转换成标量或更小的标量
Discrete-Time Integrator	离散积分器模块
Gain	增益模块
In1	输入模块
Integrator	连续积分器模块
Logical Operator	逻辑运算模块
Mux	将输入的向量、标量或矩阵信号合成
Out1	输出模块
Product	乘法器，执行标量、向量或矩阵的乘法
Relational Operator	关系运算，输出布尔类型数据

续表

模块名	功　能
Saturation	定义输入信号的最大和最小值
Scope	输出示波器
Subsystem	创建子系统
Sum	加法器
Switch	选择器，根据第二个输入信号来选择输出第一个还是第三个信号
Terrainator	终止输出，用于防止模型最后的输出端没有接任何模块时报错
Unit Delay	单位时间延迟

11.3.2　Continuous 库

双击 Simulink 模块库窗口中的 "Continuous"，即可打开连续系统模块库，如图 11-7 所示，连续系统模块库中的各子模块功能如表 11-2 所示。

图 11-7　连续系统模块库

表 11-2　　　　　　　　　　　　　　　　　　　　Continuous 子库

模块名	功　能
Derivative	数值微分
Integrator	积分器与 Commonly Used Blocks 子库中的同名模块一样
State—Space	创建状态空间模型 $dx/dt = Ax + Bu$ $y = Cx + Du$
Transport Delay	定义传输延迟，如果将延迟设置得比仿真步长大，就可以得到更精确的结果

续表

模块名	功　　能
Transfer Fen	用矩阵形式描述的传输函数
Variable Transport Delay	定义传输延迟，第一个输入接收数据，第二个输入接收延迟时间
Zero-Pole	用矩阵描述系统零点，用向量描述系统极点和增益

11.3.3　Discontinuities 库

双击 Simulink 模块库窗口中的"Discontinuities"，即可打开不连续系统模块库，如图 11-8 所示，不连续系统模块库中的各子模块功能如表 11-3 所示。

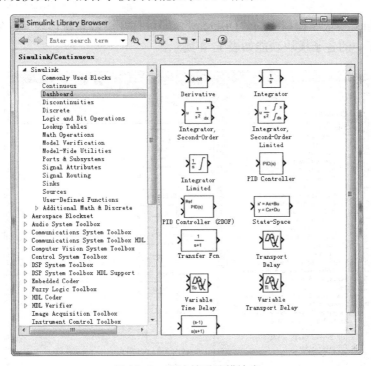

图 11-8　不连续系统模块库

表 11-3　　　　　　　　　　　　Discontinuities 子库

模块名	功　　能
Coulomb&Viscous Friction	刻画在零点的不连续性，Y=sign(x)4(Gain+abs(x)+Offse0
Dead Zone	产生死区，当输入在某一范围取值时输出为 0
Dead Zone Dynamic	产生死区，当输人在某一范围取值时输出为 0，与 Dead Zone 不同的是，它的死区范围在仿真过程中是可变的
Hit Crossing	检测输入是上升经过某一值还是下降经过这一值或是固定在某一值，用于过零检测
Quantizer	按相同的间隔离散输入
Rate Limiter	限制输入的上升和下降速率在某一范围内
Rate Limiter Dynamic	限制输入的上升和下降速率在某一范围内，与 Rate Limiter 不同的是，它的范围在仿真过程中是可变的

续表

模块名	功　能
Relay	判断输入与某两阈值的大小关系，大于开启阈值时，输出为 on；小于关闭阈值时，输出为 off；当在两者之间时，输出不变
Saturation	限制输入在最大和最小范围之内
Saturation Dynamic	限制输入在最大和最小范围之内，与 Saturation 不同的是，它的范围在仿真过程中是可变的
WrapToZero	当输入大于某一值时，输出 0，否则输出等于输入

11.3.4　Discrete 库

双击 Simulink 模块库窗口中的"Discrete"，即可打开离散系统模块库，如图 11-9 所示，离散系统模块库中的各子模块功能如表 11-4 所示。

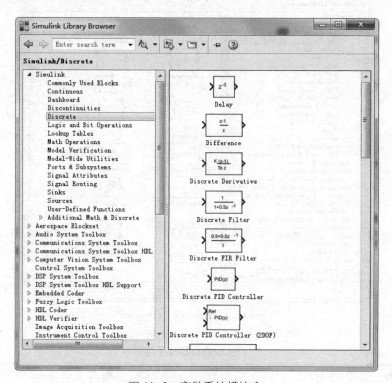

图 11-9　离散系统模块库

表 11-4　　　　　　　　　　　　　　　Discrete 子库

模块名	功　能
Difference	离散差分，输出当前值减去前一时刻的值
Discrete Derivative	离散偏微分
Discrete Filter	离散滤波器
Discrete State—Space	创建离散状态空间模型 $x(n+1)=Ax(n)+Bu(n)$ $y(n)=Cx(n)+Du(n)$

续表

模块名	功　　能
Discrete Transfer Fen	离散传输函数
Discrete Zero—Pole	离散零极点
Discrete—Time Integrator	离散积分器
First—Order Hold	一阶保持
Integer Delay	整数倍采样周期的延迟
Memory	存储单元，当前输出是前一时刻的输入
Transfer Fcn First Order	一阶传输函数，单位的直流增益
Zero-Order Hold	零阶保持

11.3.5　Logic and Bit Operations 库

双击 Simulink 模块库窗口中的"Logic and Bit Operations"，即可打开逻辑和位运算模块库，如图 11-10 所示，逻辑和位运算模块库中的各子模块功能如表 11-5 所示。

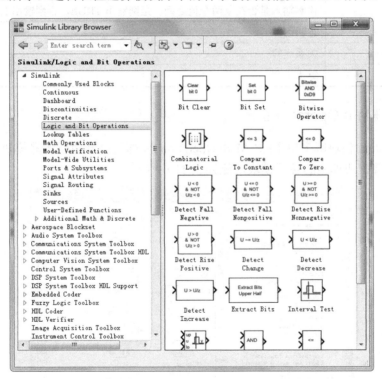

图 11-10　逻辑和位运算模块库

表 11-5　　　　　　　　　　　　Logic and Bit Operations 子库

模块名	功　　能
Bit Clear	将向量信号中某一位置为 0
Bit Set	将向量信号中某一位置为 1
Bitwise Operator	对输入信号进行自定义的逻辑运算

模块名	功　能
Combinatorial Logic	组合逻辑，实现一个真值表
Compare To Constant	定义如何与常数进行比较
Compare To Zero	定义如何与 0 进行比较
DePot Change	检测输入的变化，如果输入的当前值与前一时刻的值不等，则输出 TRUE，否则为 FALSE
Detect Decrease	检测输入是否下降，是则输出 TRUE，否则输出 FALSE
Detect Fall Negative	若输入当前值是负数，前一时刻值为非负数，则输出 TRUE，否则为 FALSE
Detect Fall Nonpositive	若输入当前值是非正数，前一时刻值为正数，则输出 TRUE，否则为 FALSE
Detect Increase	检测输入是否上升，是则输出 TRUE，否则输出 FALSE
Detect Rise Nonnegative	若输入当前值是非负数，前一时刻值为负数，则输出 TRUE，否则为 FALSE
Detect Rise Positive	若输入当前值是正数，前一时刻值为非正数，则输出 TRUE，否则为 FALSE
Extract Bits	从输入中提取某几位输出
Interval Test	检测输入是否在某两个值之间，是则输出 TRUE，否则输出 FALSE
Logical Operator	逻辑运算
Relational Operator	关系运算
Shift Arithmetic	算术平移

11.3.6　Math Operations 库

双击 Simulink 模块库窗口中的"**Math Operations**"，即可打开数学运算模块库，如图 11-11 所示，数学运算模块库中的各子模块功能如表 11-6 所示。

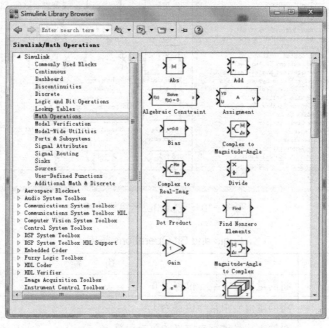

图 11-11　数学运算模块库

表 11-6	Math Operations 子库
模块名	功　　能
Abs	求绝对值
Add	加法运算
Algebraic Constraint	将输入约束为 0，主要用于代数等式的建模
Assignment	选择输出输入的某些值
Bias	将输入加一个偏移，y=U+Bias
Complex to Magnitude—Angle	将输入的复数转换成幅度和幅角
Complex to Real—Imag	将输入的复数转换成实部和虚部
Divide	实现除法或乘法
Dot Product	点乘
Gain	增益，实现点乘或普通乘法
Magnitude—Angle to Complex	将输入的幅度和幅角合成复数
Math Function	实现数学函数运算
Matrix Concatenation	实现矩阵的串联
MinMax	将输入的最小或最大值输出
Polynomiaj	多项式求值，多项式的系数以数组的形式定义
MinMax Running Resettable	将输入的最小或最大值输出，当有重置信号 R 输入时，输出被重置为初始值
Product of Elements	将所有输入实现连乘
Real—Imag to Complex	将输入的两个数当成一个复数的实部和虚部合成一个复数
Reshape	改变输入信号的维数
Rounding Function	将输入的整数部分输出
Sign	判断输入的符号，为正时，输出 1；为负时，输出-1；为 0 时，输出 0
Sine Wave Function	产生一个正弦函数
Slider Gain	可变增益
Subtract	实现减法
Sum	实现加法
Sum ofElements	实现输入信号所有元素的和
Trigonometric Function	实现三角函数和双曲线函数
Unary Minus	一元的求负
Weighted Sample Time Math	根据采样时间实现输入的加法、减法、乘法和除法，只适用离散信号

11.3.7　Ports＆Subsystems 库

双击 Simulink 模块库窗口中的 "Ports＆Subsystems"，即可打开端口和子系统模块库，如图 11-12 所示，端口和子系统模块库中的各自模块功能如表 11-7 所示。

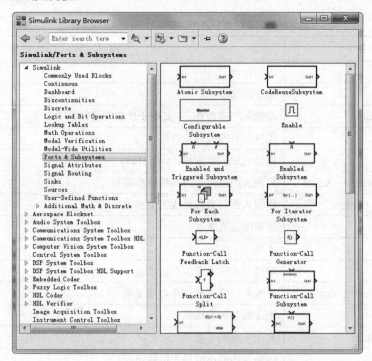

图 11-12　端口和子系统模块库

表 11-7	Ports＆Subsystems 子库
模块名	功　　能
Configurable Subsystem	用于配置用户自建模型库，只在库文件中可用
Atomic Subsystem	只包括输入/输出模块的子系统模板
CodeReuseSubsystem	只包括输入/输出模块的子系统模板
Enable	使能模块，只能用在子系统模块中
Enabled and Triggered Subsystem	包括使能和边沿触发模块的子系统模板
Enabled Subsystem	包括使能模块的子系统模板
For Iterator Subsystem	循环子系统模板
Function—Call Generator	实现循环运算模板
Function—Call Subsystem	包括输入/输出和函数调用触发模块的子系统模板
If	条件执行子系统模板，只在子系统模块中可用
If Action Subsystem	由 If 模块触发的子系统模板
Model	定义模型名称的模块
Subsystem	只包括输入/输出模块的子系统模板
Subsystem Examples	子系统演示模块,在模型中双击该模块图标可以看到多个子系统示例
Switch Case	条件选择模块
Switch Case Action Subsystem	由 Switch Case 模块触发的子系统模板
Trigger	触发模块，只在子系统模块中可用
Triggered Subsystem	触发子系统模板

11.3.8 Sinks 库

双击 Simulink 模块库窗口中的"Sinks",即可打开输出模块库,如图 11-13 所示,输出模块库中的各子模块功能如表 11-8 所示。

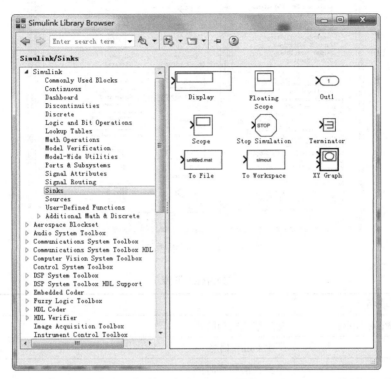

图 11-13 输出模块库

表 11-8 Sinks 子库

模块名	功 能
Display	显示输入数值的模块
Floating Scope	浮置示波器,由用户设置所要显示的数据
Stop Simulation	当输入不为 0 时,停止仿真
ToFile	将输入和时间写入 MAT 文件
To Workspace	将输入和时间写入 MATLAB 工作空间中的数组或结构中
XYGraph	将输入分别当成 x、y 轴数据绘制成二维图形

11.3.9 Sources 库

双击 Simulink 模块库窗口中的"Sources",即可打开信号源模块库,如图 11-14 所示,信号源模块库中的各子模块功能如表 11-9 所示。

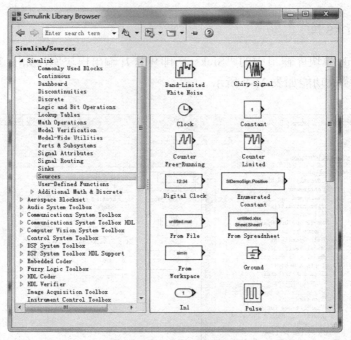

图 11-14　信号源模块库

表 11-9　　　　　　　　　　　　　　　Sources 子库

模块名	功　　能
Band-Limited White Noise	有限带宽的白噪声
Chirp Signal	产生 Chirp 信号
Clock	输出当前仿真时间
Constant	输出常数
Counter Free—Running	自动计数器，发生溢出后又从 0 开始
Counter Limited	有限计数器，当计数到某一值后又从 0 开始
Digital Clock	以数字形式显示当前的仿真时间
From File	从 MAT 文件中读取数据
From Workspace	从 MATLAB 工作空间读取数据
Pulse Generator	产生脉冲信号
Ramp	产生按某一斜率的数据
Random Number	产生随机数
Repeating Sequence	重复输出某一数据序列
Signal Builder	具有 GUI 界面的信号生成器，在模型中双击模块图标可看到图形用户界面，在该界面中可以直观地构造各种信号
Signal Generator	信号产生器
Sine Wave	产生正弦信号
Step	产生阶跃信号
Uniform Random Number	按某一分布在某一范围生成随机数

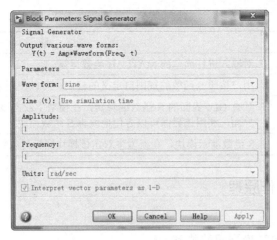

图 11-15　信号生成器

11.3.10　User—Defined Functions 库

双击 Simulink 模块库窗口中的"User—Defined Functions",即可打开自定义函数模块库,如图 11-16 所示,自定义函数模块库中的各自模块功能如表 11-10 所示。

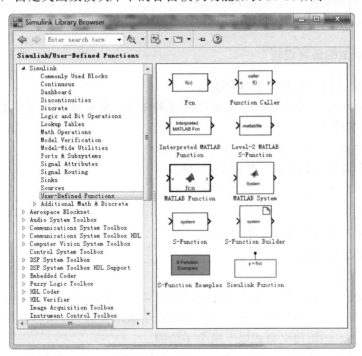

图 11-16　自定义函数模块库

表 11-10　　　　　　　　　　　　　User—Defined Functions 子库

模块名	功　　能
Fcn	简单的 MATLAB 函数表达式模块
Embedded MATLAB Function	内置 MATLAB 函数模块,在模型窗口双击该模块图标就会弹出 M 文件编辑器
M-file S-function	用户使用 MATLAB 语言编写的 S 函数模块

模块名	功　能
MATLAB Fcn	对输入进行简单的 MATLAB 函数运算
S-function	用户按照 S 函数的规则自定义的模块，可以使用多种语言进行编写
S-function Builder	具有 GUI 界面的 S 函数编辑器，在模型中双击该模块图标可看到图形用户界面，利用该界面可以方便地编辑 S 函数模块
S-function Examples	S 函数演示模块，在模型中双击该模块图标可以看到多个 S 函数示例

11.4　Simulink 的工作原理

1. 图形化模型与数学模型间的关系

现实中每个系统都有输入、输出和状态 3 个基本要素，它们之间随时间变化的数学函数关系，即数学模型。图形化模型也体现了输入、输出和状态随时间变化的某种关系，如图 11-17 所示。只要这两种关系在数学上是等价的，就可以用图形化模型代替数学模型。

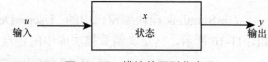

图 11-17　模块的图形化表示

2. 图形化模型的仿真过程

Simulink 的仿真过程包括如下几个阶段。

（1）模型编译阶段。Simulink 引擎调用模型编译器，将模型翻译成可执行文件。其中编译器主要完成以下任务。

- 计算模块参数的表达式，以确定它们的值。
- 确定信号属性（如名称、数据类型等）。
- 传递信号属性，以确定未定义信号的属性。
- 优化模块。
- 展开模型的继承关系（如子系统）。
- 确定模块运行的优先级。
- 确定模块的采样时间。

（2）连接阶段。Simulink 引擎按执行次序创建运行列表，初始化每个模块的运行信息。

（3）仿真阶段。Simulink 引擎从仿真的开始到结束，在每一个采样点按运行列表计算各模块的状态和输出。该阶段又分成以下两个子阶段。

- 初始化阶段：该阶段只运行一次，用于初始化系统的状态和输出。
- 迭代阶段：该阶段在定义的时间段内按采样点间的步长重复运行，并将每次的运算结果用于更新模型。在仿真结束时获得最终的输入、输出和状态值。

11.5　模块的创建

模块是 Simulink 建模的基本元素，了解各个模块的作用是熟练掌握 Simulink 的基础。下面介绍利用 Simulink 进行系统建模和仿真的基本步骤。

（1）绘制系统流程图。首先将所要建模的系统根据功能划分成若干子系统，然后用模块来搭建每个子系统。

（2）启动 Simulink 模块库浏览器，新建一个空白模型窗口。

（3）将所需模块放入空白模型窗口中，按系统流程图的布局连接各模块，并封装子系统。

（4）设置各模块的参数以及与仿真有关的各种参数。

（5）保存模型，模型文件的后缀名为.mdl。

（6）运行并调试模型。

11.5.1　创建模块文件

启动 Simulink，进入"Simulink Start Page"编辑环境，如图 11-18 所示。

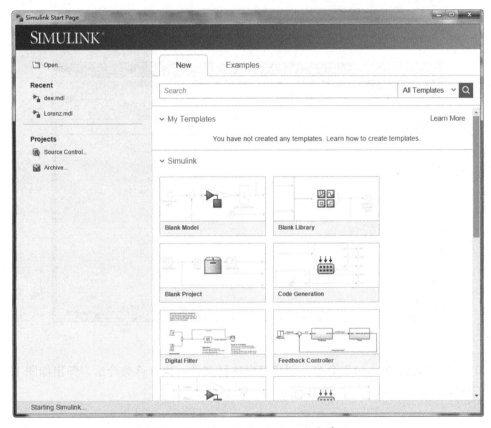

图 11-18　"Simulink Start Page"窗口

（1）单击"Blank Model"命令，创建空白模块文件，如图 11-19 所示，后面详细介绍模块的编辑。

（2）单击"Blank Library"命令，创建空白模块库文件。通过自定义模块库，可以集中存放为某个领域服务的所有模块。

选择 simulink 界面的"File"→"New"→"Library"菜单，弹出一个空白的库窗口，将需要的模块复制到模块库窗口中即可创建模块库，如图 11-20 所示。

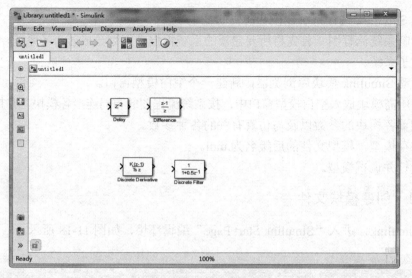

图 11-19　自建模型库

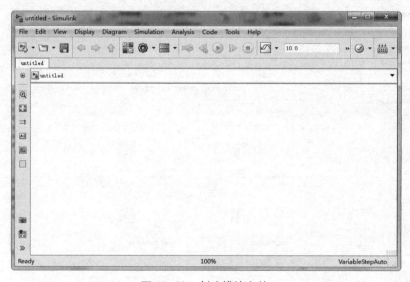

图 11-20　创建模块文件

（3）单击"Blank Project"命令，创建空白项目文件，执行该命令后，弹出如图 11-21 所示的"Create Project"对话框，设置项目文件的路径与名称。

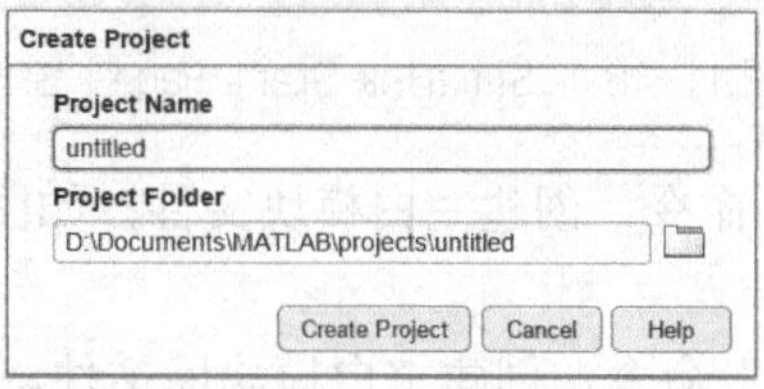

图 11-21　"Create Project"对话框

单击"Create Project"按钮，创建项目文件，如图 11-22 所示。

图 11-22　项目文件编辑环境

11.5.2　课堂练习——仿真文件的创建与保存

分别创建名为"myproject""mymodel""mymodellibrary"的项目文件、模块文件、模块库文件。

操作提示。

（1）进入 Simulink 编辑窗口。

（2）分别单击相应的命令创建不同的文件。

（3）将文件保存为对应的名称。

仿真文件的
创建与保存

11.5.3　模块的基本操作

打开"Simulink Library Browser"窗口，在左侧的列表框中选择特定的库文件，在右侧显示对应的模块。

1. 模块的选择

（1）选择一个模块：单击要选择的模块，当选择一个模块后，之前选择的模块被放弃。

（2）选择多个模块：按住鼠标左键不放拖动鼠标，将要选择的模块包括在鼠标画出的方框里；或者按住 Ctrl 键，然后单击鼠标左键逐个选择。

2. 模块的放置

模块的放置包括以下两种。

（1）将选中的模块拖动到模块文件中。

（2）在选中的模块上单击右键，弹出如图 11-23 所示的快捷菜单，选择"Add block to model untitled"命令。

完成放置的模块如图 11-24 所示。

图 11-23　快捷菜单　　　　　　　　图 11-24　放置模块

3．模块的位置调整

（1）不同窗口间复制模块：直接将模块从一个窗口拖动到另一个窗口。

（2）同一模型窗口内复制模块：先选中模块，然后按 Ctrl1+C 组合键，再按 Ctrl+V 组合键；还可以在选中模块后，通过菜单栏"Edit"→"cut"或快捷菜单"copy"来实现。

（3）移动模块：按下鼠标左键直接拖动模块。

（4）删除模块：先选中模块，再按 Delete 键或者通过 Delete 菜单。

4．模块的属性编辑

（1）改变模块大小：先选中模块，然后将移到鼠标模块方框的一角，当鼠标指针变成两端有箭头的线段时，按下鼠标左键拖动模块图标，以改变图标大小。

（2）调整模块的方向：先选中模块，然后通过菜单栏中的"Disgram"→"Rotate&Flip"→"Clockwise"或"Counterclockwise"来改变模块方向。

（3）给模缝加阴影：先选中模块，然后通过菜单栏中的"Disgram"→"Format"→"Shadow"来给模块添加阴影，如图 11-25 所示。

（4）修改模块名：双击模块名，然后修改。

（5）模块名的显示与否：先选中模块，然后通过菜单栏中的"Disgram"→"Format"→"Show Block Name"来决定是否显示模块名。

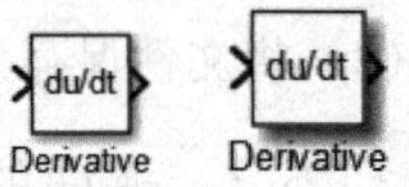

添加前　　　添加后

图 11-25　给模块添加阴影

（6）改变模块名的位置：先选中模块，然后通过菜单栏中的"Disgram"→"Format"→"Fllip Block Name"菜单来改变模块名的显示位置。

11.5.4　模块参数设置

1．参数设置

双击模块或选择菜单栏中的"Disgram"→"Block Parameters"命令或选择右键快捷命令"Block Parameters"，弹出"Block Parameters Derivative（参数设置）"对话框，如图 11-26 所示，设置增益模块的参数值。

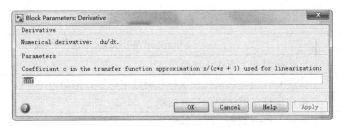

图 11-26　模块参数设置对话框

2．属性设置

选择菜单栏中的"Disgram"→"Properties"命令或选择右键命令"Properties"，弹出属性设置对话框，如图 11-27 所示，其中包括如下 3 项内容。

（1）"General"选项卡。

● Description：用于注释该模块在模型中的用法。

● Priority：定义该模块在模型中执行的优先顺序，其中优先级的数值必须是整数，且数值越小（可以是负整数），优先级越高，一般由系统自动设置。

● Tag：为模块添加文本格式的标记。

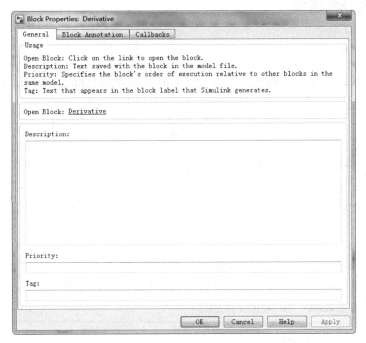

图 11-27　模块属性设置对话框

（2）"Block Annotation"选项卡。

指定在图标下显示模块的参数、取值及格式。

（3）"callbacks"选项卡。

用于定义该模块发生某种指定行为时所要执行的回调函数。对信号进行标注和对模型进行注释的方法分别如表 11-11 和表 11-12 所示。

表 11-11　　　　　　　　　　　　　　　　　**标注信号**

任务	Microsoft Windows 环境下的操作
建立信号标签	直接在直线上双击，然后输入
复制信号标签	按住 Ctrl 键，然后按住鼠标左键选中标签并拖动
移动信号标签	按住鼠标左键选中标签并拖动
编辑信号标签	在标签框内双击，然后编辑
删除信号标签	按住 Shift 键，然后单击选中标签，再按 Delete 键
用粗线表示向量	选择 "Format" → "Port/Signal Displays" → "Wide Nonscalar Lines" 菜单
显示数据类型	选择 "Format" → "Port/Signal Displays" → "Port Data Types" 菜单

表 11-12　　　　　　　　　　　　　　　　　**注释模型**

任务	Microsoft Windows 环境下的操作
建立注释	在模型图标中双击，然后输入文字
复制注释	按住 Ctrl 键，然后按住鼠标左键选中注释文字并拖动
移动注释	按住鼠标左键选中注释并拖动
编辑注释	单击注释文字，然后编辑
删除注释	按住 Shift 键，然后选中注释文字，再按 Delete 键

11.5.5　模块的连接

1．直线的连接

（1）连接模块：先选中源模块，然后按住 Ctrl 键并单击目标模块，如图 11-28 所示。

　　　选中源模块　　　　按住 Ctrl 键并单击目标模块　　　　　完成连线

图 11-28　连接模块流程

（2）断开模块间的连接：先按住 Shift 键，然后拖动模块到另一个位置；或者将鼠标指向连线的箭头处，当出现一个小圆圈圈住箭头时，按下鼠标左键并移动连线，如图 11-29 所示。同时也可以直接选中连线，按 Delete 键删除。

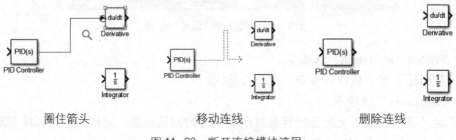

　　　圈住箭头　　　　　　　　　移动连线　　　　　　　　删除连线

图 11-29　断开连接模块流程

（3）在连线之间插入模块：拖动模块到连线上，使模块的输入／输出端口对准连线，如图 11-30 所示。

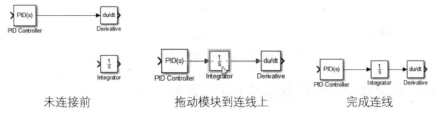

未连接前　　　　　拖动模块到连线上　　　　　完成连线

图 11-30　在连线之间插入模块流程

> **知识拓展**：用户不仅可以在连线之间插入模块，还可以在连线之外插入模块进行连接，如图 11-31 所示。 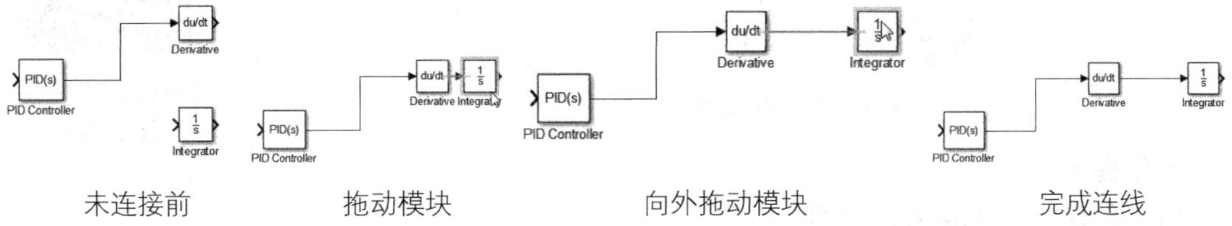
>
>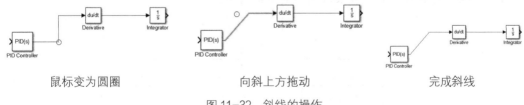
>
> 未连接前　　　　拖动模块　　　　向外拖动模块　　　　完成连线
>
> 图 11-31　在连线之外插入模块流程

2．直线的编辑

（1）选择多条直线：与选择多个模块的方法一样。

（2）选择一条直线：单击要选择的连线，选择一条连线后，之前选择的连线被放弃。

（3）连线的分支：按住 Ctrl 键，然后拖动直线；或者按下鼠标左键并拖动直线。

（4）移动直线段：按住鼠标左键直接拖动直线。

（5）移动直线顶点：将鼠标指向连线的箭头处，当出现一个小圆圈圈住箭头时，按住鼠标左键移动连线。

（6）直线调整为斜线段：按住 Shift 键，鼠标变为圆圈，将圆圈指向需要移动的直线上的一点，并按下鼠标左键直接拖动直线，如图 11-32 所示。

鼠标变为圆圈　　　　　　　向斜上方拖动　　　　　　　完成斜线

图 11-32　斜线的操作

（7）直线调整为折线段：按住鼠标左键不放直接拖动直线，如图 11-33 所示。

> **知识拓展**：simulink 提供了通过命令行建立模型和设置模型参数的方法。一般情况下，用户不需要使用这种方式来建模，因为它很不直观，这里不再介绍。

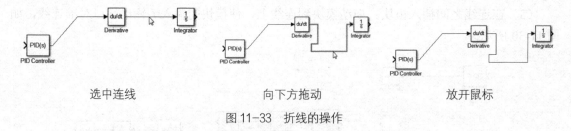

<table>
<tr><td>选中连线</td><td>向下方拖动</td><td>放开鼠标</td></tr>
</table>

图 11-33　折线的操作

11.5.6　课堂练习——阶跃信号对正弦波的影响

设计在 XY 图中显示添加阶跃信号前后的正弦波曲线的仿真模块图形，如图 11-34 所示。

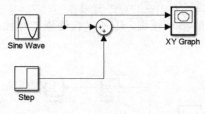

图 11-34　仿真模块图形

阶跃信号对正弦
波的影响

操作提示。

（1）创建 Simulink 模块文件。

（2）在模块库中选择、放置正弦信号、阶跃信号、实现加法和 XY 图标模块。

（3）连接模块。

（4）分别设置正弦信号与阶跃信号的参数值。

（5）将文件保存为"sine_sum.mdl"文件。

11.5.7　子系统及其封装

若模型的结构过于复杂，则需要将功能相关的模块组合在一起形成几个小系统，即子系统，然后在这些子系统之间建立连接关系，从而完成整个模块的设计。这种设计方法实现了模型图表的层次化。将使整个模型变得非常简洁，使用起来非常方便。

用户可以把一个完整的系统按照功能划分为若干个子系统，而每一个子系统又可以进一步划分为更小的子系统，这样依次细分下去，就可以把系统划分成多层。

如图 11-35 所示为一个二级系统图的基本结构图。

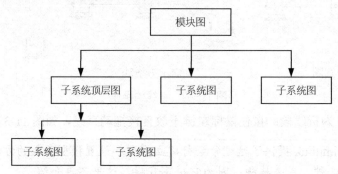

图 11-35　二级层次系统图的基本结构图

模块的层次化设计既可以采用自上而下的设计方法，也可以采用自下而上的设计方法。

1. 子系统的创建方法

在 Simulink 中有两种创建子系统的方法。

（1）通过子系统模块来创建子系统

打开 Simulink 模块库中的 Ports & Subsystems 库，如图 11-36 所示，选中 Subsystem 模块，将其拖动到模块文件中，如图 11-37 所示。

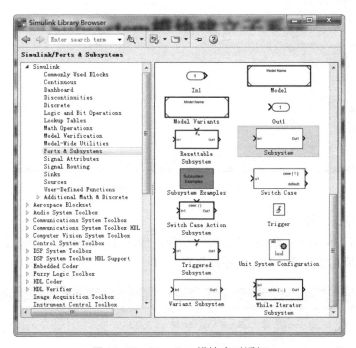

图 11-36　Simulink 模块库对话框

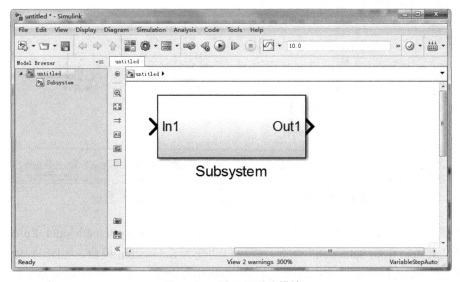

图 11-37　放置子系统模块

双击 Subsystem 模块，打开 Subsystem 文件，如图 11-38 所示，在该文件中绘制子系统图，然后保存即可。

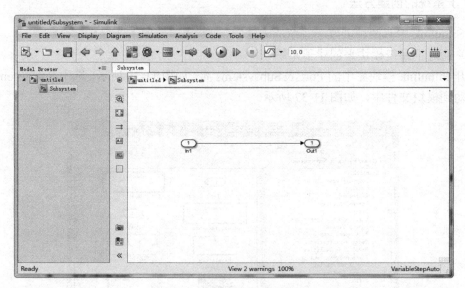

图 11-38　打开子系统图

（2）组合已存在的模块集

打开"Model Browser（模块浏览器）"面板，如图 11-39 所示。单击面板中相应的模块文件名，在编辑区内就会显示对应的系统图。

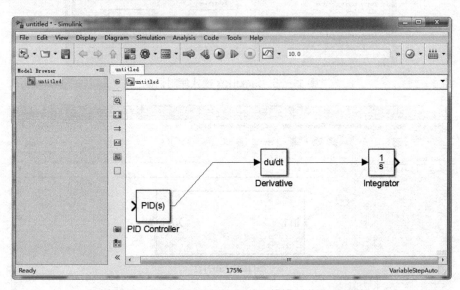

图 11-39　打开"Model Browser（模块浏览器）"面板

选中其中一个模块，选择菜单栏中的"Disgram"→"Subsystem&Model Reference"→"Create Subsystem from Selection"命令，模块自动变为 Subsystem 模块，如图 11-40 所示，同时在左侧的"Model Browser（模块浏览器）"面板中显示下一个层次的 Subsystem 图。

在左侧的"Model Browser（模块浏览器）"面板中单击子系统图或在编辑区双击变为

Subsystem 的模块，打开子系统图，如图 11-41 所示。

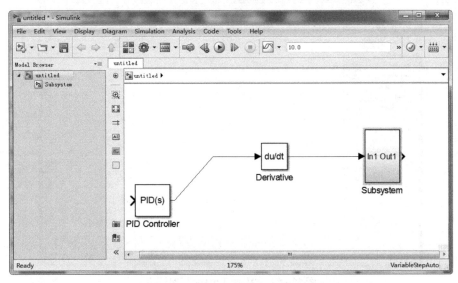

图 11-40　显示子系统图层次结构

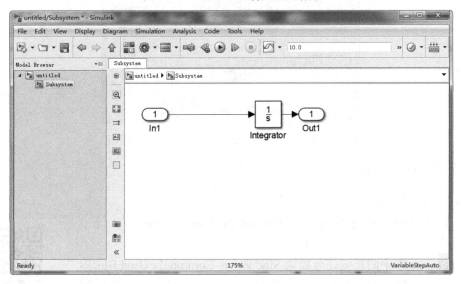

图 11-41　Subsystem 图

2. 封装子系统

封装后的子系统为子系统创建可以反映子系统功能的图标，可以避免用户在无意中修改子系统中模块的参数。

选择需要封装的子系统，选择"Diagram"→"Mask"→"Create Mask"选项，弹出如图 11-42 所示的封装编辑器对话框，从中设置子系统中的参数。

单击"Apply"按钮或"OK"按钮，保存参数设置。

双击封装前的子系统图，进入子系统图文件；封装后的子系统拥有与 Simulink 提供的模块一样的图标，如图 11-43 所示，显示添加 image 封装属性后弹出的对话框。

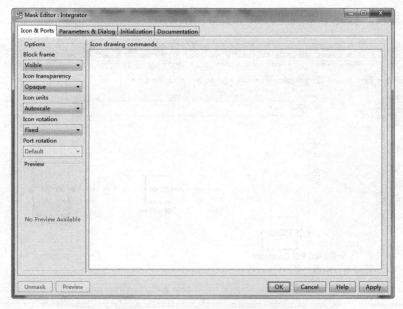

图 11-42　"Mask Editor"对话框

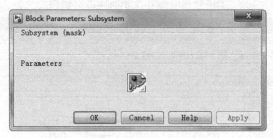

图 11-43　"Block Parameters;Subsystem"对话框

11.5.8　操作实例

例 1：正弦信号的最大值最小值输出。

（1）打开 Simulink 模块库中的 Commonly Used Blocks 库，选中 Subsystem 模块，将其拖动到模型中。

选择 Source 库中的正弦信号模块 Sine Wave，Commonly Used Blocks 库中的定义输入信号的最大和最小值模块 Saturation，将其拖动到模型中，结果如图 11-44 所示。

例1

（2）双击 Subsystem 模块图标，打开 Subsystem 模块编辑窗口。

（3）在新的空白窗口创建子系统，选择 Commonly Used Blocks 库中的将输入信号合并成向量信号模块 Bus Creator，结果如图 11-45 所示。

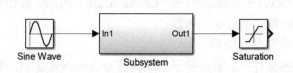

图 11-44　创建子系统图

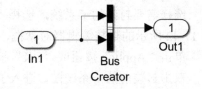

图 11-45　绘制 Subsystem 模块

（4）将文件保存为"sine_max_min"文件。

例 2：信号选择输出。

（1）打开 Simulink 模块库中的 Commonly Used Blocks 库，选中 Switch（选择器）模块、Scope（示波器）模块，将其拖动到模型中。

（2）选择 Source 库中的正弦信号模块 Sine Wave、Constant 模块、Chirp Signal 模块，连接模块，结果如图 11-46 所示。

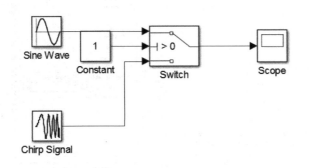

例 2

图 11-46 模块绘制结果

（3）选中要创建成子系统的模块，如图 11-47 所示。选择菜单栏中的"Disgram"→"Subsystem&Model Reference"→"Create Subsystem from Selection"命令，模块自动变为 Subsystem 模块，结果如图 11-48 所示。

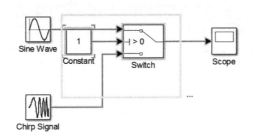

图 11-47 选中已存在的模块

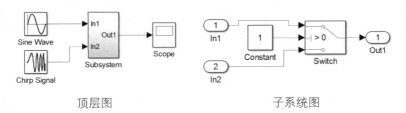

顶层图   子系统图

图 11-48 创建子系统

（4）将文件保存为"signal_switch"文件。

例 3：封装信号选择输出子系统。

（1）选择需要封装的 Subsystem 模块，选择"Diagram"→"Mask"→"Create Mask"选项，弹出封装编辑器对话框，打开"Parameters"选项卡输入参数，如图 11-49 所示。

例 3

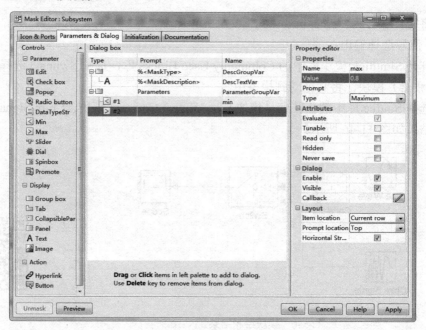

图 11-49 "Parameters" 选项卡

（2）按照图 11-50 所示设置"Documentation"选项卡，设置封装子系统的封装类型、模块描述和模块帮助信息。

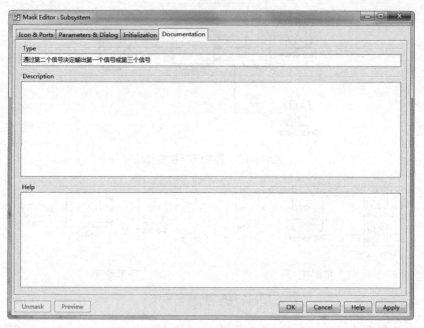

图 11-50 "Documentation" 选项卡

单击"Apply"按钮或"OK"按钮，保存参数设置。

（3）双击 Subsystem 模块，弹出如图 11-51 所示的参数对话框，显示添加的封装参数。

（4）将文件保存为"signal_switch_fz"文件。

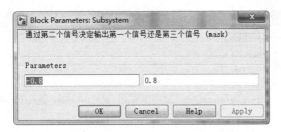

图 11-51　"Block Parameters:Subsystem" 对话框

11.6　仿真分析

Simulink 的仿真性能和精度受许多因素的影响，包括模型的设计、仿真参数的设置等。用户可以通过设置不同的相对误差或绝对误差参数值比较仿真结果，并判断解是否收敛，设置较小的绝对误差参数。

11.6.1　仿真参数设置

在模型窗口中选择"Simulation"→"Mode Configuration Parameters"菜单项，打开设置仿真参数的对话框，如图 11-52 所示。

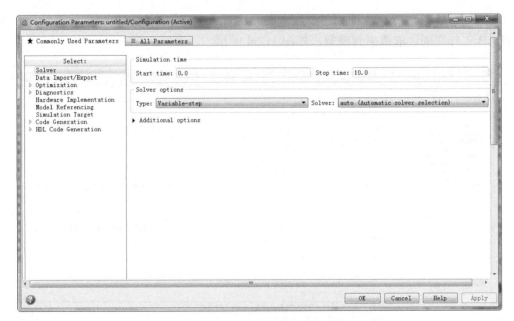

图 11-52　设置仿真参数的对话框

下面介绍不同面板中参数的含义。

（1）solver 面板主要用于设置仿真开始和结束时间，选择解法器，并设置相应的参数，如图 11-53 所示。

Simulink 支持两类解法器：固定步长和变步长解法器。Type 下拉列表用于设置解法器类型，Solver 下拉列表用于选择相应类型的具体解法器。

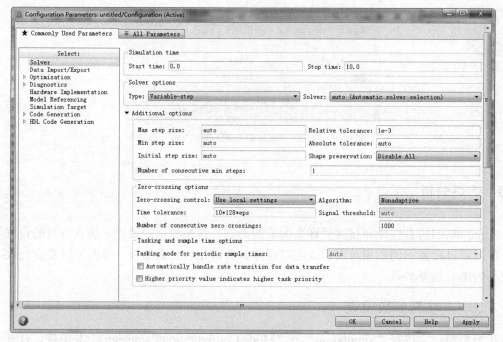

图 11-53　Solver 面板

（2）Data Import/Export 面板主要用于向 MATLAB 工作空间输出模型仿真结果，或从 MATLAB 工作空间读取数据到模型，如图 11-54 所示。

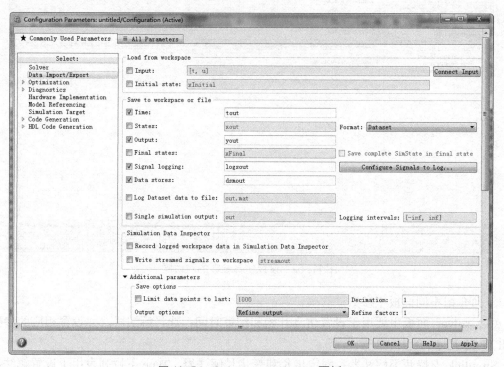

图 11-54　Data Import/Export 面板

- Load from workspace：设置从 MATLAB 工作空间向模型导入数据。
- Save to WOrkspace：设置向 MATLAB 工作空间输出仿真时间、系统状态、输出和最终状态。
- Save options：设置向 MATLAB 工作空间输出数据。

11.6.2　仿真的运行和分析

仿真结果的可视化是 Simulink 建模的一个特点，而且 Simulink 还可以分析仿真结果。仿真运行方法包括以下四种。

（1）选择菜单栏中的"Simulation"→"Run"命令。

（2）单击工具栏中的"Run"按钮 ⊙。

（3）通过命令窗口运行仿真。

（4）从 M 文件中运行仿真。

为了使仿真结果能达到一定的效果，仿真分析还可采用几种不同的分析方法。

1．仿真结果输出分析

在 Simulink 中输出模型的仿真结果有如下 3 种方法。

（1）在模型中将信号输入 Scope（滤波器）模块或 XY Graph 模型。

（2）将输出写入 To Workspace 模块，然后使用 MATLAB 绘图功能。

（3）将输出写入 To File 模块，然后使用 MATLAB 文件读取和绘图功能。

2．线性化分析

线性化就是将所建模型用如下的线性时不变模型进行近似表示

$$\begin{cases} \dot{x} = Ax + Bu \\ y = Cx + Du \end{cases}$$

其中，x、u、y 分别表示状态、输入和输出的向量。模型中的输入/输出必须使用 Simulink 提供的输入（Inl）和输出（Outl）模块。

一旦将模型近似表示成线性时不变模型，大量关于线性的理论和方法就可以用来分析模型。

在 MATLAB 中用函数 linmod()和 dlinmod()来实现模型的线性化，其中，函数 linmod()用于连续模型，函数 dlinmod()用于离散系统或者混杂系统。其具体使用方法如下。

[A, B, C, D] =linmod(filename)

[A, B, C, D]=dlinmod(filename，Ts)

其中，参量 Ts 表示采样周期。

3．平衡点分析

Simulink 通过函数 trim()来计算动态系统的平衡点，所谓稳定状态点，就是满足 $x=f(x)$。并不是所有时候都有解，如果无解，则函数 trim()返回离期望状态最近的解。

11.6.3 仿真错误诊断

在运行过程中遇到错误，程序停止仿真，并弹出"Diagnastic Viewer"对话框，如图11-55所示。通过该对话框，可以了解模型出错的位置和原因。

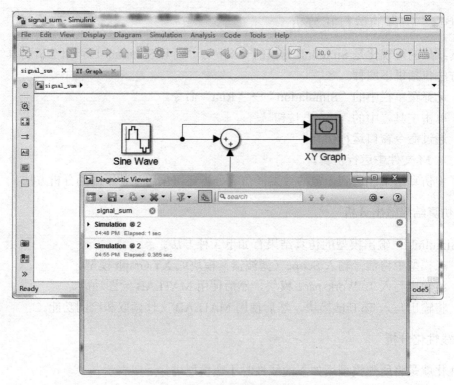

图11-55　仿真诊断对话框

单击每一个错误左侧的展开按钮，列出了每个错误的信息，如图11-56所示，在蓝色文字上单击，在模块文件中显示对应的错误模型元素用黄色加亮显示。

展开的错误信息包括 Message 的完整内容，包括出错原因和元素。

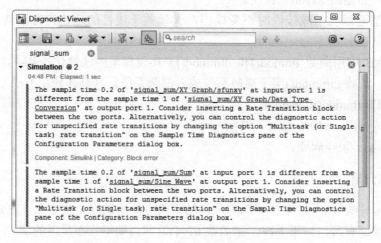

图11-56　显示详细的错误信息

11.6.4 课堂练习——分析信号的选择输出

运行前面绘制的信号选择输出文件，显示仿真结果。

操作提示。

（1）打开 Simulink 模块文件。

（2）运行仿真。

（3）保存仿真结果。

分析信号的
选择输出

11.7 综合实例——强迫扭转振动仿真分析

本次研究计算采用先进的系统矩阵法，其柴油机轴系的的力学模型如图 11-57 所示。

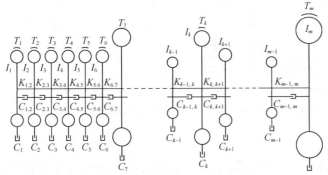

强迫扭转振动
仿真分析

图 11-57 柴油机轴系的强迫扭转振动分析的力学模型

具体操作步骤如下。

（1）数学模型的创建。

某柴油机 4 级系统振动微分方程

$$I\ddot{\varphi} + C\dot{\varphi} + K\varphi = T$$

其中，φ 是轴系各质量点扭振转角位移，轴系节点扭矩向量 T=1200N/m，轴系转动惯量 I=(0.002−6.7)k。阻尼 C=13000 (N.m) s/rad，刚度矩阵 K=200000000 N/m，

当 T=0 时，计算系统自由振动；$T\neq0$，计算系统强迫振动。

系统强迫振动微分方程表述为

$$5\ddot{\varphi} + 13000\dot{\varphi} + 2000\varphi = 1200$$

将原微分方程修改为

$$\ddot{\varphi} = 240 - 2600\dot{\varphi} - 400\varphi$$

（2）创建模型文件。

在 MATLAB "主页"主窗口单击 "新建" → "SIMULINK 模型"命令，打开 Simulink 模型文件。

（3）打开库文件。

选择菜单栏中的 "View" → "Library Browser"命令，弹出如图 11-58 所示的模块库浏览器。

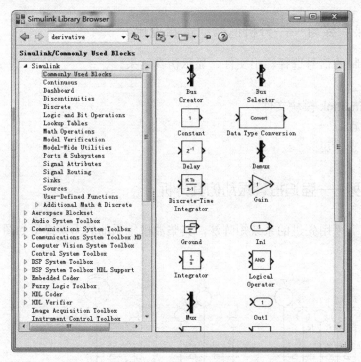

图 11-58　"Simulink Library Browser" 对话框

（4）放置模块。

在模块库中，选择 "Simulink" → "Commonly Used Block" 中的 1 个常数模块 Constant、2 个增益模块 Gain、2 个积分模块 Intergrater，将其拖动到模型中。

选择 "Dsp System Toolbox" → "Sink" 库中的滤波器模块 Scope，将其拖动到模型中。

选择 "Simulink" → "Math" 库中选择 Add 加法模块，将其拖动到模型中。

（5）仿真模型中参数的设定。

设置 Gain 模块中增益值为 400，Gain1 中增益值为 4000；常数模块 Constant 设置为 240、默认积分模块 Intergrater 参数，Add 加法模块设置为三个减法连接模块，结果如图 11-59 所示。

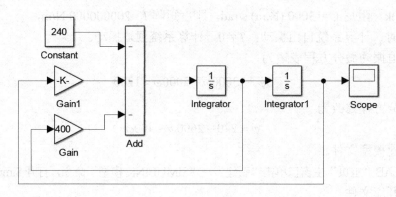

图 11-59　创建模型图

（6）仿真分析。

单击工具栏中的"Run"按钮 ⏵，弹出"Scope"对话框，在滤波器中显示分析结果，如图 11-60 所示。

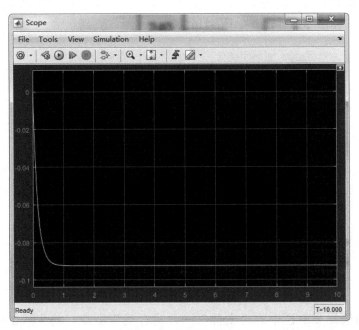

图 11-60　滤波器分析图

（7）时间响应曲线与平面曲线。

对系统强迫振动微分方程

$$5\ddot{\varphi} + 13000\dot{\varphi} + 2000\varphi = t$$

$$\psi(0)=1200,\ \ \psi(0)=0,\ \ t=1200$$

上式为高阶微分方程，这里需要将其进行转换为一阶微分方程组，即状态方程，然后使用函数 ode45 进行求解。

令 $x_1=\varphi$，$x_2=\dot{\varphi}$，则状态方程为

$$\dot{x}_1 = x_2$$
$$\dot{x}_2 = 0.2t - 400x_1 - 2600x_2$$

（8）下面创建函数文件 verderpol.m 求解上述方程组。

```
function [ xn ] = verderpol(t,x )
global  mu;
xn=[x(2);0.2*mu-400*x(1)-2600*x(2)];
end
在命令行窗口中输入下面的程序：
global  mu;
mu=1200;
y0=[1200;0]
```

```
[t,x]=ode45(@verderpol,[0,1200],y0);     %求解微分方程
subplot(1,2,1);plot(t,x);
title('时间响应曲线')                      %绘制系统时间响应曲线
subplot(1,2,2);plot(x(:,1),x(:,2))        %绘制平面曲线
title('平面曲线')
```

执行程序后，弹出图形界面，如图 11-61 所示。

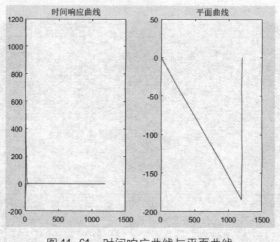

图 11-61　时间响应曲线与平面曲线

在图形界面选择菜单栏中的"文件"→"另存为"命令，将生成的图形文件保存为"xiangyingquxianyupingmianquxian.flg"。

11.8　课后习题

1．Simulunk 的主要功能是什么，进行 Simulunk 分析的步骤是什么？
2．如何建立仿真模型？
3．什么是子系统？如何创建子系统？
4．如何建立封装？
5．子系统如何与模型文件进行转换？
6．建立如图 11-62 所示的系统的线性化模型。

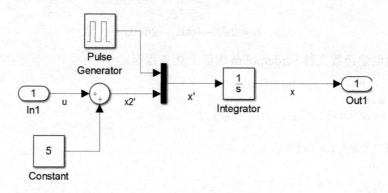

图 11-62　线性化模型

7. 将上题绘制的文件转换成子系统模块。

8. 对图 11-63 所示的线性定常离散时间系统进行建模与仿真。

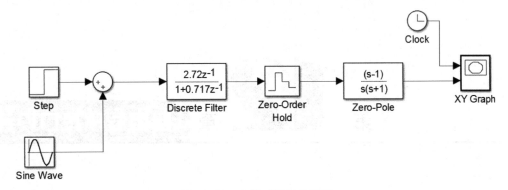

图 11-63　离散时间系统模型

9. 在图表中显示方波与正弦波并进行对比。

第 12 章　应用程序接口设计

内容提南

为了充分发挥 MATLAB 与其他高级语言的优势，利用 MATLAB 的应用程序接口实现 MATLAB 与通用编程平台的混合编程。本章以 MATLAB 与 Excel 联合编程为主，系统地讲述了 MATLAB 混合编程的优势。

知识重点

📖 应用接口介绍
📖 MATLAB 与.NET 联合编程
📖 MATLAB 与 Excel 联合编程

12.1　应用程序接口介绍

MATLAB 不仅自身功能强大、环境友善、能十分有效地处理各种科学和工程问题，而且具有极好的开放性。其开放性表现在以下两方面。

（1）MATLAB 适应各种科学、专业研究的需要，提供了各种专业性的工具包。

（2）MATLAB 为实现与外部应用程序的"无缝"结合，提供了专门的应用程序接口（Application Program Interface，API）。

MATLAB 的 API 包括以下三部分内容。

（1）MATLAB 解释器能识别并执行的动态链接库（MEX 文件），可以在 MATLAB 环境下直接调用 C 语言或 FORTRAN 等语言编写的程序段。

（2）MATLAB 计算引擎函数库，可以在 C 语言或 FORTRAN 等语言中直接使用 MATLAB 的内置函数。

（3）MAT 文件应用程序，可读写 MATLAB 数据文件（MAT 文件），以实现 MATLAB 与 C 语言或 FORTRAN 等语言程序之间的数据交换。

12.2　MATLAB 与.NET 联合编程

MATLAB Builder for.NET（也称.NET Builder）是一个对 MATLAB Compiler 的扩充。它

可以将 MATLAB 函数文件打包成.NET 组件，提供给.NET 程序员通过 C#、VB 等通用编程语言调用。在调用这些打包的函数时，只需要安装 MATLAB Component Runtime（MCR）就可以了，它是一组独立的共享库，支持 MATLAB 语言的所有功能。

12.3　MATLAB 与 Excel 联合编程

MATLAB 与 Excel 的联合编程有两种方式：一种是 Excel Link，另一种是 MATLAB Builder for Excel。

12.3.1　Excel Link 安装与运行

Excel Link 是在 Microsoft Windows 环境下对 MATLAB 和 Microsoft Excel 进行链接的插件。通过这种链接，用户可以在 Excel 的工作空间中利用其宏编程工具，使用 MATLAB 强大的数据处理、计算与图形处理功能进行各种操作，并保持两个工作环境中的数据交换与同步更新。

要使用 Excel Link，首先要在 Windows 系统下安装 Excel，然后再安装 MATLAB 和 Excel Link。其中 Excel Link 在安装 MATLAB 的时候选中对应的选择框即可。安装完毕之后，要进行 Excel 的设置，完成两个环境之间的链接。设置步骤如下。

（1）启动 Microsoft Excel。例如启动 Excel 2010。

（2）选择"开发工具"选项卡下"加载项"→"加载项"命令。

（3）弹出"加载宏"对话框，选择路径到"matlab 安装目录/toolbox/excellink"，选中"excellink.xlam"，此时的"加载宏"对话框如图 12-1 所示。

（4）单击"确定"按钮，设置完成。

（5）此时，将弹出 MATLAB 命令窗口，同时在 Excel 的工作空间中出现 Excel Link 工具条，如图 12-2 所示。

图 12-1　"加载宏"对话框

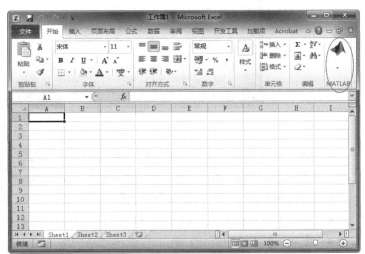

图 12-2　Excel Link 工具条

在默认的状况下，成功设置了 Excel Link 之后，每次运行 Excel 将自动启动 Excel Link

和 MATLAB。如果不需要自动启动 Excel Link，在 Excel 数据表单元格中输入"=MLAutoStart ("no")"，可以将自动启动取消。如图 12-3 所示，在 A1 单元格中输入"=MLAutoStart("no")"并按下键盘上的 Enter 键之后，A1 的内容如图 12-4 所示，变为"0"。当再次启动该文件时，Excel Link 和 MATLAB 将不再自动启动运行。

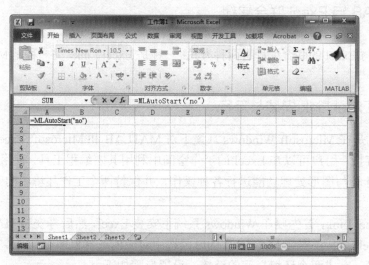

图 12-3 取消自动启动

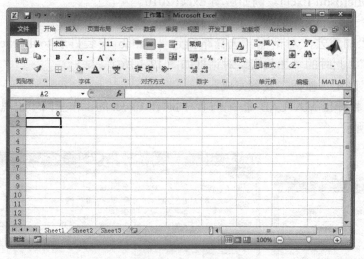

图 12-4 A1 内容

在取消了自动启动之后，如果要启动 Excel Link，可以在 Excel 窗口中选择"开发工具"→"宏"，如图 12-5 所示。在弹出的对话框中输入"matlabinit"之后，单击"执行"即可。

终止 Excel Link 运行有以下两种方式：

- 直接关闭 Excel，Excel Link 和 MATLAB 将同时被终止；
- 在 Excel 环境中终止：在工作表单元格中输入"=MLClose()"，如图 12-6 所示。

当需要重新启动 Excel Link 和 MATLAB 时，可以使用"MLOpen"命令或者启动宏"MATLABinit"的方式进行。

如果用户直接关闭了 MATLAB 命令窗口，而 Excel 仍在运行，可以直接在 Excel 中输入

"=MLClose()"。这个命令将会通知 Excel MATLAB 已经不再运行。

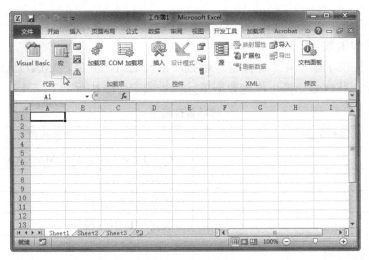

图 12-5　手动启动

图 12-6　终止 Excel Link 和 MATLAB

Excel Link 应用注意事项。

- Excel Link 函数名不区分大小写，而 MATLAB 的标准函数名为小写字母。
- 执行数据表单元函数时，加 "=" 作为起始标记。
- 执行数据表单元函数时，参数填写在括号中；执行宏命令不需要括号，直接在函数名与参数第一项间加空格。
- 执行数据表单元函数之后，该数据单元将被赋 "0" 值。
- Excel Link 只能对 MATLAB 的二维数值数组、一维字符数组和只包含字符的二维数组进行操作。
- Excel 默认日期数值从 1900 年 1 月 1 日开始，MATLAB 默认日期数值从 0000 年 1 月 1 日开始，所以涉及日期数据时，需要注意两种环境中的日期可能会相差 693960。

12.3.2 Excel Link 函数

Excel Link 提供了连接管理函数和数据操作函数两种函数，进行数据连接和数据操作。

（1）连接管理函数

Excel Link 提供了以下 4 个连接管理函数，见表 12-1。其中，"MATLABinit"只能以宏命令的方式运行，其他命令都可作为数据单元函数或宏命令执行。

表 12-1　　　　　　　　　　　　　　连接管理函数

函数名称	函数作用
matlabinit	初始化 Excel Link，启动 MATLAB
MLAutoStart	自动启动 MATLAB
MLClose	终止 MATLAB 进程
MLOpen	启动 MATLAB 进程

（2）数据操作函数

Excel Link 提供了 13 个数据操作函数实现 Excel 与 MATLAB 之间的数据传输以及在 Excel 中执行 MATLAB 命令等一系列功能，见表 12-2。其中，"MLPutVar"函数只能以宏命令的形式被调用，其余的函数既可以以数据表单元函数的形式调用，也可以以宏命令的形式调用。

表 12-2　　　　　　　　　　　　　　数据操作函数

函数名称	函数作用
matlabfcn	用给出的 MATLAB 命令对 Excel 进行操作
matlabsub	用给出的 MATLAB 命令对 Excel 进行操作，并指定输出位置
MLAppendMatrix	向 MATLAB 空间写入 Excel 数据表数据
MLDeleteMatrix	删除 MATLAB 矩阵
MLEvalString	执行 MATLAB 命令
MLGetFigure	将 MATLAB 图像导入 Excel 工作空间
MLGetMatrix	向 Excel 数据表写入 MATLAB 矩阵数据内容
MLGetVar	向 Excel 数据表 VBA 写入 MATLAB 矩阵数据内容
MLPutVar	用 Excel 数据表 VBA 创建或覆盖 MATLAB 矩阵
MLPutMatrix	用 Excel 数据表数据创建或覆盖 MATLAB 矩阵
MLShowMatlabErrors	返回标准 Excel Link 错误或 MATLAB 错误
MLStartDir	指定 MATLAB 的工作路径
MLUseFullDesktop	指定是否只使用 MATLAB 命令窗口

12.4　综合实例——在 Excel 中绘制数据插补曲线

本节利用 Excel Link 命令将 DATA 区域中的数据复制到 MATLAB 工作空间，然后运行 MATLAB 的计算和作图命令，由宏将计算结果和作图结果返回到 Excel 的工作空间中。

在 Excel 中绘制
数据插补曲线

具体操作步骤如下。

（1）启动 Excel 2010 版本，加载 Excel Link，在功能区显示如图 12-7 所示的图标。

图 12-7　加载 Excel Link

（2）打开"Data InterpolationTIM.xlsx"文件，数值区域是对时间、温度与体积这三个变量的 25 次观测值，设置 A5:C29 区域定义名称为 TIM，对该区域中的数据进行计算，如图 12-8 所示。

（3）绘制拟合曲线。

在空白单元格中输入下面的命令，进行 MATLAB 与 Excel 的联合运算。

- 执行 "=MLPutMatrix("time",TIM)"，将 DATA 复制到 MATLAB 中；
- 执行 "=MLEvalString("y = time (:,3)")"，用 y 来存储第 3 列的数据；
- 执行 "=MLEvalString("e = ones(length(time),1)")"，生成单位向量；
- 执行 "=MLEvalString("A = [e time (:,1:2)]")"，A 的第一列为单位向量，后两列是 data 的第一和第二列；
- 执行 "=MLEvalString("beta = A\y")"，计算回归系数；
- 执行 "=MLEvalString("fit = A*beta")"，利用上一步结果进行回归计算；
- 执行 "=MLEvalString("[y,k] = sort(y)")"，对原始数据进行排序；

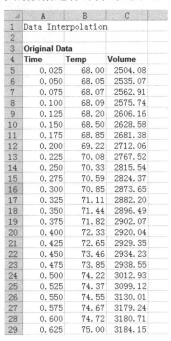

	A	B	C
1	Data Interpolation		
2			
3	**Original Data**		
4	**Time**	**Temp**	**Volume**
5	0.025	68.00	2504.08
6	0.050	68.05	2535.07
7	0.075	68.07	2562.91
8	0.100	68.09	2575.74
9	0.125	68.20	2606.16
10	0.150	68.50	2628.58
11	0.175	68.85	2681.38
12	0.200	69.22	2712.06
13	0.225	70.08	2767.52
14	0.250	70.33	2815.54
15	0.275	70.59	2824.37
16	0.300	70.85	2873.65
17	0.325	71.11	2882.20
18	0.350	71.44	2896.49
19	0.375	71.82	2902.07
20	0.400	72.33	2920.04
21	0.425	72.65	2929.35
22	0.450	73.46	2934.23
23	0.475	73.85	2938.55
24	0.500	74.22	3012.93
25	0.525	74.37	3099.12
26	0.550	74.55	3130.01
27	0.575	74.67	3179.24
28	0.600	74.72	3180.71
29	0.625	75.00	3184.15

图 12-8　表格数据

- 执行 "=MLEvalString("fit = fit(k)")"，进行比较；
- 执行 "=MLEvalString("n = size(time,1)")"；
- 执行 "=MLEvalString("[p,S] = polyfit(1:n,y',5)")"；
- 执行 "=MLEvalString("newfit = polyval(p,1:n,S)")"，进行多项式拟合；
- 执行 "=MLEvalString("plot(1:n,y,'bo',1:n,fit,'r:',1:n,newfit,'g'); legend(' time ','fit','newfit')")" 对原始数据、拟合数据、多项式拟合数据进行画图显示，如图 12-9 所示。

可以看出，Excel Link 将 Excel 工作空间与 MATLAB 很好地结合起来，既充分利用了 Excel 对数据管理的直观、整齐等特点，又充分利用了 MATLAB 计算、作图的强大功能。

（4）绘制表格与三维曲面图。

通过下面的程序在如图 12-10 所示的区域内添加数据并绘制三维曲面图。

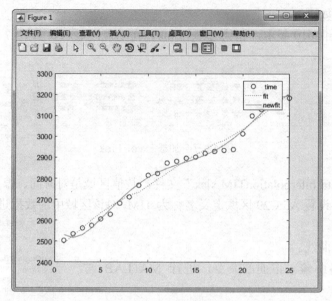

图 12-9　拟合效果

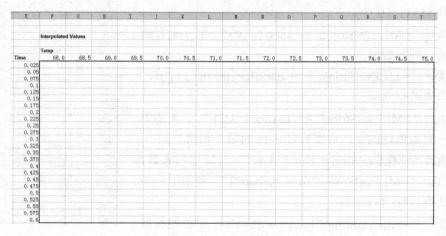

图 12-10　空白表格

① 将单元格内的原始数据复制到 MATLAB 中。

● 执行"=MLPutMatrix("Labels", A4:C4)";

● 执行"=MLPutMatrix("X",A5:A29)";

● 执行"= MLPutMatrix("T",B5:B29)";

● 执行"=MLPutMatrix("V",C5:C29)"。

② 传递插值数据点到 MATLAB。

● 执行"=MLPutMatrix("Xa",E7:E30)";

● 执行"=MLPutMatrix("Ta",F6:T6)"。

③ 执行 MATLAB 数据插值函数。

● 执行"=MLEvalString("[XI, TI, VI] = griddata(X,T,V,Xa,Ta, 'nearest')")"

● 执行"=MLEvalString("IV = VI")"

- 执行上述程序后，在空白表格中显示插入的数据，如图 12-11 所示。

Interpolated Values														
Temp														
Time	68.0	68.5	69.0	69.5	70.0	70.5	71.0	71.5	72.0	72.5	73.0	73.5	74.0	74.5	75.0
0.025	2504.08	2628.58	2681.38	2712.06	2767.52	2824.37	2873.65	2896.49	2902.07	2920.04	2929.35	2934.23	2938.55	3099.12	3184.15
0.05	2504.08	2628.58	2681.38	2712.06	2767.52	2824.37	2873.65	2896.49	2902.07	2920.04	2929.35	2934.23	2938.55	3099.12	3184.15
0.075	2504.08	2628.58	2681.38	2712.06	2767.52	2824.37	2873.65	2896.49	2902.07	2920.04	2929.35	2934.23	2938.55	3099.12	3184.15
0.1	2535.07	2628.58	2681.38	2712.06	2767.52	2824.37	2873.65	2896.49	2902.07	2920.04	2929.35	2934.23	2938.55	3099.12	3184.15
0.125	2562.91	2628.58	2681.38	2712.06	2767.52	2824.37	2882.20	2896.49	2902.07	2920.04	2929.35	2934.23	2938.55	3099.12	3184.15
0.15	2562.91	2628.58	2681.38	2712.06	2767.52	2824.37	2882.20	2896.49	2902.07	2920.04	2929.35	2934.23	2938.55	3099.12	3184.15
0.175	2575.74	2628.58	2681.38	2712.06	2767.52	2824.37	2882.20	2896.49	2902.07	2920.04	2929.35	2934.23	2938.55	3099.12	3184.15
0.2	2575.74	2628.58	2681.38	2712.06	2767.52	2824.37	2882.20	2896.49	2902.07	2920.04	2929.35	2934.23	2938.55	3099.12	3184.15
0.225	2575.74	2628.58	2681.38	2712.06	2767.52	2824.37	2882.20	2896.49	2902.07	2920.04	2929.35	2934.23	2938.55	3099.12	3184.15
0.25	2575.74	2628.58	2681.38	2712.06	2767.52	2824.37	2882.20	2896.49	2902.07	2920.04	2929.35	2934.23	2938.55	3130.01	3184.15
0.275	2575.74	2628.58	2681.38	2712.06	2767.52	2824.37	2882.20	2896.49	2902.07	2920.04	2929.35	2934.23	2938.55	3130.01	3184.15
0.3	2575.74	2628.58	2681.38	2712.06	2767.52	2824.37	2882.20	2896.49	2902.07	2929.35	2929.35	2934.23	2938.55	3130.01	3184.15
0.325	2575.74	2628.58	2681.38	2712.06	2767.52	2824.37	2882.20	2896.49	2902.07	2929.35	2929.35	2934.23	2938.55	3130.01	3184.15
0.35	2575.74	2628.58	2681.38	2712.06	2767.52	2824.37	2882.20	2896.49	2902.07	2929.35	2929.35	2934.23	2938.55	3130.01	3184.15
0.375	2575.74	2628.58	2681.38	2712.06	2767.52	2824.37	2882.20	2896.49	2902.07	2929.35	2929.35	2934.23	2938.55	3130.01	3184.15
0.4	2575.74	2628.58	2681.38	2712.06	2767.52	2824.37	2882.20	2896.49	2902.07	2929.35	2929.35	2934.23	2938.55	3130.01	3184.15
0.425	2575.74	2628.58	2681.38	2712.06	2767.52	2824.37	2882.20	2896.49	2902.07	2929.35	2929.35	2934.23	2938.55	3130.01	3184.15
0.45	2575.74	2628.58	2681.38	2712.06	2767.52	2824.37	2882.20	2896.49	2902.07	2929.35	2929.35	2934.23	2938.55	3130.01	3184.15
0.475	2575.74	2628.58	2681.38	2712.06	2767.52	2824.37	2882.20	2896.49	2902.07	2929.35	2929.35	2934.23	2938.55	3130.01	3184.15
0.5	2575.74	2628.58	2681.38	2712.06	2767.52	2824.37	2882.20	2896.49	2902.07	2929.35	2929.35	2934.23	2938.55	3130.01	3184.15
0.525	2575.74	2628.58	2681.38	2712.06	2767.52	2824.37	2882.20	2896.49	2902.07	2929.35	2929.35	2934.23	2938.55	3130.01	3184.15
0.55	2575.74	2628.58	2681.38	2712.06	2767.52	2824.37	2882.20	2896.49	2902.07	2929.35	2929.35	2934.23	2938.55	3130.01	3184.15
0.575	2575.74	2628.58	2681.38	2712.06	2767.52	2824.37	2882.20	2896.49	2902.07	2929.35	2929.35	2934.23	2938.55	3130.01	3184.15
0.6	2575.74	2628.58	2681.38	2712.06	2767.52	2824.37	2882.20	2896.49	2902.07	2929.35	2929.35	2934.23	2938.55	3130.01	3184.15

图 12-11　显示插值数据

④ 绘制插值数据，并标注图形。

- 执行"=MLGetMatrix("IV","sheet1!F7")"。
- 执行"=MLEvalString("surf(XI,TI,VI);title('Interpolated Data');xlabel(Labels{1});ylabel(Labels {2}); zlabel(Labels{3});grid on")"。
- 执行上面的程序后，在图形窗口中显示如图 12-12 所示的图形。

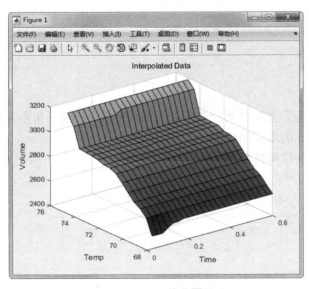

图 12-12　三维曲面图

第13章 矩阵的运算设计实例

内容提南

本章将通过帕斯卡矩阵来综合演示数值矩阵与符号矩阵的基本操作，演示不同类型矩阵的转换，不同类型矩阵包括相同的属性，均可以进行求逆、转置等操作。

知识重点

- 矩阵介绍
- 杨辉三角形
- 帕斯卡矩形
- 符号矩阵

13.1 矩阵介绍

帕斯卡（Pascal）矩阵是由杨辉三角形表组成的矩阵。杨辉三角形表是二次项 $(x+y)^n$ 展开后的系数随自然数 n 的增大组成的一个三角形表。

（1）杨辉三角形的排列性质如下。

```
1                1
2                1 1
3                1 2 1
4                1 3 3 1
5                1 4 6 4 1
6                1 5 10 10 5 1
7                1 6 15 20 15 6 1
8                1 8 28 56 70 56 28 8 1
9                1 10 45 120 210 252 120 45 10
```

（2）帕斯卡矩阵的第一行元素和第一列元素都为 1，其余位置处的元素是该元素的左边元素加起上一行对应位置元素的结果。

元素 $A_{i,j}=A_{i,j-1}+A_{i-1,j}$，其中 $A_{i,j}$ 表示第 i 行第 j 列上的元素。

3 阶帕斯卡矩阵如下。

```
1        1        1
1        2        3
```

1   3   6

（3）绘制如图 13-1 所示的菱形，发现矩形内的值是 4 阶帕斯卡矩阵。

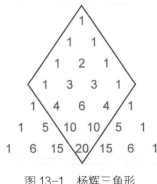

图 13-1 杨辉三角形

杨辉三角形

13.2 杨辉三角形

```
>> syms x y
>> expand((x+y)^5)        %二次项 (x+y)^n 展开
ans =
x^5 + 5*x^4*y + 10*x^3*y^2 + 10*x^2*y^3 + 5*x*y^4 + y^5
```

得到系数组成的向量：1 5 10 10 5 1

与杨辉三角形第 6 行中的元素相同。

帕斯卡矩阵

13.3 帕斯卡矩阵

在 MATLAB 中，帕斯卡矩阵的生成函数为 pascal，调用格式如表 13-1 所示。

表 13-1   pascal 调用格式

命　　令	说　　　　　明
pascal(n)	创建 n 阶帕斯卡矩阵
pascal(n,1)	返回下三角的楚列斯基分解的帕斯卡矩阵
pascal(n,2)	返回帕斯卡的转置和变更

13.3.1 创建帕斯卡矩阵

```
>> A=pascal(5)
A =
     1     1     1     1     1
     1     2     3     4     5
     1     3     6    10    15
     1     4    10    20    35
     1     5    15    35    70
>> plot(A)
```

在图形编辑器中显示绘制该矩阵，结果如图 13-2 所示。

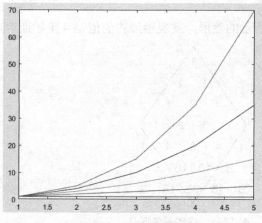

图 13-2　显示矩阵数据

13.3.2　帕斯卡矩阵的属性

矩阵的属性包括矩阵的求逆、转置和秩，本节介绍五阶帕斯卡矩阵的属性。

1. 求逆

```
>> inv(A)
ans =
    5.0000   -10.0000    10.0000    -5.0000     1.0000
  -10.0000    30.0000   -35.0000    19.0000    -4.0000
   10.0000   -35.0000    46.0000   -27.0000     6.0000
   -5.0000    19.0000   -27.0000    17.0000    -4.0000
    1.0000    -4.0000     6.0000    -4.0000     1.0000
```

2. 求转置

```
>> A'
ans =
     1     1     1     1     1
     1     2     3     4     5
     1     3     6    10    15
     1     4    10    20    35
     1     5    15    35    70
>> inv(A)
ans =
    5.0000   -10.0000    10.0000    -5.0000     1.0000
  -10.0000    30.0000   -35.0000    19.0000    -4.0000
   10.0000   -35.0000    46.0000   -27.0000     6.0000
   -5.0000    19.0000   -27.0000    17.0000    -4.0000
    1.0000    -4.0000     6.0000    -4.0000     1.0000
```

3. 求秩

```
>> rank(A)
ans =
     5
```

13.3.3　抽取帕斯卡矩阵对角线元素

对角线是矩阵中重要的概念之一，本节对帕斯卡矩阵进行对角线转换。

（1）提取矩阵 X 的主上三角部分。

```
>> triu(A)
ans =
    1    1    1    1    1
    0    2    3    4    5
    0    0    6   10   15
    0    0    0   20   35
    0    0    0    0   70
```

（2）提取矩阵 X 的第 2 条对角线上面的部分。

```
>> triu(A,3)
ans =
    0    0    0    1    1
    0    0    0    0    5
    0    0    0    0    0
    0    0    0    0    0
    0    0    0    0    0
```

（3）提取矩阵 X 的主下三角部分。

```
>> tril(A)
ans =
    1    0    0    0    0
    1    2    0    0    0
    1    3    6    0    0
    1    4   10   20    0
    1    5   15   35   70
```

（4）提取矩阵 A 的第 3 条对角线下面的部分。

```
>>  tril(A,3)
ans =
    1    1    1    1    0
    1    2    3    4    5
    1    3    6   10   15
    1    4   10   20   35
    1    5   15   35   70
```

（5）进行楚列斯基分解同样可以抽取对角线上的元素。

```
>> R=chol(A)
R =
    1    1    1    1    1
    0    1    2    3    4
    0    0    1    3    6
    0    0    0    1    4
    0    0    0    0    1
>> R'*R
ans =
    1    1    1    1    1
    1    2    3    4    5
```

```
1      3      6      10      15
1      4      10     20      35
1      5      15     35      70
```

13.3.4　矩阵的应用

在工程实际中，矩阵分析尤为重要。本节主要讲述如何利用 MATLAB 来实现帕斯卡矩阵分析中常用的一些矩阵分解。

1.　奇异值分解

```
>> s = svd (A)
s =
   92.2904
    5.5175
    1.0000
    0.1812
    0.0108
```

2.　三角分解

进行 LU 分解满足 **LU=PA**，其中，**L** 为单位下三角矩阵，**U** 为上三角矩阵，**P** 为置换矩阵。

```
>> [L,U,P] = lu(A)
L =
    1.0000        0        0        0        0
    1.0000   1.0000        0        0        0
    1.0000   0.5000   1.0000        0        0
    1.0000   0.7500   0.7500   1.0000        0
    1.0000   0.2500   0.7500  -1.0000   1.0000
U =
    1.0000   1.0000   1.0000   1.0000   1.0000
         0   4.0000  14.0000  34.0000  69.0000
         0        0  -2.0000  -8.0000 -20.5000
         0        0        0  -0.5000  -2.3750
         0        0        0        0  -0.2500
P =
    1    0    0    0    0
    0    0    0    0    1
    0    0    1    0    0
    0    0    0    1    0
    0    1    0    0    0
```

3.　QR 分解

若 **A** 为 $m \times n$ 矩阵，**Q** 和 **R** 满足 **A=QR**；则 **Q** 为 $m \times m$ 矩阵，**R** 为 $m \times n$ 矩阵。**Q** 为正交矩阵、R 为上三角阵。

```
> [Q,R] = qr(A)
Q =
   -0.4472  -0.6325   0.5345  -0.3162  -0.1195
   -0.4472  -0.3162  -0.2673   0.6325   0.4781
   -0.4472   0.0000  -0.5345   0.0000  -0.7171
   -0.4472   0.3162  -0.2673  -0.6325   0.4781
   -0.4472   0.6325   0.5345   0.3162  -0.1195
```

```
R =
   -2.2361    -6.7082   -15.6525   -31.3050   -56.3489
         0     3.1623    11.0680    26.5631    53.1263
         0          0     1.8708     7.4833    19.2428
         0          0          0     0.6325     2.8460
         0          0          0          0    -0.1195
```

13.4 符号矩阵

矩阵的应用不单单是数值的计算，还包括转换成符号矩阵，进行符号运算，这样可以解决更多的工程应用问题。

符号矩阵

13.4.1 生成符号矩阵

符号矩阵中的元素都是符号表达式，符号表达式是由符号变量与数值组成的。本节通过将表达式 $\cos(x) + \sin(x)$ 与帕斯卡矩阵进行转换，生成符号矩阵。

```
>> syms x
>> a= @(x)(sin(x) + cos(x));
>> f= sym(a);
>> f =cos(x) + sin(x);
>> h= @(x)(x*A);
>> C= sym(h)
C =
[ x,    x,    x,    x,    x]
[ x, 2*x,  3*x,  4*x,  5*x]
[ x, 3*x,  6*x, 10*x, 15*x]
[ x, 4*x, 10*x, 20*x, 35*x]
[ x, 5*x, 15*x, 35*x, 70*x]
```

13.4.2 符号矩阵的基本运算

将帕斯卡矩阵转换成符号矩阵后，进行基本运算与属性运算。

1. 求逆运算

```
>> inv(C)
ans =
[   5/x, -10/x,  10/x,  -5/x,  1/x]
[ -10/x,  30/x, -35/x,  19/x, -4/x]
[  10/x, -35/x,  46/x, -27/x,  6/x]
[  -5/x,  19/x, -27/x,  17/x, -4/x]
[   1/x,  -4/x,   6/x,  -4/x,  1/x]
```

2. 求转置

```
>> transpose(C)
ans =
[ x,    x,    x,    x,    x]
[ x, 2*x,  3*x,  4*x,  5*x]
[ x, 3*x,  6*x, 10*x, 15*x]
[ x, 4*x, 10*x, 20*x, 35*x]
```

```
[ x,  5*x,  15*x,  35*x,  70*x]
```

3. 求秩运算

```
>> rank(C)
ans =
     5
```

4. 求行列式

```
>>  det(C)
ans =
x^5
```

5. 提取分子分母

```
>> [n,d]=numden(C)
n =
[ x,   x,    x,    x,    x]
[ x, 2*x,  3*x,  4*x,  5*x]
[ x, 3*x,  6*x, 10*x, 15*x]
[ x, 4*x, 10*x, 20*x, 35*x]
[ x, 5*x, 15*x, 35*x, 70*x]
d =
[ 1, 1, 1, 1, 1]
[ 1, 1, 1, 1, 1]
[ 1, 1, 1, 1, 1]
[ 1, 1, 1, 1, 1]
[ 1, 1, 1, 1, 1]
```

6. 矩阵的赋值

```
>> subs(C,x,6)
ans =
[ 6,  6,   6,   6,   6]
[ 6, 12,  18,  24,  30]
[ 6, 18,  36,  60,  90]
[ 6, 24,  60, 120, 210]
[ 6, 30,  90, 210, 420]
```

13.4.3　符号矩阵的应用

1. 符号矩阵的特征值、特征向量运算

```
>> eig(C)
ans =
x
  (49*x)/2 - (2^(1/2)*((1225*3^(1/2)*x + 2136*(x^2)^(1/2))*(x^2)^(1/2))^(1/2))/
2 + (25*3^(1/2)*(x^2)^(1/2))/2
  (49*x)/2 + (2^(1/2)*((1225*3^(1/2)*x + 2136*(x^2)^(1/2))*(x^2)^(1/2))^(1/2))/
2 + (25*3^(1/2)*(x^2)^(1/2))/2
  (49*x)/2 - (2^(1/2)*(-(1225*3^(1/2)*x - 2136*(x^2)^(1/2))*(x^2)^(1/2))^(1/2))/
2 - (25*3^(1/2)*(x^2)^(1/2))/2
```

```
(49*x)/2 + (2^(1/2)*(-(1225*3^(1/2)*x - 2136*(x^2)^(1/2))*(x^2)^(1/2))^(1/2))/
2 - (25*3^(1/2)*(x^2)^(1/2))/2
```

2．符号矩阵的奇异值运算

```
>> svd(C)
ans =
                                (x*conj(x))^(1/2)
  (1225*3^(1/2)*(x^2*conj(x)^2)^(1/2) + 2137*x*conj(x) + (x*conj(x)*(5235650*
3^(1/2)*(x^2*conj(x)^2)^(1/2) + 9068643*x*conj(x)))^(1/2))^(1/2)
  (2137*x*conj(x) - 1225*3^(1/2)*(x^2*conj(x)^2)^(1/2) + (-x*conj(x)*(5235650*
3^(1/2)*(x^2*conj(x)^2)^(1/2) - 9068643*x*conj(x)))^(1/2))^(1/2)
  (1225*3^(1/2)*(x^2*conj(x)^2)^(1/2) + 2137*x*conj(x) - (x*conj(x)*(5235650*
3^(1/2)*(x^2*conj(x)^2)^(1/2) + 9068643*x*conj(x)))^(1/2))^(1/2)
  (2137*x*conj(x) - 1225*3^(1/2)*(x^2*conj(x)^2)^(1/2) - (-x*conj(x)*(5235650*
3^(1/2)*(x^2*conj(x)^2)^(1/2) - 9068643*x*conj(x)))^(1/2))^(1/2)
```

3．符号矩阵的若尔当（Jordan）标准型运算

```
>> jordan(C)
ans =
[ x,0, 0, 0, 0]
[ 0, (49*x)/2 - (2^(1/2)*((1225*3^(1/2)*x + 2136*(x^2)^(1/2))*(x^2)^(1/2))^
(1/2))/2 + (25*3^(1/2)*(x^2)^(1/2))/2, 0, 0,  0]
[ 0, 0, (49*x)/2 + (2^(1/2)*((1225*3^(1/2)*x + 2136*(x^2)^(1/2))*(x^2)^(1/2))^
(1/2))/2 + (25*3^(1/2)*(x^2)^(1/2))/2, 0, 0]
[ 0, 0, 0, (49*x)/2 - (2^(1/2)*(-(1225*3^(1/2)*x - 2136*(x^2)^(1/2))*(x^2)^
(1/2))^(1/2))/2 - (25*3^(1/2)*(x^2)^(1/2))/2, 0]
[ 0, 0, 0, 0, (49*x)/2 + (2^(1/2)*(-(1225*3^(1/2)*x - 2136*(x^2)^(1/2))*(x^2)^
(1/2))^(1/2))/2 - (25*3^(1/2)*(x^2)^(1/2))/2]
```

第 14 章 控制系统的时域分析设计实例

内容提南

在 MATLAB 中，控制领域包括自动控制、线性控制和智能控制。本章主要介绍 MATLAB 在控制领域的工程应用案例，对控制系统状态进行分析的方法主要分为时域与频域，本章主要讲解时域分析。

知识重点

- 📖 控制系统的分析
- 📖 闭环传递函数
- 📖 控制系统的稳定性分析

14.1 控制系统的分析

自动控制是指采用控制装置使被控对象自动按照给定的规律运行，使被控对象的一个或数个物理量能够在一定的精度范围内按照给定的规律变化。

14.1.1 控制系统的仿真分析

对控制系统进行分析和设计过程时，首先需要建立的是数学模型。数学模型通常是指表示该系统输入和输出之间动态关系的数学表达式。具有与实际系统相似的特性，可采用不同形式表示系统内外部性能特点。在自动控制原理中，数学模型有多种模型。

建立系统数学模型，一般是根据系统实际结构、参数及计算精度的要求，抓住主要因素，略去一些次要的因素，使系统的数学模型既能准确地反映系统的动态本质，又能简化分析计算的工作。

系统仿真实质上就是对系统模型的求解，对控制系统来说，一般模型可转化成某个微分方程或差分方程表示，因此在仿真过程中，一般以某种数值算法从初态出发，逐步计算系统的响应，最后绘制出系统的响应曲线，进而可分析系统的性能。控制系统最常用的时域分析方法是，当输入信号为单位阶跃和单位冲激函数时，求出系统的输出响应，分别称为单位阶跃响应和单位冲激响应。在 MATLAB 中，提供了求取连续系统的单位阶跃响应函数 step，单位冲激响应函数 impulse，零输入响应函数 initial 等。

14.1.2 闭环传递函数

线性定常系统在初始条件为零时，系统输出信号的拉氏变换之比称为该系统的传递函数。
可表示为：

$$G(s) = \frac{C(s)}{R(s)}$$

1. 传递函数的性质

（1）只能用于线性定常系统。

（2）只能反映系统在零初始状态下输入与输出变量之间的动态关系。

（3）由系统的结构和参数来确定，与输入信号的形式无关。

（4）同一个系统对于不同作用点的输入信号和不同观测点的输出信号之间。

（5）传递函数是一种数学现象，无法直接看出实践系统的物理构造，物理性质不同的系统可有相同的传递函数。

在控制系统性能分析中，传递函数具有一般性，可将系统传递函数分解为若干个典型环节的组合，便于讨论系统的各种性能。

常用的典型环节主要有：

- 比例环节；
- 惯性环节；
- 一阶微分环节；
- 积分环节；
- 开环环节；
- 闭环环节。

闭环控制系统如图 14-1 所示。

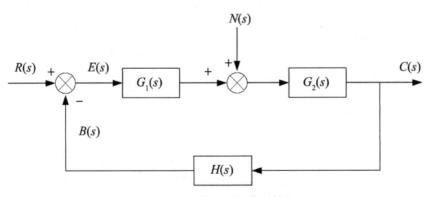

图 14-1 闭环控制系统典型结构图

2. 系统开环传递函数

闭环系统在开环状态下的传递函数称为系统的开环传递函数。

表示为：

$$G(s) = \frac{B(s)}{R(s)} = G_1(s)G_2(s)H(s)$$

从上式可以看出，系统开环传递函数等于前向通道的传递函数与反馈通道
的传递函数的乘积。

闭环传递函数的
响应分析

14.2　闭环传递函数的响应分析

本节介绍系统的闭环传递函数 $\phi(s) = \dfrac{G_k(s)}{1+G_k(s)} = \dfrac{1}{s^3+50s^2+500s+50000}$，对该函数进行

时域分析。

14.2.1　阶跃响应曲线

阶跃响应曲线是指系统在其输入为阶跃函数时，其输出的变化曲线。在电子工程或
控制领域中，分析系统的阶跃响应曲线有助于了解系统的特性，因为当输入在长时间稳
定后，有快速而大幅度的变化，可以看出系统各个部分的特性，而且也可以了解一个系
统的稳定性。

绘制单位阶跃响应曲线，输入下面的程序。

```
>> a=[0,0,0,1];              %定义函数变量
>> b=[1,50,500,50000];
>> t=0:0.01:2;
>> s=tf(a,b);          %定义系统
>> subplot(1,3,1), step(s,t);       %绘制阶跃响应曲线
>> grid on
>> title('单位阶跃响应');
```

运行结果如图 14-2 所示。

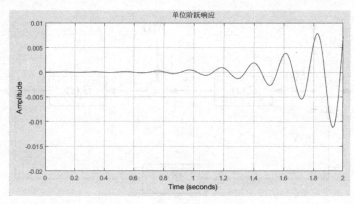

图 14-2　单位阶跃响应曲线

14.2.2　冲激响应曲线

系统在单位冲激函数激励下引起的零状态响应被称之为该系统的"冲激响应"。"冲激响
应"完全由系统本身的特性决定，与系统的激励源无关，是用时间函数表示系统特性的一种

常用方式。

绘制单位冲激响应曲线，输入下面的程序。

```
>> subplot(1,3,2), impulse(s,t);      %绘制冲激响应曲线
>> grid on
>> title('单位冲激响应');
```

运行结果如图 14-3 所示。

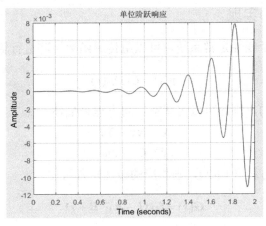

图 14-3   单位冲激响应曲线

14.2.3   斜坡响应

斜坡响应是一个输入量的变化斜率从零跃增到某有限值引起的时间响应。

绘制单位斜坡响应曲线，输入下面的程序。

```
>> t=0:0.1:50;
>> subplot(1,3,3), c=step(a,b,t);      %绘制斜坡响应曲线
>> plot(t,c,'ro',t,t,'b-')
>> grid on
>> title('单位斜坡响应');
```

运行结果如图 14-4 所示。

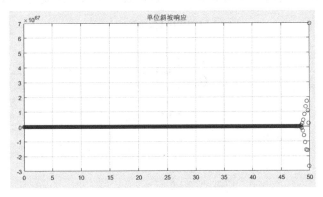

图 14-4   单位斜坡响应曲线

14.3 控制系统的稳定性分析

控制系统的稳定
性分析

系统稳定是自动控制系统设计的基本要求，这样系统才能满足生产工艺所要求的暂态性能指标和稳态误差。因而，如何分析系统的稳定性并找出保证系统稳定的措施，便成为了自动控制理论的一个基本任务。

14.3.1 状态空间实现

我们知道，对于一个线性定常系统，可以用传递函数矩阵进行输入输出描述

$$\hat{y}(s) = \hat{G}(s)\hat{u}(s) \tag{14-1}$$

如果系统还是集中的，则还可以用状态空间方程来描述

$$\dot{x} = Ax + Bu$$
$$y = Cx + Du \tag{14-2}$$

如果已知状态空间方程（14-2），则相应的传递矩阵可由

$$\hat{G}(s) = G(sI - A)^{-1}B + D \tag{14-3}$$

求出，且求出的矩阵是唯一的。现在，我们来研究它的反问题，即由给定的传递矩阵来求状态空间方程，这就是所谓的实现问题。

事实上，对于时变系统也有实现问题，只是它的输入输出描述不再是传递矩阵。

式（14-1）的线性定常系统的矩阵 A 的特征值 $\lambda_i(i=1,2,\cdots,n)$ 互异，将系统经过非奇异线性变换成对角矩阵

$$\dot{\bar{x}} = \begin{bmatrix} \lambda_1 & & & 0 \\ & \lambda_2 & & \\ & & \ddots & \\ 0 & & & \lambda_n \end{bmatrix} \bar{x} + \bar{B}u \tag{14-4}$$

则系统为空的充分必要条件是矩阵 $\bar{B}$ 中不包含元素全为 0 的行。

式（14-2）所描述的系统为能观测的充分必要条件是以下能观性矩阵满秩，即

$$\text{rank}\,Q_0 = n$$

$$Q_0 = \begin{bmatrix} C \\ CA \\ \vdots \\ CA^{n-1} \end{bmatrix}_{nm \times n}$$

```
>> [A,B,C,D]=tf2ss(a,b)
A =
        -50        -500       -50000
          1           0            0
          0           1            0
B =
```

```
          1
          0
          0
C =
          0        0        1
D =
          0
```

结果中矩阵 A 中不包含元素全为 0 的行，因此证明该系统是状态完全能控的；矩阵 B 是满秩矩阵，因此证明该系统是状态完全能观的。

14.3.2　稳定性

在多变量控制系统中，能控性和能观测性是两个反映控制系统构造的基本特性，是现代控制理论中最重要的基本概念。

1. 线性定常系统的状态方程为

$$\dot{x} = Ax + Bu \tag{14-5}$$

给定系统一个初始状态 $x(t_0)$，如果在 $t_1 > t_0$ 的有限时间区间 $[t_1, t_0]$ 内，存在容许控制 $u(t)$，使 $x(t_1) = 0$ 则称系统状态在 t_0 时刻是能控的；如果系统对任意一个初始状态都能控，则称系统是状态完全能控的。

PBH 判别法（14-2）式的线性定常系统为状态能控的充分必要条件是，对 A 的所有特征值 λ_i，都有

$$\text{rank}\left[\lambda_i I - AB\right] = n \ (i = 1, 2, \cdots, n)$$

```
>> rank(ctrb(A,B))        %判断系统的能控性
ans =
     3
```

由此可见，该系统是状态完全能控的。

2. 能观性

$$线性定常系统方程为 \left.\begin{array}{l} \dot{x} = Ax + Bu \\ y = Cx \end{array}\right\} \tag{14-6}$$

如果在有限时间区间 $[t_0, t_1]$ $(t_1 > t_0)$ 内，通过观测 $y(t)$ 能够唯一地确定系统的初始状态 $x(t_0)$，称系统状态在 t_0 是能观测的。如果对任意的初始状态都能观测，则称系统是状态完全能观测的。

（14-5）式所描述的系统为能观测的充分必要条件是以下格拉姆能观性矩阵满铁，即

$$\text{rank} \ W_0[0, t_1] = n$$

```
>> rank(ctrb(A,B))        %判断系统的能观性
ans =
     3
```

由此可见，该系统是状态完全能观的。

第 15 章 测定线膨胀系数设计实例

内容提南

线膨胀系数又名线弹性系数，是固体物质的温度每改变 1℃时，其长度的变化和它在原温度时长度的比值（温度每变化 1℃材料长度变化的百分率）。本章通过对线膨胀系数的测定，复习了矩阵的创建、编辑与应用；回顾了图形的创建与编辑。

知识重点
- 📖 线膨胀系数
- 📖 线膨胀量的测定
- 📖 线膨胀系数计算

15.1 线膨胀系数

固体物质的温度每改变 1℃时，其长度的变化和它在 0℃时的长度之比，叫作"线膨胀系数"，单位为 1/开。其定义式是

$$1t=10(1+\alpha1\triangle t)$$

由于物质的不同，线膨胀系数亦不相同，其数值也与实际温度和确定长度 1 时所选定的参考温度有关，但由于固体的线膨胀系数变化不大，通常可以忽略，而将 α 当作与温度无关的常数。

为了了解固体在一定温度区域内的平均线膨胀系数，本节利用线膨胀系数测定仪测得铜在不同温度下物体的长度。下面介绍测定步骤。

调节千分表，调节侧面螺栓使大圆盘的指针对准 0 刻度线，小圆盘指针在 0.2 刻度线。

接通温控仪，升温到 75℃，并记录 20℃、25℃、30℃、35℃到 75℃时的数据，设定达到最大值时开始降温，将主仪器的盖子打开散热，并记录 75℃、70℃到 20℃时的数据。

舍去前后波动的数据，取得 30℃～60℃时的数据并做图，算出斜率 K，并通过铜的线热膨胀系数，算出百分误差。

实际数据显示如表 15-1 所示。

表 15-1   线膨胀系数数据

0/℃	Li/mm（升温）	Li/mm（降）	平均值/mm
20.0	0.006	0.006	0.006
25.0	0.019	0.119	0.069
30.0	0.037	0.173	0.105
35.0	0.059	0.235	0.147
40.0	0.081	0.291	0.186
45.0	0.108	0.341	0.225
50.0	0.134	0.387	0.261
55.0	0.176	0.431	0.304
60.0	0.216	0.468	0.342
65.0	0.277	0.492	0.385
70.0	0.353	0.505	0.429
75.0	0.453	0.508	0.481

被测铜棒：直径 $\varphi=8\text{mm}$，长 $l=400\text{mm}$，铜的线膨胀系数理论值为 $1.70\times10^{-5}(℃)^{-1}$。

15.2 线膨胀量的测定

在温度 θ_1 和 θ_2 下物体的长度分别为 L_1 和 L_2，$\delta L_{21}=L_2-L_1$ 是长度为 L_1 的物体在温度从 θ_1 升至 θ_2 的伸长量。实验中需要直接测量的物理量是 δL_{21}，L_1，θ_1 和 θ_2，为了使 $\overline{a}$ 的测量结果比较精确，还要扩大到对 δL_{i1} 和 θ_i 相应的测量，即

线膨胀量的测定

$$\delta L_{i1}=\overline{a}L_1(\theta_i-\theta_1)\quad i=1,2,\cdots$$

实验中可以等间隔改变加热温度（如改变量为 10℃），从而测量相应的一系列 δL_{i1}。将所得数据采用最小二乘法进行直线拟合处理，从直线的斜率可得一定温度范围内的平均线膨胀系数 $\overline{a}$。

15.2.1 创建数据矩阵

为了对比温度的值对线膨胀量的影响，这里将表 15-1 中的实验数据分为三种，20℃～35℃、40℃～55℃、60℃～75℃，分别使用 S1、S2、S3 表示。

```
>> S1=[20 0.006 0.006 0.006;25 0.019 0.119 0.069;30 0.037 0.173 0.0105;35 0.0
59 0.235 0.147]
S1 =
   20.0000    0.0060    0.0060    0.0060
   25.0000    0.0190    0.1190    0.0690
   30.0000    0.0370    0.1730    0.0105
   35.0000    0.0590    0.2350    0.1470
>> S2=[40 0.081 0.291 0.186;45 0.108 0.341 0.225;50 0.134 0.387 0.261;55 0.17
6 0.431 0.304]
S2 =
   40.0000    0.0810    0.2910    0.1860
   45.0000    0.1080    0.3410    0.2250
```

```
        50.0000      0.1340      0.3870      0.2610
        55.0000      0.1760      0.4310      0.3040
>> S3=[60 0.216 0.468 0.342;65 0.277 0.492 0.385;70 0.353 0.505 0.429;75 0.45
3 0.508 0.481]
   S3 =
        60.0000      0.2160      0.4680      0.3420
        65.0000      0.2770      0.4920      0.3850
        70.0000      0.3530      0.5050      0.4290
        75.0000      0.4530      0.5080      0.4810
```

15.2.2 比较不同温度下膨胀量的图形

1. 绘制升温膨胀量对比图

抽取数据矩阵中的升温膨胀量显示在二维图形中，直观地进行对比，不同温度段温度的升高对膨胀量的影响。

（1）创建数据

```
>> S12= S1(:,2);                    % 抽取升温膨胀量，所有数据的第二列
>> S22=S2(:,2);
>> S32=S3(:,2);
>> S02=[S12;S22];                   % 创建所有温度下的膨胀量
>> S02=[S02;S32];
```

（2）绘制常温图形

```
>> subplot(2,2,1),plot(S12, 'b+ ')   % 绘制图形
>> title('常温膨胀量')                % 添加标题
>> xlabel('常温度')
>> ylabel('膨胀量')
>> axis([0 5 0 0.1])
```

（3）绘制中温图形

```
>> subplot(2,2,2),plot(S22, 'go ')
>> title('中温膨胀量')
>> xlabel('中温')
>> ylabel('膨胀量')
>> axis([0 5 0 0.2])
```

（4）绘制高温图形

```
>> subplot(2,2,3),plot(S32, 'rx ')
>> title('高温膨胀量')
>> xlabel('高温')
>> ylabel('膨胀量')
>> axis([0 5 0 0.5])
```

（5）绘制所有图形

```
>> subplot(2,2,4),plot(S02, 'kp ')
>> title('升温膨胀量对比图')
>> xlabel('温度')
>> ylabel('膨胀量')
>> axis([0 12 0 0.5])
```

绘制完成的图形如图 15-1 所示。

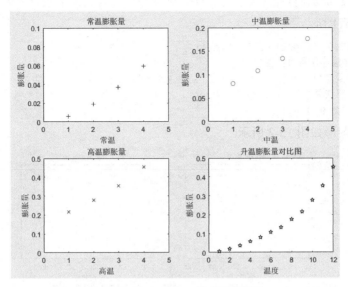

图 15-1　不同温度下的升温膨胀量

2．绘制降温膨胀量对比图

抽取数据矩阵中的降温膨胀量，显示在二维图形中，直观的进行对比，不同温度段温度的降低对膨胀量的影响。

（1）创建数据

```
>> S13=S1(:,3);                    %抽取降温膨胀量，所有数据的第三列
>> S23=S2(:,3);
>> S33=S3(:,3);
>> S03=[S13;S23];                  %创建所有温度下的膨胀量
>> S03=[S03;S33];
```

（2）绘制常温图形

```
>> subplot(2,2,1),plot(S13, 'b+ ')    %绘制图形
>> title('常温膨胀量')                  %添加标题
>> xlabel('常温度')
>> ylabel('膨胀量')
>> axis([0 5 0 0.3])
```

（3）绘制中温图形

```
>> subplot(2,2,2),plot(S23, 'go ')
>> title('中温膨胀量')
>> xlabel('中温')
>> ylabel('膨胀量')
>> axis([0 5 0 0.5])
```

（4）绘制高温图形

```
>> subplot(2,2,3),plot(S33, 'rx ')
>> title('高温膨胀量')
>> xlabel('高温')
```

```
>> ylabel('膨胀量')
>> axis([0 5 0 0.6])
```

（5）绘制所有图形

```
>> subplot(2,2,4),plot(S03, 'kp ')
>> title('降温膨胀量对比图')
>> xlabel('温度')
>> ylabel('膨胀量')
>> axis([0 12 0 0.6])
```

绘制完成的图形如图 15-2 所示。

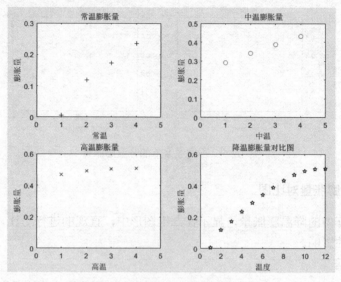

图 15-2　不同温度下的降温膨胀量

3. 绘制相同温度下升降温膨胀量对比图

抽取数据矩阵中的升、降温膨胀量，将相同温度段内的升、降温膨胀量叠加显示在二维图形中，直观地进行对比，不同温度段温度的变化对膨胀量的影响。

（1）绘制常温图形

```
>> subplot(2,2,1),plot(S12, 'b- ')        %绘制图形
>> gtext('升温数据')                       %标注曲线
>> hold on                                 %保持命令
>> subplot(2,2,1),plot(S13, 'r-- ')
>> gtext('降温数据')
>> hold off
>> title('常温膨胀量')                      %添加标题
>> xlabel('常温度')
>> ylabel('膨胀量')
>> axis([0 5 0 0.3])
```

（2）绘制中温图形

```
>> subplot(2,2,2),plot(S22, 'b- ')
>> gtext('升温数据')
>> hold on
>> subplot(2,2,2),plot(S23, 'r-- ')
```

```
>> gtext('降温数据')
>> hold off
>> title('中温膨胀量')
>> xlabel('中温')
>> ylabel('膨胀量')
>> axis([0 5 0 0.5])
```

（3）绘制高温图形

```
>> subplot(2,2,3),plot(S32, 'b- ')
>> gtext('升温数据')
>> hold on
>> subplot(2,2,3),plot(S33, 'r-- ')
>> gtext('降温数据')
>> hold off
>> title('高温膨胀量')
>> xlabel('高温')
>> ylabel('膨胀量')
>> axis([0 5 0 0.6])
```

（4）绘制所有图形

```
>> subplot(2,2,4),plot(S02, 'kx ')
>> hold on
>> subplot(2,2,4),plot(S03, 'ro ')
>> hold off
>> title('温度膨胀量对比图')
>> xlabel('温度')
>> ylabel('膨胀量')
>> axis([0 12 0 0.6])
>> legend('升温数据','降温数据')
```

绘制完成的图形如图 15-3 所示。

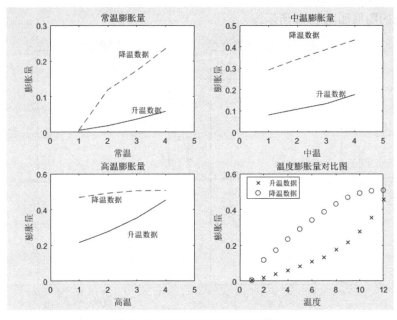

图 15-3　不同温度下的温度膨胀量

15.2.3 比较膨胀量平均值

1. 显示温度平均膨胀量

（1）创建平均数据

```
>> S14= S1(:,4);                      %抽取平均膨胀量，所有数据的第四列
>> S24=S2(:,4);
>> S34=S3(:,4);
>> S04=[S14;S24];                     %创建所有温度下的平均膨胀量
>> S04=[S04;S34];
```

（2）绘制所有温度下的图形

```
>> subplot(1,2,1),plot(S14, 'k+ ')
>> hold on
>> subplot(1,2,1),plot(S24, 'm>')
>> subplot(1,2,1),plot(S34, 'rh ')
>> hold off
>> title('温度平均膨胀量对比图')
>> xlabel('温度')
>> ylabel('平均膨胀量')
>> axis([0 5 0 0.6])
>> legend('常温数据','中温数据','高温数据')
```

（3）绘制常温图形

```
>> subplot(1,2,2),plot(S04, 'b- ')          %绘制图形
>> title('常温膨胀量')                        %添加标题
>> xlabel('温度')
>> ylabel('平均膨胀量')
>> axis([0 12 0 0.6])
```

绘制完成的图形如图 15-4 所示。

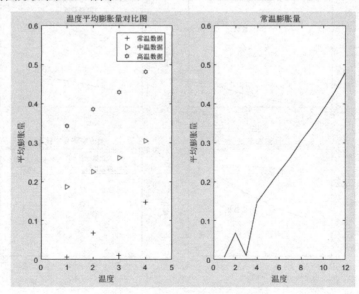

图 15-4 不同温度下的平均膨胀量

2. 计算温度差值

```
>> M=(S3-S2)-(S2-S1)
ans =
         0    0.0600    -0.1080    -0.0240
         0    0.0800    -0.0710     0.0040
         0    0.1220    -0.0960    -0.0825
         0    0.1600    -0.1190     0.0200
>> M1=abs(S2-S1);
>> errorbar(S1,M1)
>> title('升降温误差棒图')
```

运行结果如图 15-5 所示。

对比结果可知，升温时，温度越高，单位温度下拉伸量越大；降温时，温度越高，单位温度下拉伸量越小。

3. 显示平均膨胀量

绘制常温图形。

```
>> plot(M(:,2), 'b- ')                    %绘制图形
>> hold on                                %保持命令
>> plot(M(:,3), 'r-- ')
>> plot(M(:,4), 'k-. ')
>> hold off
>> title('差值膨胀量')                      %添加标题
>> xlabel('温度')
>> ylabel('差值膨胀量')
>> legend('升温数据','降温数据','平均数据')
```

绘制完成的图形如图 15-6 所示。

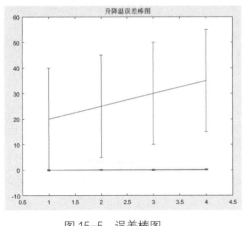

图 15-5　误差棒图

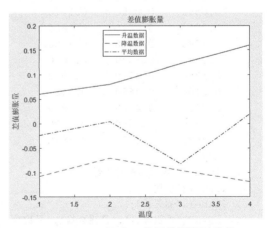

图 15-6　不同温度下的平均膨胀量差值

15.2.4　线膨胀差值 cz 的范围

1. 计算平均膨胀量浮动范围

```
>> cz=S04
```

```
cz =
    0.0060
    0.0690
    0.0105
    0.1470
    0.1860
    0.2250
    0.2610
    0.3040
    0.3420
    0.3850
    0.4290
    0.4810
>> cz_max=max(cz)                    %显示平均膨胀量的最大值
cz_max =
    0.4810
>> cz_min=min(cz)                    %显示平均膨胀量的最小值
cz_min =
0.0060
```

2. 显示线膨胀值统计图

```
>> Y(:,1)=S02;
>> Y(:,2)=S03;
>> Y(:,3)=S04;
>> Y
Y =
    0.0060    0.0060    0.0060
    0.0190    0.1190    0.0690
    0.0370    0.1730    0.0105
    0.0590    0.2350    0.1470
    0.0810    0.2910    0.1860
    0.1080    0.3410    0.2250
    0.1340    0.3870    0.2610
    0.1760    0.4310    0.3040
    0.2160    0.4680    0.3420
    0.2770    0.4920    0.3850
    0.3530    0.5050    0.4290
    0.4530    0.5080    0.4810
>> bar(Y)
>> title('温度对膨胀量的影响')                    %显示平均膨胀量的图形
>> xlabel('温度')
>> ylabel('膨胀量')
>> legend('升温数据','降温数据','平均数据')
```
绘制完成的图形如图 15-7 所示。

3. 求特征值

```
>> d1=eigs(S1,S2,2)
d1 =
  358.7350
```

```
      9.0342
>> d2=eigs(S1,S2,2,'sm')
d2 =
   0.5979 + 0.2935i
   0.5979 - 0.2935i
```

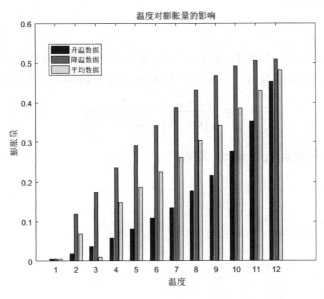

图 15-7　不同温度下的膨胀量

15.3　线膨胀系数计算

压强保持不变的情况下，温度每升高 1℃物体所变化的相应长度即为线膨胀系数 a 的物理意义，即

$$a = \frac{1}{L}\left(\frac{\partial L}{\partial \theta}\right)_p$$

线膨胀系数计算

温度升高使原子的热运动加剧从而使物体发生膨胀，设 L_0 为物体在初始温度 θ_0 下的长度，则在某个温度 θ_1 时物体的长度为

$$L_T = L_0\left[1 + a\left(\theta_1 - \theta_0\right)\right]$$

当温度变化不大时 a 是一个常数，即

$$a = \frac{L_T - L_0}{L_0\left(\theta_1 - \theta_0\right)} = \frac{\delta L}{L_0}\frac{1}{\left(\theta_1 - \theta_0\right)}$$

15.3.1　线膨胀系数表达式

当温度变化较大时，a 与 $\Delta\theta$ 的关系可用 $\Delta\theta$ 的多项式来描述

$$a = \alpha + b\Delta\theta + c\Delta\theta^2 + \cdots$$

其中，α、b、c 为常数，α 用 xishu 表示，$\Delta\theta$ 用 x 表示。

1. 线膨胀系数表达式

```
>> syms x a b c
>> xishu=a+b*x+c*x^2
xishu =
c*x^2 + b*x + a
```

在实际测量中，由于 $\Delta\theta$ 相对比较小，一般地，忽略二次方及以上的小量，只要测得材料在温度 θ_1 至 θ_2 之间的伸长量 δL_{21}，就可以得到在该温度段的平均线膨胀系数 $\bar{a}$。

$$\bar{a} \approx \frac{L_2 - L_1}{L_1\left(\theta_2 - \theta_1\right)} = \frac{\delta L_{21}}{L_1\left(\theta_2 - \theta_1\right)}$$

2. 平均线膨胀系数 $\bar{a}$（pingjun）表达式

```
>> syms x1  x2
>> L1=S1(:,2);
>> L2=S1(:,3);
>> Pingjun=(L1-L2).\(L1*(x1-x2))
Pingjun =
Inf*((3*x1)/500 - (3*x2)/500)
    (19*x2)/100 - (19*x1)/100
    (37*x2)/136 - (37*x1)/136
    (59*x2)/176 - (59*x1)/176
```

15.3.2　分析线膨胀系数

将平均线膨胀系数 $\bar{a}$ 表达式转化为函数，其中，$f(L_1, L_2, x) = \dfrac{L_1 - L_2}{xL_1}$。

计算 f 沿 $v = (1, 2, 3)$ 的方向导数。

```
>> clear
>> syms L1 L2 x
>> f=(L1-L2).\(L1*x);
>> v=[L1,L2,x];
>> j=jacobian(f,v)
j =
[ x/(L1 - L2) - (L1*x)/(L1 - L2)^2, (L1*x)/(L1 - L2)^2, L1/(L1 - L2)]
>> v1=[1,2,3];
>> j.*v1
ans =
[ x/(L1 - L2) - (L1*x)/(L1 - L2)^2, (2*L1*x)/(L1 - L2)^2, (3*L1)/(L1 - L2)]
```

第 16 章 数字低通信号频谱分析设计实例

内容提南

数字信号处理把信号用数字或符号表示成序列，通过信号处理设备，在 MATLAB 中用数值计算的方法处理，在通信仿真领域中应用广泛。本章通过对数字低通信号的频谱输出与频谱分析，学习了与信号处理相关的处理工具箱与 Simulink 模块集，让读者对学习 MATLAB 有了更深一步的认识。

知识重点

- 数字低通信号频谱输出
- 数字低通信号分析

16.1 数字低通信号频谱输出

设计一个数字低通滤波器 $F(z)$ 离散时间系统建模仿真的完整过程。
滤波器从受噪声干扰的多频率混合信号 $x(t)$ 中获取 1000Hz 的信号。

$$x(t) = 5\sin\left(2\pi t + \frac{\pi}{2}\right) + 4\cos\left(2\pi t - \frac{\pi}{2}\right) + n(t)$$

$$n(t) \sim N(0, 0.3^2)\,, \quad t = \frac{k}{f_s} = kT_s$$

数字低通信号
频谱输出

其中，采样频率 f_s =1000（Hz），即采样周期 T_s =0.001（s）。

Simulink 模块参数与 MATLAB 内存变量之间的数据传递影响模块几何结构的参数。

1. 设计模型文件

打开 Simulink 模块库，选择"Dsp System Toolbox"→"Filter"→"Filter Implementations"中的 Digital Filter Design 模块，将其拖动到模型中。

选择"Dsp System Toolbox"→"Source"库中的两个正弦信号模块 Sine Wave，1 个 Random Number，1 个 Colored Noise；选择"Dsp System Toolbox"→"Sinkl"库中的频谱分析仪模块 Spectrum Analyzer，在"Simulink"→"Math"库中选择 Add 模块，将其拖动到模型中，连接模块，绘制结果如图 16-1 所示。

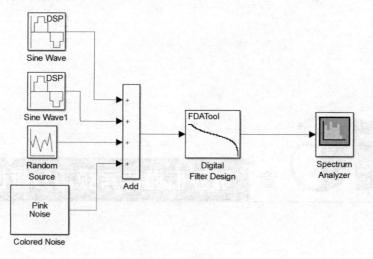

图 16-1　创建模型图

将模型文件保存为"pinpuyi.slx"文件。

2. 离散时间仿真模型中采样周期的设定

双击 Sine wave 模块，弹出模块参数设置对话框，按照图 16-2 所示设置参数，完成设置后单击"OK"按钮，关闭该对话框。

双击 Sine Wave 模块，弹出模块参数设置对话框，按照图 16-3 所示设置参数，完成设置后单击"OK"按钮，关闭该对话框。

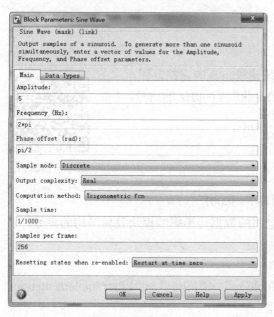

图 16-2　"Block Parameters:Sine Wave"对话框

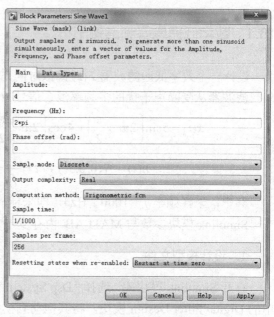

图 16-3　"Block Parameters:Sine Wave1"对话框

双击 Random Number 模块，弹出模块参数设置对话框，按照图 16-4 所示设置参数，完成设置后单击"OK"按钮，关闭该对话框。

双击 Random Number 模块，弹出模块参数设置对话框，按照图 16-5 所示设置参数，完成设置后单击"OK"按钮，关闭该对话框。

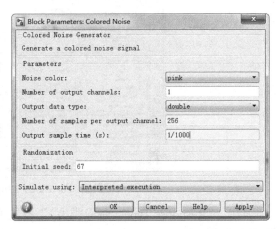

图 16-4　"Block Parameters:Random Source"对话框　图 16-5　"Block Parameters:Colored Noise"对话框

3. 仿真分析

单击工具栏中的"Run"按钮 ⊙，弹出"Spectrum Analyzer"对话框显示叠加信号的频谱分析结果，如图 16-6 所示。

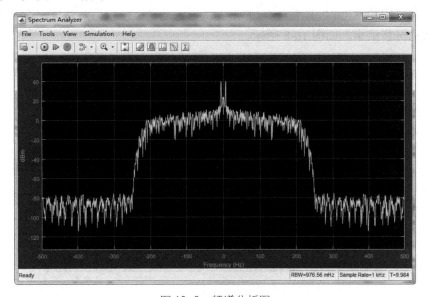

图 16-6　频谱分析图

4．设置离散系统参数

双击 Digital Filter Design 模块，弹出"Block Parameters:Digital Filter Design"对话框，在该对话框中设置数字滤波器参数设计，如图 16-7 所示。

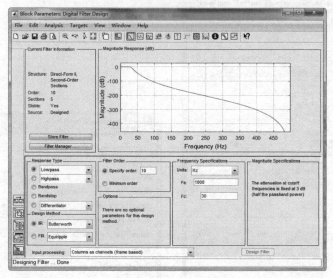

图 16-7 "Block Parameters:Digital Filter Design"对话框

其中，"Response Type（响应类型）"设置为"Lowpass（低通）"，"Design Method（设计方法）"选择"Butterworth"，"Filter Order（滤波器阶数）"设置为 10，"Units（单位）"选择"Hz"，"Fs（采样频率）"输入 1000，"Fc（截止）"输入 30。

完成设置后，单击"Design Filter"按钮，应用设置好的滤波器参数。关闭对话框，完成设置。

5．仿真结果分析

单击工具栏中的"Run"按钮 ▶，弹出"Spectrum Analyzer"对话框，在显示叠加信号滤波后的频谱分析结果，如图 16-8 所示。

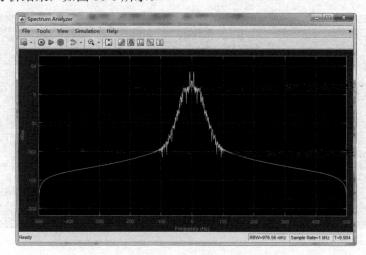

图 16-8 频谱分析图

单击工具栏中的"Peak Finder"按钮⚏，在频谱图右侧显示峰值检测结果，如图16-9所示。

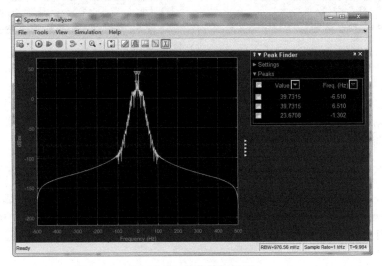

图16-9 峰值检测结果

16.2 数字低通信号分析

随机信号的分析包括信号的相关性和功率谱估计，本节着重介绍数字信号的功率谱估计，功率谱估计的目的是根据给出的信号频率等分布进行分析描述。信号处理工具箱提供的常用功率谱估计设计方法包括周期图法函数 periodogram、特征分析法函数 peig、协方差函数 pcov、修正的协方差法函数 pmcov、Welch 法函数 pwelch、Yule-Walker 法函数 pyulear、多信号分类法函数 pmusic 等。

数字低通信号分析

16.2.1 绘制功率谱

1. 绘制功率谱

（1）周期图法绘制功率谱。

```
>> f=[100;200];A=[5 0];B=[0 4];fs=1000;N=2048;
>> n=0:N-1;t=n/fs;
>> x=A*sin(2*pi*f*t)+B*cos(2*pi*f*t)+0.3*randn(1,N);    %生成带噪声的信号
>> periodogram(x,[],N,fs);%绘制功率谱
>> Pxx=periodogram(x,[], 'twosided',N,fs);
>> Pow=(fs/length(Pxx))*sum(Pxx);    %计算平均功率
```

执行程序后，弹出图形界面，如图16-10所示。

（2）特征分析法计算功率谱。

利用特征向量法计算信号的功率谱，指定信号子空间维数2，DFT 长度为512。

```
>> peig(x,2,N,fs,'half')    %特征分析法计算功率谱
```

执行程序后，弹出图形界面如图16-11所示。

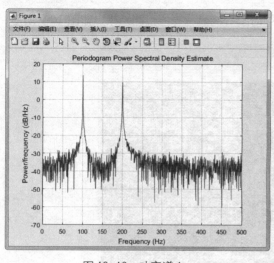

图 16-10　功率谱 1

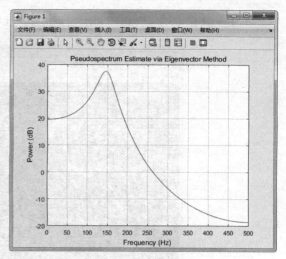

图 16-11　功率谱 2

2. 求协方差

绘制具有 12 阶自回归模型的协方差方法估计信号的 PSD。使用默认 DFT 长度 512，绘制估计数。

```
>> morder = 12;        %设置模型阶数为12阶
>> pcov(x,morder,[],fs)         %绘制估计数
```

执行程序后，弹出图形界面，如图 16-12 所示。

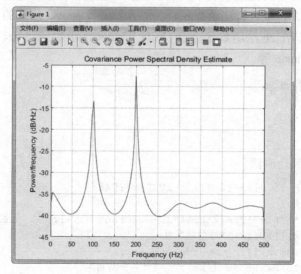

图 16-12　协方差曲线

3. Welch 韦尔奇谱估计

获得了前信号的韦尔奇重叠部分 PSD 平均功率谱估计。使用 500 个样品和 300 个重叠样品的片段长度。使用 500 DFT 点，输入采样率以输出频率为 Hz 的矢量绘制结果。

```
>> [pxx,f] = pwelch(x,500,300,500,fs);
>> plot(f,10*log10(pxx))
>> xlabel('Frequency (Hz)')
>> ylabel('Magnitude (dB)')
```

执行程序后，弹出图形界面，如图 16-13 所示。

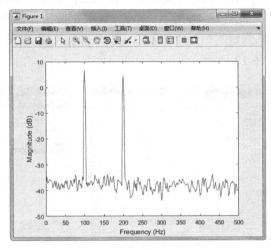

图 16-13　韦尔奇谱估计曲线

16.2.2　数字信号谱分析

1. 打开工具箱界面

在 MATLAB 命令行窗口中输入 "sptool"，打开如图 16-14 所示的 SPTool 界面，进行谱分析设置。

单击 "View" 按钮，显示默认设置情况下的滤波后的频谱分析图，如图 16-15 所示。

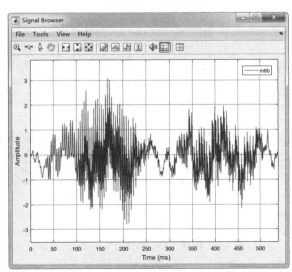

图 16-14　SPTool 界面　　　　　　　图 16-15　滤波后的频谱分析图

2. 显示 FFT 周期图

选择菜单栏中的"File"→"Import"命令，弹出"Import to SPTool"界面，在"Source"面板选择"From Workspace"选项，在"Workspace Contents"面板选择信号"t"，单击 → 按钮添加信号，在"Sampling Frequency"文本框中输入采样频率"1000"，在"Name"文本框中输入信号名称"shuzi"，如图 16-16 所示，单击"OK"按钮，返回 SPTool 界面。

在 SPTool 界面中选择创建的信号"shuzi"，在"Filters"栏选择"FIRbp"，在"Spectra"栏选择"chirpse"，如图 16-17 所示。

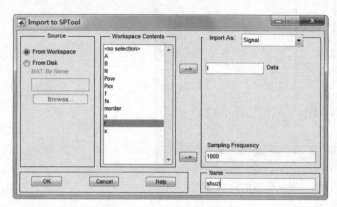

图 16-16　信号参数设置

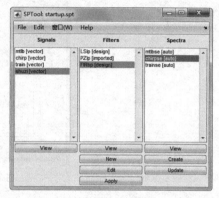

图 16-17　SPTool;startup.spt

单击"Spectra（光谱）"栏下方的"Create"按钮，弹出"Spectrum View"界面，在"Method"栏选择谱分析方法为"FFT"，在"Nifft"文本框输入信号长度为 1024，单击"Apply"按钮，在窗口中显示周期图，如图 16-18 所示。

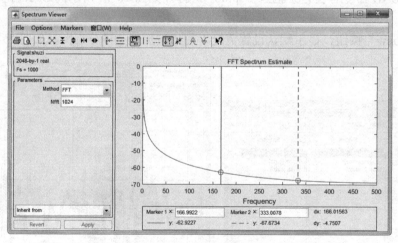

图 16-18　FFT 周期图

3. 显示其余类型周期图

在"Method"栏选择谱分析方法为"Welch"，其余参数选择默认设置，单击"Apply"

按钮，在窗口中显示周期图，如图 16-19 所示。

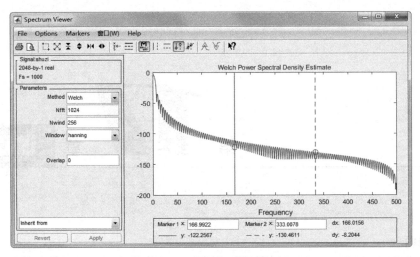

图 16-19　Welch 周期图（1）

在"Method"栏选择谱分析方法为"Welch"，在"Window"栏选择"Kaiser"，其余参数选择默认设置，单击"Apply"按钮，在窗口中显示周期图，如图 16-20 所示。

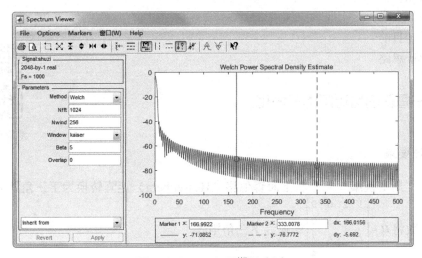

图 16-20　Welch 周期图（2）

第 **17** 章 课程设计

内容提南

前面的章节对 MATLAB 2016 的基础知识和工程应用案例进行了详细的讲解，本章将为读者准备 4 个课程设计案例，通过课程设计案例的实施，帮助读者对本书所学内容进行巩固和应用提高。

知识重点

📖 设计要求
📖 设计目的
📖 设计思路

设计 1——海森伯格矩阵的三角化

海森伯格矩阵的
三角化

1. 设计要求

利用吉文斯变换编写一个将下海森伯格（Hessenberg）矩阵转换为下三角矩阵的函数，

并利用该函数将 $H = \begin{bmatrix} 1 & 2 & 0 & 0 \\ 3 & 4 & 5 & 0 \\ 2 & 5 & 8 & 7 \\ 1 & 2 & 8 & 4 \end{bmatrix}$ 转换为下三角矩阵。

2. 设计目的

通过编写 M 文件演示了程序循环结构程序与矩阵运算的完美结合，巩固了矩阵的重要属性三角矩阵的转换。

3. 设计思路

（1）编写 M 文件。
（2）创建海森伯格矩阵。
（3）调用函数，运行程序。

设计 2——时域和频域的余弦波比较

时域和频域的余弦
波比较

1．设计要求

比较余弦波的时域和频域曲线。

2．设计目的

验证图形数据的直观性与灵活性，同时还可以通过图形的编辑与计算显示出更多的数据结果。

3．设计思路

（1）指定信号的参数。
（2）创建一个矩阵，其中每行表示一个具有缩放频率的余弦波。
（3）计算信号的傅里叶变换。
（4）计算每个信号的频谱。
（5）绘制频域与时域图形。

设计 3——部分最小二乘回归分析

部分最小二乘
回归分析

1．设计要求

表 17-1 是对某健身俱乐部的 20 名中年男子进行体能指标测量。被测数据分为两组，第一组是身体特征指标 x，包括体重、腰围、脉搏；第二组是训练结果指标 y，包括单杠、弯曲、跳高（以上数值为虚拟，暂无单位）。对男子的体能数据进行统计分析。

2．设计目的

利用部分最小二乘回归方法，对这些数据进行部分最小二乘回归分析。

3．设计思路

（1）输入数据矩阵。
（2）调用最小二乘法函数统计数据。
（3）绘制统计图形。

表 17-1　　　　　　　　　　　　　　　男子体能数据

编号 i	1	2	3	4	5	6	7	8	9	10
体重 x_1	191	189	193	162	189	132	211	167	176	154
腰围 x_2	36	37	38	35	35	36	38	34	31	33
脉搏 x_3	50	52	58	62	46	56	56	60	74	56

续表

编号 i	1	2	3	4	5	6	7	8	9	10
单杠 y_1	5	2	12	12	13	4	8	6	15	17
弯曲 y_2	162	110	101	105	155	101	101	125	200	251
跳高 y_3	60	60	101	37	58	42	33	40	40	250
编号 i	11	12	13	14	15	16	17	18	19	20
体重 x_1	169	166	154	247	193	202	176	157	156	138
腰围 x_2	34	33	34	46	36	37	37	32	33	33
脉搏 x_3	50	52	64	50	46	54	54	52	54	68
单杠 y_1	17	13	14	1	6	4	4	11	15	2
弯曲 y_2	120	210	215	50	70	60	60	230	225	110
跳高 y_3	33	115	105	50	21	25	25	80	73	43

设计 4——生成三维心形图动画

生成三维心形
图动画

1. 设计要求

根据三维绘图的命令绘制心形图，并根据每帧图形转动进行保存并录制动画。

2. 设计目的

通过程序结构与绘图命令的有机结合，演示动态图形的形成并播放生成的动画。

3. 设计思路

（1）创建网格采样点。

（2）输入函数表达式。

（3）利用 isosurface 函数绘制三维隐函数。

（4）利用 verts 函数存储了心形曲面各点的坐标。

（5）利用 faces 函数存储了各点的连接顺序。

（6）创建循环结构动态显示图形。

（7）转动图形并利用 movie 函数生成动画。